U0230449

涪陵页岩气立体开发
技术与实践

马永生　孙焕泉　胡德高　蔡勋育　路智勇　等　著

科学出版社

北京

内 容 简 介

本书以我国首个实现商业开发的涪陵页岩气田为研究对象，系统开展海相页岩气立体开发技术研究，分章节论述了涪陵页岩气田立体开发取得的一系列新发现、新成果、新认识，主要包括页岩气地质-工程耦合"甜点"描述技术、立体开发建模数模评价技术、立体开发技术政策优化技术、立体开发工程工艺技术等关键核心技术，最后以涪陵页岩气田焦石坝和白马区块为例，介绍了立体开发技术在涪陵页岩气田的推广应用，显著提高了气田储量动用率、采收率、收益率。

本书可供从事页岩气开发的科研人员和高等院校师生参考。

图书在版编目(CIP)数据

涪陵页岩气立体开发技术与实践 / 马永生等著. —北京：科学出版社，2024.7

ISBN 978-7-03-078573-2

Ⅰ. ①涪… Ⅱ. ①马… Ⅲ. ①油页岩-石油工程-涪陵区 Ⅳ. ①TE3

中国国家版本馆 CIP 数据核字(2024)第 102888 号

责任编辑：冯晓利 / 责任校对：王萌萌
责任印制：师艳茹 / 封面设计：赫　健

科学出版社 出版
北京东黄城根北街 16 号
邮政编码：100717
http://www.sciencep.com
涿州市般润文化传播有限公司印刷
科学出版社发行　各地新华书店经销

*

2024 年 7 月第　一　版　　　开本：787×1092 1/16
2024 年 7 月第一次印刷　　　印张：15
字数：350 000

定价：240.00 元
(如有印装质量问题，我社负责调换)

页岩气作为清洁、低碳、高效的化石能源，是全球能源技术革命和转型发展的重大战略方向，是实现国家能源安全和"双碳"目标的重要保障，大力勘探开发页岩气具有重要战略意义。

涪陵页岩气田作为我国首个实现商业开发的大型海相厚层整装页岩气田，其开发效果受到业内的广泛关注。2012年11月，焦页1HF井测试获$20.3 \times 10^4 m^3/d$高产气流，拉开了涪陵页岩气田开发建设的序幕。经过十多年的努力，涪陵页岩气田已经完成一期产建和二期产建，目前正处于立体开发调整阶段。2015年建成$50 \times 10^8 m^3/a$页岩气产能，2017年建成$100 \times 10^8 m^3/a$页岩气产能，建成了首个国家级页岩气示范区。2018年以来，通过艰苦探索、自主攻关，创建了国内首个页岩气立体开发模式，创新形成了海相页岩气立体开发关键技术体系，高效推进立体开发产能建设。2022年涪陵页岩气田年产气$72 \times 10^8 m^3$，累计产气突破$480 \times 10^8 m^3$，其中立体开发产气量约占气田总产量的50%，有力保障了气田持续稳产上产。

页岩气立体开发是基于地质和工程双"甜点"优选及开发技术政策优化，应用优快钻井、体积压裂技术，在多维空间改造形成"人工气藏"，实现页岩气开发的储量动用率、采收率、收益率最大化。在2015年以来新一轮低油价的冲击下，美国采用立体开发结合长水平井和大平台布井技术，迭代形成二代、三代技术体系，大幅提高生产效率并有效降低开发成本，推动了页岩油气"二次革命"。2016年我与国外相关专家交流时，注意到美国页岩油气技术发展的新情况。2017年涪陵页岩气田顺利完成二期建设，一期焦石坝区块按方案设计已经稳产两年，针对页岩气单井初期产量高、递减快的现实情况，如何保持涪陵页岩气田上产稳产是我一直关注的问题。在启动涪陵页岩气田上部气层评价试验的同时，中国石化油田勘探开发事业部组织江汉油田等企业与国外相关专家进行交流。2018年组织相关专家赴美对页岩油气进展进行考察，进一步了解立体开发情况和页岩油气技术发展的最新情况，进一步坚定开展立体开发攻关的信心和决心。

与北美"多套多层"页岩气的立体开发不同，我国南方海相页岩气勘探开发目的层地质年代老、埋深大、构造复杂，开发层系为一套无明显隔层的页岩，立体开发呈现"单套多层"特征，分层开发难度较大。涪陵页岩气田焦石坝区块早期采用"1500m水平段、600m井距、山地丛式交叉布井，穿行①～③小层"的模式，对五峰组—龙马溪组龙一段按一套页岩层系进行一次井网开发，储量动用率30.2%，采收率12.6%。2017年率先在国内开展页岩气立体开发探索，在焦石坝区块部署开发调整评价井12口，证实了该区块具有立体开发调整潜力。2018年开展5个井组先导试验，进一步评价立体开发技术政策。2019～2020年，高效推进两层立体开发产能建设。2021年首次开展了三层立体开发评价井试验，建立了国内首个页岩气立体开发模式，显著提高了区块储量动用率、采收率、收益率，实现提高资源动用和投资效率、最大化企业效益的目标。2021 年，针对涪陵页岩气田白马区块产建新区开展立体开发评价，积极探索复杂页岩气藏一次性整体开发新模式。

涪陵页岩气田立体开发取得了一系列新发现、新成果、新认识。为系统总结涪陵页岩气田的立体开发建设经验，中国石化组织成立了《涪陵页岩气立体开发技术与实践》专著撰写团队，系统梳理了相关技术成果，撰写形成本书。

本书总结了涪陵页岩气田立体开发技术面临的挑战、攻关思路、具体做法和取得的成果。内容主要包括页岩气立体开发概述、涪陵页岩气田基本特征、页岩气地质-工程耦合"甜点"描述技术、页岩气立体开发建模数模评价技术、页岩气立体开发技术政策优化技术、页岩气立体开发工程工艺技术，并详细介绍了焦石坝和白马区块立体开发典型实践案例。本书是长期从事页岩气立体开发工作的科研人员集体智慧的结晶，对我国南方海相页岩气田开发具有一定的指导意义，也可供科研院所、高校、油田公司等从事页岩油气研究的相关科研人员借鉴参考。

全书共分为七章，前言由马永生撰写；第一章由马永生、孙焕泉、蔡勋育、王辉、路智勇、孙川翔和王烽撰写；第二章由蔡勋育、张柏桥、包汉勇、陆亚秋、孟志勇、湛小红、刘霜和王益民撰写；第三章由王辉、赵培荣、刘尧文、李继庆、周忠亚、沈金才、梁榜、肖佳林、葛兰和张荣丽撰写；第四章由胡德高、周德华、冯动军、戴城、商晓飞、游园、曾勇、姜宇玲、杨兰芳和苏慕博文撰写；第五章由孙焕泉、蔡勋育、张华、卢和平、刘莉、王进、刘超、张谦、李志祥、祁久红和刘海鑫撰写；第六章由路智勇、万云强、李奎东、方栋梁、陈忠、陈学辉、代林和韩为撰写；第七章由蔡勋育、路智勇、郑爱维、黄午阳、李凯、康红、甘玉青、舒志恒、吴圣发和朱正敏撰写；后记由孙焕泉撰写。全书由马永生和孙焕泉统稿并审核。

中国页岩气已进入快速发展的黄金时期，为有效提高"储量动用率、采收率、收益率"，在页岩气开发过程中应树立"立体开发"思维，持续深化立体开发的基础研究，持续加强新技术的推广应用，持续推进立体开发中的工程变革。期待与国内外同行专家展开更深入的交流，以期进一步丰富和完善我国页岩气开发技术，探索试验出一条适用于我国页岩气的低成本、高效开发之路，促进页岩气产业大发展。

限于水平有限，本书难免有不足和疏漏之处，恳请广大读者批评指正。

2023 年 12 月 6 日

目录

前言

第一章 概述 ··· 1
  第一节 页岩气立体开发概念 ·· 1
  第二节 北美页岩气立体开发进展 ······································· 2
    一、页岩气立体开发基本情况 ··· 2
    二、立体开发进展与典型案例 ··· 2
    三、立体开发技术发展趋势 ·· 18
  第三节 涪陵页岩气田立体开发历程 ·································· 19
    一、涪陵页岩气勘探开发历程 ··· 19
    二、涪陵与北美页岩气地质工程条件差异 ················· 20
    三、涪陵页岩气立体开发难点 ··· 21
  参考文献 ··· 22

第二章 涪陵页岩气田基本特征 ··· 24
  第一节 地质特征 ··· 24
    一、区域构造特征 ··· 24
    二、含气页岩段地层特征 ·· 32
  第二节 气藏特征 ··· 37
    一、天然气组分特征 ··· 37
    二、温压特征 ··· 37
    三、气藏类型 ··· 37
    四、含气性特征 ·· 38
  第三节 开发特征 ··· 40
    一、涪陵页岩气田开发现状 ·· 40
    二、页岩气井生产阶段划分 ·· 40
    三、涪陵页岩气田生产特征 ·· 42
  参考文献 ··· 45

第三章 页岩气地质-工程耦合"甜点"描述技术 ·············· 47
  第一节 地质"甜点"非均质性描述技术 ··························· 47
    一、页岩岩相 ··· 47
    二、地球化学特征 ··· 53
    三、储集特征 ··· 56
  第二节 工程"甜点"非均质性描述技术 ··························· 62
    一、岩石矿物组分 ··· 62
    二、裂缝发育特征 ··· 63
    三、岩石力学特征 ··· 64

第三节　地质-工程耦合精细分区评价 ··· 66
参考文献 ·· 67

第四章　页岩气立体开发建模数模评价技术 ··· 69

第一节　页岩气地质建模技术 ··· 69
一、页岩气地质建模的特殊性和技术现状 ··· 69
二、页岩气地质建模的技术流程与数据基础 ··· 70
三、页岩气构造-地层格架模型建立技术 ··· 71
四、页岩气储层参数与"甜点"模型建立技术 ··· 72
五、页岩气岩石物理参数与应力模型建立技术 ··· 75
六、页岩气天然裂缝模型建立技术 ··· 78

第二节　页岩气数值模拟技术 ··· 82
一、页岩气数值模拟的特殊性和技术难点 ··· 83
二、页岩气数值模拟渗流基本特征及流动控制方程 ····································· 84
三、页岩气裂缝模拟方法 ··· 88
四、页岩压后缝网自动反演技术 ··· 91
五、数值模拟软件 COMPASS 的研发 ··· 96

第三节　建模数模一体化评价技术 ··· 107
一、页岩气建模数模一体化特殊性及技术难点 ··· 107
二、页岩气建模数模一体化国内外研究进展 ··· 107
三、页岩气建模数模一体化评价技术 ··· 108

参考文献 ·· 113

第五章　页岩气立体开发技术政策优化技术 ··· 115

第一节　立体开发经济技术政策体系 ··· 115
一、立体开发分层标准体系 ··· 115
二、立体开发井网井距优化设计 ··· 117
三、长水平段精准靶向轨迹设计 ··· 118

第二节　立体开发调整模式 ··· 125
一、一次井网开发模式 ··· 125
二、两层立体开发模式 ··· 126
三、三层立体开发模式 ··· 126
四、四层立体开发模式探索 ··· 127

参考文献 ·· 128

第六章　页岩气立体开发工程工艺技术 ··· 129

第一节　密织井网井眼轨迹精准控制钻井技术 ··· 129
一、密织井网井眼轨道防碰设计技术 ··· 129
二、精准控制技术 ··· 135
三、钻井配套提速降本技术 ··· 138

第二节　精准控缝压裂与实时调控技术 ··· 146
一、井间剩余气挖掘精准压裂技术 ··· 147
二、层间剩余气挖掘精准压裂技术 ··· 157
三、段簇间剩余气挖掘精准压裂技术 ··· 164

第三节　立体开发配套采气技术 ································· 167
　　一、增压+泡排复合采气技术 ······························ 168
　　二、多级气举阀排水采气技术 ······························ 176
　　三、高低压气井一体化集输技术 ···························· 180
　　四、试气测采一体化技术 ································· 185
第四节　立体开发动态监测技术 ································· 185
　　一、微注压降测试技术 ··································· 185
　　二、水平井生产剖面测试技术 ······························ 188
　　三、压裂裂缝实时监测技术 ······························· 191
　　四、井间连通性监测技术 ································· 195
　　五、立体开发压后取心 ··································· 199
参考文献 ··· 203

第七章　涪陵页岩气田立体开发实例 ························· 205
第一节　焦石坝区块立体开发案例 ······························ 206
　　一、区块地质特征 ····································· 206
　　二、立体开发潜力评价 ··································· 207
　　三、立体开发技术政策研究 ······························· 212
　　四、立体开发工程工艺优化 ······························· 214
　　五、立体开发实施效果 ··································· 215
第二节　白马区块立体开发案例 ································· 216
　　一、区块地质特征 ····································· 216
　　二、立体开发潜力评价 ··································· 218
　　三、立体开发技术政策研究 ······························· 222
　　四、立体开发工程工艺优化 ······························· 226
　　五、立体开发实施效果 ··································· 226
参考文献 ··· 226

后记 ·· 228

第一章 概　　述

页岩气作为一种重要的非常规天然气资源，近年来发展迅速，深刻影响了全球能源格局，引发了一场"页岩气革命"。美国作为全球页岩气的创新引领者，近年来不断推动新技术、新工艺、新材料等的发展应用，特别是 2014 年以来，美国页岩油气产量持续攀升，2017 年和 2020 年先后成为天然气和原油净出口国，实现了能源独立。涪陵气田作为国内首个实现商业开发的大型海相厚层整装页岩气田，率先在国内开展页岩气立体开发技术探索，建立了国内首个页岩气立体开发模式，实现立体开发工业化应用[1]。

本章详细介绍页岩气立体开发概念、北美页岩气立体开发进展、涪陵页岩气田立体开发历程，目的是对比涪陵与北美页岩气立体开发地质及工程条件差异，分析涪陵页岩气田立体开发的难点，阐述涪陵页岩气田立体开发技术。

第一节　页岩气立体开发概念

页岩气立体开发是基于地质和工程双"甜点"优选，立足一次部署、整体动用，制定针对性开发技术政策，建立配套优快钻井、精准分段压裂和采气技术，针对单套厚层页岩或多套叠置页岩，纵向上分成多套开发层系，在多维空间改造形成"人工气藏"，实现页岩气开发的储量动用率、采收率、收益率最大化。其核心是通过井网设计，将有效压裂缝网由单井的局部尺度拓展到多井乃至整个气田开发的全局尺度，形成高效经济的开发体系，进而提高页岩气田的储量动用程度，加速页岩气资源动用和提高投资效率[2]。在页岩气立体开发中，地质和工程耦合"甜点"描述是基础、天然裂缝与人工缝网的协同优化是关键，钻井及压裂工程提速提效是保障。

美国率先在 Bakken、Eagle Ford、Wolfcamp、Spraberry、Niobrara 和 Woodford 等页岩层系开展立体开发，其中较为成熟的是 Bakken、Eagle Ford 和 Wolfcamp 页岩，单平台分 2~5 层、16~65 口井，通过多分支水平井同时开发多个页岩油气层，降低钻完井周期和成本[3-6]。

我国页岩气立体开发还处在起步阶段。与北美"多套多层"页岩气立体开发不同，我国已实现商业开发的五峰组—龙马溪组页岩地质年代老、埋深大、构造复杂，开发层系为一套无明显隔层的页岩，立体开发呈现"单套多层"特征，分层开发难度较大。涪陵页岩气田作为国内首个实现商业开发的大型海相厚层整装页岩气田，焦石坝区块率先开展两层开发滚动建产、三层开发评价试验，创新建立了页岩气储层精细描述与建模、立体开发技术政策优化、密织井网高效钻井、精准压裂与实时调控等技术，成功实现了页岩气立体开发，有效提升了页岩气田储量的动用率、采收率和收益率[7,8]。

立体开发技术在涪陵页岩气田的成功实践为探索高效开发页岩气积累了宝贵经验，

展示出良好的应用前景，为类似地区页岩气立体开发提供了有益借鉴。近期中国石油在四川盆地威远区块、泸州区块开展了页岩气立体开发目标优选、立体开发井组试验，评价认为立体开发可实现储量更充分动用，对持续扩大产能、提高采收率具有重要意义[9,10]。

第二节　北美页岩气立体开发进展

一、页岩气立体开发基本情况

立体开发是一种全新的开发模式。在北美，加拿大能源公司(EnCana)最早提出"立体开发"概念，随后，美国 QEP 资源公司提出"罐式开发"，本质上都是立体开发。立体开发首先是理念上的开拓创新，其次是技术和方法上的集成，统筹考虑目标区内目的层系(一套或多套)的开发潜力，通过合并邻层实现共同开发、不同目的层单独开发或厚层精细分层实现联合开发等模式，达到提高资源动用和投资效率、最大化企业效益的目标。

鉴于页岩气"甜点"层纵向分布特征存在差异，北美地区页岩气立体开发模式分为三种，即共同开发、独立开发和联合开发。

共同开发是指针对相邻"甜点"层被石灰岩或砂岩夹层分隔，但总厚度小于人工裂缝纵向扩展高度的页岩层系，布井时将多个储层视为一层，使用一套井网进行改造的开发模式。典型代表为美国阿巴拉契亚(Appalachia)褶皱带 Marcellus 页岩的上段和下段。

独立开发是指针对不同"甜点"层纵向距离大于人工裂缝纵向扩展高度的页岩储层，布井方式为不同层单独布井，单独改造的开发模式。典型代表为美国萨宾(Sabine)隆起和北路易斯安那(North Louisiana)盐湖盆地西侧的 Haynesville 页岩及其上覆 Bossier 页岩。

联合开发是指针对相邻"甜点"层总厚度大，单独改造一层时裂缝仅能部分扩展到相邻层，布井方式宜采用交错布井的开发模式。典型代表为美国 Wolfcamp 页岩、Eagle Ford 页岩的上段和下段，以及横跨美加两国的 Bakken 页岩的下段和下伏 Three Forks 页岩的上段等。

北美页岩气立体开发常与超级井工厂技术融合，由于施工作业规模巨大，被称为页岩气开发模式中的"猛犸象"。这种规模开发方式的优势主要体现在：一次布井、一次完井，立体压裂，充分利用人工能量，尽可能实现纵横向储量全动用，提高采收率，通过提高土地利用率、工厂化作业、集约化地面集输模式，实现全流程降本。

二、立体开发进展与典型案例

(一)北美立体开发进展

北美地区页岩气资源丰富，根据美国能源信息署(EIA)数据，美国和加拿大页岩气技术可采资源量分别为 $32.88 \times 10^{12} m^3$ 和 $16.22 \times 10^{12} m^3$，分别占全球页岩气技术可采资源总量的 15% 和 7.5%，美国和加拿大也是世界上最早实现页岩气商业开发的国家。2022年，美国页岩气产量 $7950 \times 10^8 m^3$，占全球页岩气总产量的 95%，是世界页岩气开发主体。美国已开发页岩气区带主要分布在美国东北部阿巴拉契亚盆地、墨西哥湾沿岸和西南部等地区，其中以 Marcellus、Permian、Haynesville、Eagle Ford 等为代表的七大页岩油气主产区产量占美国页岩油气总产量的 90% 以上（图 1-2-1），其页岩品质好、分布广、埋深适中、构造稳定、保存条件较优越。

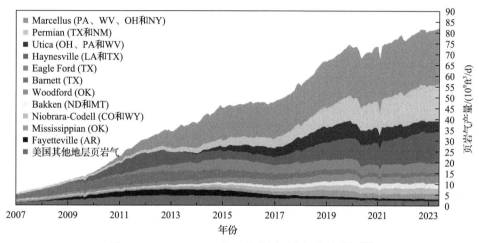

图 1-2-1 2007～2023 年 6 月美国页岩气产量数据[11]

数据截至 2023 年 6 月。PA-宾夕法尼亚州（Pennsylvania）；WV-西弗吉尼亚州（West Virginia）；OH-俄亥俄州（Ohio）；NY-纽约州（New York）；TX-得克萨斯州（Texas）；NM-新墨西哥州（New Mexico）；LA-路易斯安那州（Louisiana）；OK-俄克拉何马州（Oklahoma）；ND-北达科他州（North Dakota）；MT-蒙大拿州（Montana）；CO-科罗拉多州（Colorado）；WY-怀俄明州（Wyoming）；AR-阿肯色州（Arkansas）

美国典型页岩油气区带通常发育多层叠合或连续厚度较大的含气页岩，针对不同的地质特征与储层纵向分布规律，采用不同的立体开发模式，主要有共同开发、独立开发、联合开发三种类型（表 1-2-1）。

1. 共同开发

Marcellus 页岩由上 Marcellus 页岩与下 Marcellus 页岩组成，两层之间相隔 6m 厚的 Cherry 石灰岩。压裂模拟结果显示，近距离的两套储层在一层中压裂后裂缝可以扩展到另一层，因此可将两套储层视为一层，选择合理穿行层段和射孔层位，实现共同开发。在这种情况下，页岩气立体开发的关键是根据储层物性与地应力特征，选择合理的水平段着陆位置与射孔层位，最大限度地使用一套井网对两套储量同时改造。

2. 独立开发

当纵向上两套页岩储层垂距较大，且其中一套储层压后缝网不能有效扩展到另一套储层时，应考虑独立开发。Haynesville 页岩及其上覆中 Bossier 页岩为典型代表，二者中间隔有下 Bossier 页岩，两套主开发层垂向间距约为 122m。其开发方式是将两套储层当作不同目的层分层独立开发。

表 1-2-1 北美页岩油气立体开发模式

模式	共同开发	独立开发	联合开发
储层特征	页岩储层中相邻"甜点"层被石灰岩或砂岩夹层分隔，但总厚度小于人工缝高	不同"甜点"层纵向距离大于80m	相邻"甜点"层总厚度大、单独改造一层时裂缝能够扩展到相邻层
布井方式	视为一套储层，一套井网同时改造	不同层单独布井、单独改造	交错布井
典型页岩	上 Marcellus 和下 Marcellus	Haynesville 和中 Bossier	Wolfcamp (A、B、D)，上和下 Eagle Ford，中 Bakken 和上 Three Forks
纵向目的层位			
资料来源	Southwestern Energy 公司 2017 年路演资料	Hart Energy 公司 2016 年路演资料	Pioneer Resources 公司 2017 年路演资料

3. 联合开发

当相邻"甜点"层之间的垂距较大，并且其中一套储层压裂后裂缝仅能局部扩展到相邻储层时，开发时需要考虑两套储层的相互影响。北美一般采用"V"字形交错布井方式联合开发多个"甜点"层，典型代表为 Eagle Ford 页岩（上 Eagle Ford 页岩和下 Eagle Ford 页岩）、二叠（Permian）盆地的 Wolfcamp 页岩（Wolfcamp A、B、D）、Bakken 页岩（中 Bakken）及其下伏 Three Forks 页岩（上 Three Forks）等。对于不同页岩地层，由于地质特征、地应力条件和裂缝扩展规律不同，使用的布井方式与压裂方法存在差异。布井设计一般基于压裂模拟或现场监测的裂缝扩展规律，确定纵横向合理的井网井距，并采用拉链式压裂等技术，最大限度降低井间干扰对开发的影响。

（二）立体开发技术应用案例

1. Eagle Ford

Eagle Ford 页岩油气区带位于美国得克萨斯州南部，区带宽约 80km，长约 640km，整体呈北东-南西向展布，构造单元依次为马弗里克（Maverick）盆地、San Marcos 背斜、东得克萨斯盆地和 Sabine 隆起。Eagle Ford 组是该区带主要的页岩油气产层，发育于中—晚白垩世古海洋大陆架沉积环境中，上覆 Austin Chalk 组碳酸盐岩，下伏 Buda 组石灰岩，呈不整合接触。Eagle Ford 页岩纵向上划分为上下两段，Eagle Ford 上段为浅灰色钙质泥岩，TOC 介于 0.5%～3%；Eagle Ford 下段为深灰色页岩，TOC 为 1%～6%，最高可达 14.6%，是目前的主力开发层系（图 1-2-2）。Eagle Ford 组整体埋深变化大，

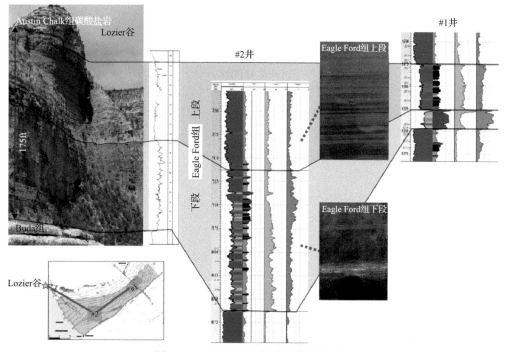

图 1-2-2 Eagle Ford 组多尺度地层对比

测井曲线据文献[12]，露头测量曲线据文献[13]，岩心照片据文献[14]

介于1200~4300m,由北东向南西埋深增加,厚度一般为30~120m,平均厚度约76m。其中,Eagle Ford下段厚度为24~61m,平均厚度为45.3m,分布面积约为17.5×10⁴km²,目前开发面积约为3×10⁴km²。

相比其他页岩层系,Eagle Ford页岩矿物组分中碳酸盐含量高,介于40%~90%,另有15%~20%的石英、长石,以及15%~20%的黏土矿物。Eagle Ford页岩孔隙度介于8%~12%,基质渗透率为0.1~0.8nD。孔隙类型多样,包括有机质孔、粒间孔和粒内孔,常见沥青充填的微裂缝,岩心观察可见层理缝发育。Eagle Ford组下段TOC大于4%且钙质含量小于50%的层段品质最优,为水平井穿行主要目的层。

Eagle Ford页岩镜质组反射率R_o为0.45%~1.40%,Ⅱ-Ⅲ型干酪根,既能生油又能生气。从北到南,随着埋深的增大热成熟度逐渐增高,烃源岩由生油阶段(R_o=0.55%~1.0%)进入凝析气、湿气(R_o=1.0%~1.3%)和干气阶段(R_o>1.3%)。其中,干气主要富集于埋深超过3800m的地层内,含气饱和度为83%~85%,地层压力系数为1.35~1.80。

Eagle Ford页岩是北美目前产量最高的非常规储层之一,迄今已钻探超过12000口水平井。Eagle Ford页岩区带立体开发经历了从Eagle Ford页岩下段独立开发(井距600m),到Eagle Ford下段加密开发(井距300m),再到Eagle Ford上下段联合开发(井距150~300m)的发展历程。通过在Eagle Ford下段开展井网立体加密的方式,2010~2016年,Eagle Ford组下段井距逐年降低,平均井距由610m降低至140m,但井间干扰严重,之后井距逐渐调整。根据2020年统计数据,Eagle Ford页岩油气区带挥发油、凝析气产区平均井距为150~200m,干气区平均井距为300m左右。

岩相精细划分和储量动用情况的准确评估是立体开发的基础。斯伦贝谢公司在开发实践中,通过精细划分岩相类型,并准确评估层间地应力差异对子母井产量的影响,将Eagle Ford页岩层系划分为五个不同的层段,称为A~E段。B段为Eagle Ford组下段,被进一步细分为B1~B2和B3~B5,其中B1~B2段总有机碳含量高(TOC>4%)、钙质含量小于50%;B3~B5段灰质含量较高,不同小层间应力差异较大。B1~B2段母井压裂后,由于垂向导流能力下降;B3~B5段存在大量未有效动用页岩油气剩余储量。Eagle Ford组下段"甜点"层内(B1~B2)可以通过打加密井、不同"甜点"层间"V"形布井的方式进行立体开发。

确定合理的加密井距是立体开发技术的关键。利用数值模拟方法,斯伦贝谢公司评估了同一"甜点"层内子母井井距分别约为120m(400ft①)、180m(600ft)、240m(800ft)时的开发效果[15]。假设子井的完井设计与母井相同,混合增产方案设计也与母井一致,子井的水力裂缝集合形态由有限元方法根据地应力剖面、储层动静态参数以及流体性质确定。裂缝扩展结果表明,不同井距条件下,三口子井的水力裂缝均沿着母井压降方向呈不对称扩展,裂缝不对称性随着井距增加而逐渐减弱(图1-2-3)。考虑母井的压力场、饱和度场等生产动态变化,对母井和不同井距子井的400天累计产量进行了预测,结果表明:前400天内,与母井井距为120m的子井产量约为母井总产量的70%,

---

① 1ft≈0.3048m。

与母井井距为 180m 的子井产量约为母井总产量的 80%，与母井井距为 240m 的子井产量与母井总产量基本相同。当井距较小时，井间干扰以及母井生产压降导致的水力裂缝不对称扩展是影响子井产量的主要原因。随着井距增加，不对称水力裂缝扩展减小，储层压力增加，井间干扰降低，因此产量较高。但井距过大井间存在地层压力变化波及不到的区域，导致部分剩余油气无法充分动用。据此判断，在这种储层条件下，子母井间距为 120m 较为合理。

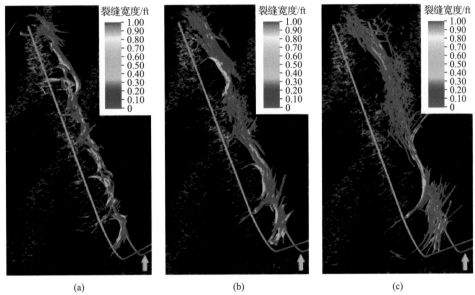

图 1-2-3　Eagle Ford 页岩加密井井距与井间干扰[15]

(a) 井距约为 120m（400ft）；(b) 井距约为 180m（600ft）；(c) 井距约为 240m（800ft）

挪威国家石油公司在 Eagle Ford 页岩油气开发中采用多层 V 形布井的立体开发方式，在 Eagle Ford 上下段采用同一钻井平台进行 V 形布井[16]。图 1-2-4 展示了在同一个钻井平台上，位于不同"甜点"层位的页岩储层中 4 口水平井的布井方式，两口井平面距离约为 76m（250ft），垂直距离约为 27m（90ft）。这 4 口井处于 3 个不同的深度水平，A2 井与 A1 井垂距为 55m，相邻细分小层间井的垂距为 27.5m，如 A3 井与 A1 井、A2 井与 A3 井。对该井组开展压力干扰测试显示，由于井距较小，四口井均观测到井

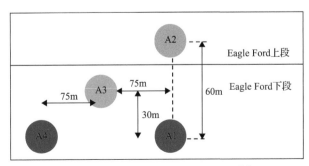

图 1-2-4　Eagle Ford 立体开发布井[16]

间压力干扰。A1 井开井后，A2 井的压力曲线斜率发生明显变化，表明即使垂直距离达到 54m，由于水平井改造箱体波及范围较大，同样存在严重的井间干扰。采用 Arps 双曲递减模型拟合不同井距下的产量数据，发现当井距小于 152m 时井间干扰均较为明显。进一步通过裂缝建模及生产动态分析，发现有效裂缝半长达 76m，裂缝高度 27m，说明适当增加井距有助于获取最佳的经济效益。该公司在距离测试井 700ft 处观测到应力干扰，表明两口井之间存在裂缝重叠。综合认为，在目标区块内，井距设计应大于 120m。

为了明确最优井间距和簇间距，挪威国家石油公司对比了不同簇间距、不同井间距下气井的开发效果。如图 1-2-5 所示，模型 A 井距为 152m，共 20 簇，簇间距为 15m；模型 B 井距为 84m，共 40 簇，簇间距为 8m，地层渗透率均为 10nD。对比两个模型的开发效果发现，减小簇间距提高页岩气产量的效果仅在气井生产初期有明显效果，即

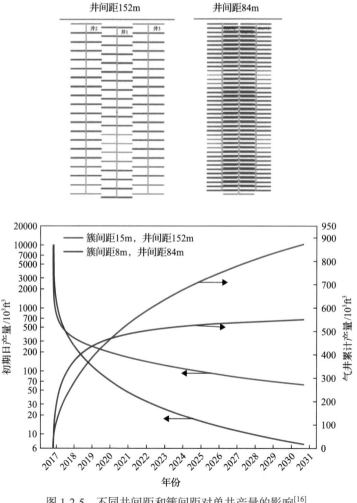

图 1-2-5　不同井间距和簇间距对单井产量的影响[16]

开发初期生产速率加快，且簇间距越小，初期产量越高，但出现簇内干扰的时间也明显缩短，这会严重影响单井最终可采储量。与模型 A 相比，簇数较多的模型 B 最终可采储量降低 30%，因此，过小的井距和簇间距虽然带来较高的初始产量，但很有可能会导致气井累计产量降低。

此外，模拟了不同井距下井间干扰规律及其对气井最终可采储量的影响。模型 A 至模型 D 均为 20 簇，簇间距为 8m，井间距分别为 180m、150m、115m 和 85m。模型 A 和模型 B 裂缝间没有重叠，开发初期均未观测到井间干扰。开发 4 年后，模型 B 在裂缝尖端附近开始出现井间干扰，虽然干扰程度不强，但 15 年后的最终可采储量较模型 A 低 12%。模型 C 和模型 D 井间裂缝出现不同程度的重叠，井间干扰发生时间大幅缩短为几个月，井间干扰程度加剧，相比 180m 井距，井距为 115m 和 85m 时，最终可采储量分别下降 28% 和 40%。

综合分析认为，Eagle Ford 页岩气立体开发的井距(投影到同一层中的水平距离)应不小于 122m。簇间距过大会导致簇间储量动用不足，簇间距过小会导致气井递减率加快、影响单井最终可采储量。需要注意的是，该井距的确定是根据 Eagle Ford 页岩的地质特征、物性参数和地应力条件得出，对于不同的页岩储层应"因地制宜"，根据不同的地质条件综合制定。

2. Permian

二叠(Permian)盆地横跨得克萨斯州西部和新墨西哥州东南部，宽约 400km、长约 480km，位于沃希托-马拉松(Ouachita-Marathon)逆冲断层带前缘，由特拉华(Delaware)次级盆地、中央台地和米德兰(Midland)次级盆地组成。主要页岩层系包括全盆分布的 Wolfcamp 组、Delaware 次级盆地的 Bone Spring 组和 Midland 次级盆地的 Spraberry 组，埋深 1670~3360m，沉积地层厚度大，平均 460~800m，Delaware 次级盆地 Bone Spring 组和 Wolfcamp 组纵向叠置厚度可达 1800m。

Wolfcamp 组岩性主要为钙质泥岩和硅质泥岩，TOC 介于 2%~6%，干酪根类型为 II-III 型，R_o 为 0.6%~1.6%。上覆 Spraberry 组和 Bone Spring 岩性主要为粉砂岩或砂岩。

Permian 区带纵向叠置多个含油气储层，岩相复杂多样，Wolfcamp 组储层岩性为富泥生物碎屑页岩，与 Spraberry 组和 Bone Spring 组储层相比，黏土矿物含量较低，脆性矿物含量占比大于 80%，具有较好的储层脆性。页岩储层中常见的三种孔隙类型：有机质孔隙、粒内孔隙和粒间孔隙，其中最主要的为有机质孔隙。储层孔隙度为 2%~10%，渗透率为 0.001~67mD。二叠盆地烃源岩分布广泛，R_o 整体大于 0.6%，受埋深差异影响，R_o 值范围较大，在二叠盆地中，油、湿气和干气并存，压力系数介于 1.29~1.73。作为二叠盆地最主要的页岩油气产层，Wolfcamp 组从上到下分为 A、B、C、D 共四段，A、B 两段为主要钻探目标层段，在 Midland 次级盆地，Wolfcamp 组厚度介于 60~1500m；在 Delaware 次级盆地，Wolfcamp 组平均厚度为 600m。由于 Wolfcamp 组厚度较大，立体开发中常将其细分为 2~5 层。

在二叠盆地 Wolfcamp 组立体开发中也开展了一系列井网井距的优化研究。美国能源部与多家石油公司联合资助的二叠盆地水力压裂项目(HFTS)进行了多个"甜点"层联合开发的地质与工程系统研究[17]。该项目在 Wolfcamp 页岩的上段和中段中开展，目的是研究水平井的穿行层段、合理井距、完井顺序以及储层改造体积(SRV)间的关系。

为了明确压后缝网几何形状与扩展规律，在压裂完井过程中，对 400 多个压裂段进行了井下微地震监测。图 1-2-6 为二叠盆地 Midland 次级盆地 Wolfcamp 页岩油气储层的同一个钻井平台钻进的 11 口水平井纵剖面图。采用"V"字形设计联合开发 Wolfcamp 组上段(UW)和 Wolfcamp 组中段(MW)储层，两个储层厚度分别为 107m 和 76m，两层垂距为 91.5m。同层中两口井水平距离为 200m，相邻层中井间水平距离为 100m，井间对角线长度为 140m，所有井均采用拉链式完井压裂作业。储层改造施工中，考虑到 UW 层上方的地应力较小，因此采用先压裂 UW 层中的水平井，后压裂 MW 井的作业方式。图 1-2-7 为部分水平井的完井设计参数，包括每段簇数(3 簇或 5 簇)、簇间距(约 16m 或 27m)和加砂强度(1.63~2.6784t/m)。

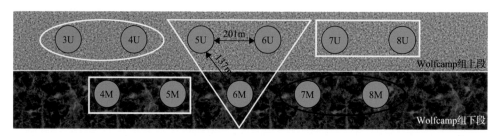

图 1-2-6　二叠盆地 Midland 次级盆地 Wolfcamp 页岩油气储层立体开发井位分布纵剖图[17]

压裂施工采用两个压裂组作业。首先，第一组压裂 7U 井和 8U 井；第二组 5U 井、6U 井、6M 井。其次，第一组压裂下层的 7M 井和 8M 井；第二组压裂 3U 井和 4U 井。最后，第二组压裂 4M 井和 5M 井。这种先压裂上一层井而后压裂下层井的完井顺序可以增加 UW 层应力，使 MW 井的裂缝高度控制在 MW 层中，从而防止下层(MW 层)井压裂裂缝扩展到应力较小的 UW 层。

压后微地震监测结果显示，裂缝半长平均为 252m，裂缝向上扩展高度为 160m，向下平均延伸 60m(图 1-2-8)，尽管这并不是支撑剂有效支撑的裂缝几何形状，但其范围一定程度上反映了储层改造体积(SRV)。由此可见，裂缝长度 504m 远大于 200m 井间距，裂缝纵向扩展也超出了 MW 层，部分进入 UW 层。这表明存在井间干扰，但对产量影响是正面的，即有利于井组整体产量的增加，且所有试验井压后微地震事件在井周均匀分布，说明整体压裂效果良好。

Laredo 石油公司通过流体和支撑剂示踪剂以及压力干扰测试，对 Wolfcamp 组两层立体开发的 11 口井进行了压裂干扰分析[18]。11 口井包括 Wolfcamp 组上段(UW)6 口井(UWC1~UWC6 井)和中段(MW)5 口井(MWC1~MWC5 井)，井距均为 200m，UWC 和 MWC 之间垂直距离为 100m，图 1-2-9 中数字顺序(1~5)代表压裂作业顺序。

向 11 口井中的 8 口注入化学流体示踪剂，检测生产三个月内不同类型示踪剂浓度随时间的变化(图 1-2-10)。监测结果显示，较早压裂的井中示踪剂浓度普遍较高，这

4M	4U	5M	5U	6M	6U	7M	7U	8M	8U
5簇（簇数） 16.15m（簇间距） 2.67t/m（加砂强度）	5簇（簇数） 16.15m（簇间距） 2.67t/m（加砂强度）	3簇（簇数） 27.43m（簇间距） 1.63t/m（加砂强度）	3簇（簇数） 27.43m（簇间距） 1.63t/m（加砂强度）	3簇（簇数） 27.43m（簇间距） 1.63t/m（加砂强度）	3簇（簇数） 27.43m（簇间距） 1.63t/m（加砂强度）	3簇（簇数） 16.15m（簇间距） 1.63t/m（加砂强度）	3簇（簇数） 16.15m（簇间距） 1.6t/m（加砂强度）	5簇（簇数） 16.15m（簇间距） 2.08t/m（加砂强度）	3簇（簇数） 27.43m（簇间距） 1.63t/m（加砂强度）
	3簇（簇数） 16.15m（簇间距） 2.6784t/m（加砂强度）					5簇（簇数） 16.15m（簇间距） 1.63t/m（加砂强度）	5簇（簇数） 16.15m（簇间距） 1.63t/m（加砂强度）		
	5簇（簇数） 16.15m（簇间距） 2.67t/m（加砂强度）					3簇（簇数） 27.43m（簇间距） 1.63t/m（加砂强度）	3簇（簇数） 27.43m（簇间距） 1.63t/m（加砂强度）		
						5簇（簇数） 16.15m（簇间距） 1.63t/m（加砂强度）			

图 1-2-7 水平井储层改造设计参数（自上而下代表从跟部到趾部压裂段）[17]

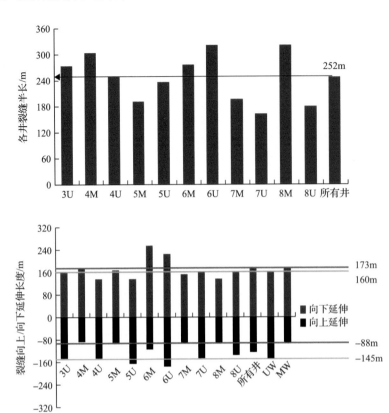

图 1-2-8　微地震监测和测井解释的 11 口井裂缝形态参数[17]

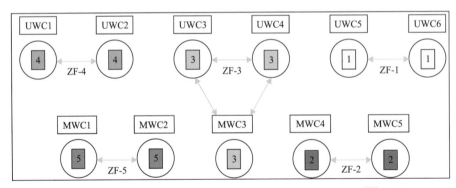

图 1-2-9　Wolfcamp 组页岩气立体开发 V 形布井示意图[18]

是由于较早压裂井周形成压降漏斗，新压裂井人工裂缝易偏向从而大幅增加井间连通性。同时，拉链式压裂的同一组井间连通性较好，可能由于两井裂缝间隔较小，示踪剂突破时间较短，压裂裂缝短期未完全闭合，导致示踪剂可在拉链式压裂井间流动。此外，在 UWC3 井、UWC4 和 MWC3 不同层的拉链式压裂作业中，UWC3 井、UWC4 井中观察到了 MWC3 井注入支撑剂示踪剂，表明在压裂过程中，支撑剂在 Wolfcamp 组上段和中段之间存在运移。

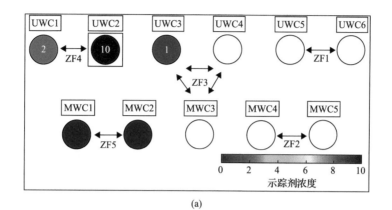

(a)

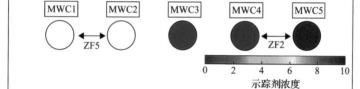

(b)

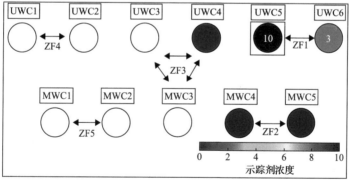

(c)

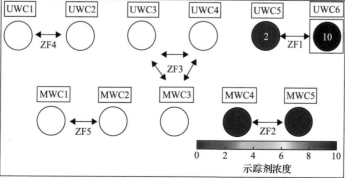

(d)

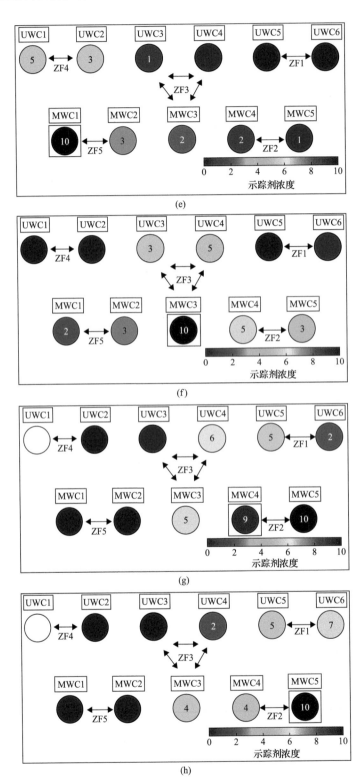

图 1-2-10　示踪剂分析结果[18]

方框中为示踪剂注入井，数字代表归一化的示踪剂浓度

投产 8 个月后开展压力干扰测试，采用井底压力表记录了所有井压力数据，结果显示 UWC1 井和 UWC2 井、UWC3 井和 UWC4 井、MWC2 井和 MWC3 井和 MWC3 井和 MWC4 井之间均存在同层压力干扰，压力响应时间为 1～2h；支撑剂示踪剂显示有连通的同层井间更易出现压力干扰现象，表明裂缝闭合之前压力传递较快。开发约 200 天后，压力干扰与井间流体示踪剂干扰没有直接关系，表明水力裂缝可能在开发过程中闭合，Wolfcamp 段上段和中段之间虽然观察到流体示踪剂和支撑剂示踪剂的交换，但未观察到压力干扰。可见，对于立体开发中井间干扰测试，应采用多种方法相结合，从而综合判断井间干扰的发生规律、对井组产量的影响，为井网井距的优化提供参考。

井网井距和压裂顺序对立体开发效果有重要影响。斯伦贝谢公司在二叠盆地 Delaware 次盆针对 Wolfcamp 组和上覆 Bone Spring 组储层进行了三层立体开发，同样采用"V"字形交错布井方式，同层井距为 200m，两层间井距为 100m[19]。

采用压裂模拟、地质力学模型、离散裂缝网络模型和油藏数值模拟技术，选择 Delaware 次级盆地同井组 3 个不同深度的 7 口井，分别模拟了井距为 67m、134m 和 200m 时的 4 种不同拉链式压裂作业顺序对开发效果的影响（图 1-2-11）。研究发现，无论在何种井距下，先压两侧 6 口井，再压裂中间 1 口井的开发效果均最差，而先压裂内侧 3 口井，后压裂两侧 4 口井的开发效果最好（图 1-2-12）。67m 井距与 134m 和 200m 井距相比，支撑剂表面积和有效支撑的裂缝空间较小（图 1-2-13），200m 井距下支撑剂表面积最大，但井间储层不能被改造，导致采收率较低，据此认为 134m 井距较为合理。在井距为 134m 时，对比了不同压裂顺序下的 5 年相对累计产量，发现受压裂后支撑剂支撑总表面积的影响，拉链式压裂方案 4 比方案 1 的 5 年累计产量高约 13%[20]。

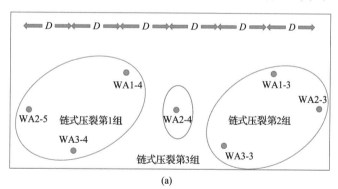

(a)

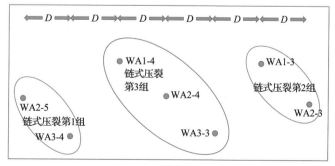

(b)

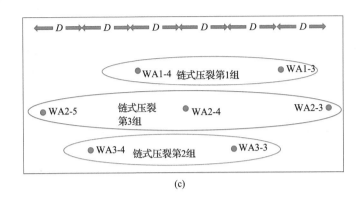

(c)

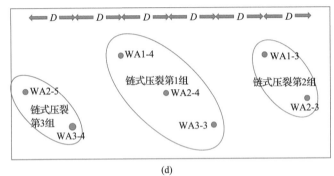

(d)

图 1-2-11 压裂顺序示意图[18]

(a)第一种：从外向内；(b)第二种：从外向内；(c)第三种：上—下—中间；(d)第四种：从内向外。D 为井间距

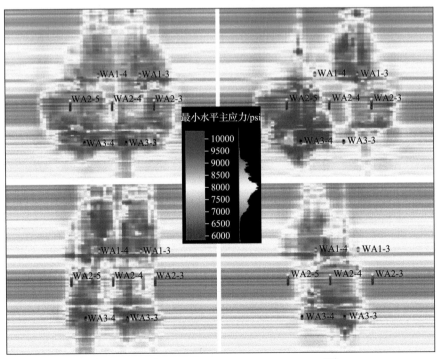

图 1-2-12 不同压裂顺序下的压后效果[20]

蓝色代表压裂改造时相应位置水平应力大，红色代表应力小

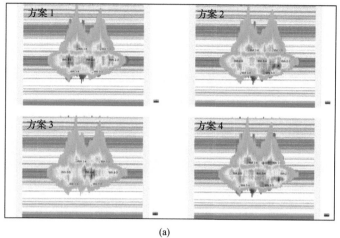

(a)

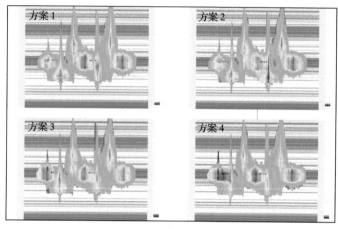

(b)

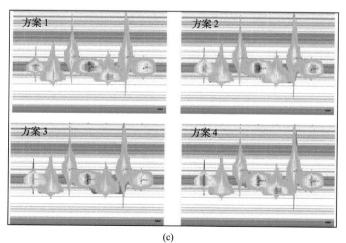

(c)

图 1-2-13 不同井距和压裂顺序下有效支撑裂缝几何形状[20]

色标条暖色代表裂缝密度高，冷色代表裂缝密度低。(a)井距为 67m 时四种压裂顺序的压后效果；(b)井距为 134m 时四种压裂顺序的压后效果；(c)井距为 200m 时四种压裂顺序的压后效果

三、立体开发技术发展趋势

北美页岩气产业已经进入成熟发展阶段，立体开发在页岩气规模生产中扮演着越来越重要的角色，其发展趋势随着技术创新和对页岩油气藏认识的深入而不断变化。具体体现在：一是从两层、三层到更多层立体开发，随着水平井技术的出现和规模应用，两层、三层立体开发应用于页岩油气生产中，而多分支水平井的技术创新让多层立体开发水平再上新台阶；二是对地质特征变化不明显的厚储层开展储层地质-工程多维度参数一体化精细评价，可以实现对厚储层进一步细化分层分段，从而为多层立体开发奠定基础；三是井网井距和压裂作业顺序的不断优化，井网井距从 600m 到 200～300m 的调整，主要依赖于井间干扰对井组整体产量影响的研究不断深入，而随着从压裂作业顺序的数值模拟和现场试验研究中不断获得的新认识，同层和不同层压裂作业顺序的优化调整使立体开发效果得到进一步优化。

立体开发的出现意味着页岩油气产业已经进入"规模化"发展的新阶段，北美典型页岩油气立体开发实践表明，这种生产模式能够有效降低 10%～20%的开发成本。然而，北美页岩油气立体开发也面临以下挑战：①资源开采过于集中。早期油气运营商通过开展资源分级精细评价，实现"甜中找甜"，而随着页岩气生产"甜点"区域资源的动用程度逐步提高，未来开发区域资源条件相对较差，将给页岩气低成本开发带来新的挑战。②规模化的开发模式缺乏灵活性。为了降低井间干扰、提高储量整体动用，通常同平台上多口井工厂化作业后同时投产，使得同井台多口井投产滞后，影响当期现金流。另外，一旦井的初始产量低于预期，平台式钻井或被放弃，有造成巨大经济损失的风险。③规模化开发周期较长。完成规模较大的平台式钻井需要 8～9 个月，作业时间有待进一步压缩。④老井产量递减快、单井采收率低。规模化开发仍面临老井递减快、单井采收率低的难题，亟须开展页岩气提高采收率适应性技术攻关以及地面地下配套的设施设备建设。

面对以上问题，北美页岩油气立体开发中将持续加强评价与探索，拓展页岩油气可持续发展的新领域；加强缝高现场监测和地应力分布特征等关键技术应用研究，为立体开发井网井距优化提供有力支撑；加强工程技术和关键装备的创新发展，特别是高温高压钻完井、立体井网缝控储量最大化压裂技术等；规模化开发的同时，将兼顾单井产量评价，以实现整体储量动用程度最大、采出程度最高，同时兼顾经济效益最优；进一步优化开发过程管理流程，实现全过程人工智能化，提升工厂化作业水平，缩短作业周期和现金流回收周期；积极探索页岩气提高采收率技术，加强基础理论、机理研究，适时开展室内实验和先导性矿场试验，以及与新技术相配套的地面地下施工设备和工具研发；加快管道外输等基础设施建设。

第三节 涪陵页岩气田立体开发历程

一、涪陵页岩气勘探开发历程

涪陵地区的地质调查及石油天然气勘探工作由来已久。20 世纪 50～90 年代，地质矿产部开展了石油普查和地质详查，实施二维地震共 14 条(417.51km)、大地电磁(MT)测线 4 条(152.7km)、连续电磁剖面法(CEMP)测线 14 条(470.7km)，发现和落实了焦石坝、大耳山、轿子山等背斜构造。中国石化自 2001 年开始对川东南涪陵、綦江、綦江南等区块的天然气成藏条件和区带勘探潜力进行评价，认为包鸾-焦石坝背斜带-石门坎背斜带是该区海相下组合油气勘探的较有利勘探区，但由于勘探潜力不明确，在此期间区块内基本无实物工作量投入。

受北美页岩气快速发展和成功经验的影响，中国石化正式启动了页岩气勘探评价工作，将发展非常规资源列为重大发展战略，加快了页岩油气勘探步伐。2009 年，中国石化以四川盆地及周缘为重点勘探对象，展开了页岩气勘探选区评价，初步明确了该地区海相页岩气形成的基本地质条件，认识到相对于北美商业页岩气田，南方海相页岩气具有多期构造运动叠加改造、热演化程度高、保存条件复杂、含气性差异大的特点，不能简单套用北美地区现成的理论和勘探技术方法，明确了在中国南方构造复杂地区加强页岩气保存条件评价十分必要，提出了南方复杂构造区高演化海相页岩气"二元富集"理论认识，即"深水陆棚相优质页岩是海相页岩气富集的基础，良好的保存条件是海相页岩气富集高产的关键"，并建立了 3 大类、18 项评价参数的南方海相页岩气目标评价体系与标准，在此基础上，优选出了焦石坝、丁山、屏边等一批有利勘探目标[21]。

为研究涪陵地区页岩气形成基本地质条件并争取实现页岩气商业突破，中国石化于 2011 年 9 月在焦石坝区块论证部署了第一口海相页岩气参数井——焦页 1HF 井。2012 年 2 月 14 日，焦页 1HF 井开钻，涪陵页岩气田非常规页岩气勘探从此拉开序幕。2012 年 9 月 16 日水平井完钻，完钻井深 3653.99m，水平段长 1007.90m。2012 年 11 月，对焦页 1HF 井水平段 2646.09～3653.99m 分 15 段进行大型水力压裂，于 11 月 28 日测试获日产 $20.3 \times 10^4 \text{m}^3$ 的工业气流，发现了涪陵页岩气田。

涪陵页岩气田主要经历了一期产建(焦石坝区块)、二期产建(江东、平桥区块)、立体开发等阶段。一次井网采用"1500m 水平段、600m 井距、山地丛式交叉布井，穿行①～③小层"的模式，对五峰组—龙马溪组龙一段按一套页岩层系进行一次井网开发，开发面积为 267km²，部署水平井 254 口。2015 年建成 $50 \times 10^8 \text{m}^3/\text{a}$ 产能，2016～2017 年年产量保持在 $50 \times 10^8 \text{m}^3$ 以上稳产两年，建成了第一个国家级页岩气示范区。

2017 年以来，涪陵页岩气田按照"单井评价—井组试验—整体部署—滚动建产"的步骤，大胆实践、有序推进立体开发。2017 年开展 12 口单井评价先导试验，探索立体井网模式和调整潜力；2018 年在不同地质条件区域展开 5 个井组先导试验，进一步评价立体开发技术政策。通过两年的积极探索与攻关，建立了国内首个页岩气立体开发模式，并于 2018 年底编制了焦石坝区块整体开发调整方案。2019~2022 年，气田全面推进立体开发产能建设。目前焦石坝区块已完成两层立体开发产建，三层立体开发正稳步推进；江东、平桥区块稳步推进两层立体开发的同时积极探索三层立体开发；白马、凤来等构造复杂区按照"一次井网、整体部署、平台接替、稳步推进"的思路，同步推进立体开发评价。

二、涪陵与北美页岩气地质工程条件差异

北美主要含油气盆地页岩气层埋深总体介于 1200~4700m；页岩厚度分布在 15~300m，多介于 30~100m；页岩 TOC 较高，Woodford 页岩、Utica 页岩、Marcellus 页岩 TOC 均在 3.0%以上，Haynesville 页岩和 Eagle Ford 页岩 TOC 含量稍低；页岩热演化程度分布范围较广，R_o 介于 0.5%~3.0%，处于低成熟至过成熟阶段；页岩孔隙度分布在 3%~15%，主体介于 4%~10%；脆性矿物含量较高，普遍大于 50%，其中 Eagle Ford 页岩和 Utica 页岩碳酸盐矿物含量较高，均值达 60%以上；页岩含气量变化较大，介于 2.0~12.4m³/t，Haynesville 页岩含气量介于 2.8~12.4m³/t，Marcellus 页岩含气量介于 1.7~2.8m³/t，Utica 页岩含气量为 2.0m³/t，游离气含量占比高，普遍高于 50%[22]。

涪陵页岩气田五峰组—龙马溪组龙一段埋深范围介于 2000~4200m，有效页岩厚度介于 40~80m；页岩 TOC 含量普遍大于 2.0%，总体介于 2.0%~6.0%，与 Haynesville 页岩和 Eagle Ford 页岩相似。五峰组—龙马溪组页岩 R_o 普遍大于 2.5%，处于过成熟阶段；页岩孔隙度介于 1.2%~8.1%；脆性矿物含量介于 50%~80%；页岩含气量介于 1.3~6.3m³/t。

涪陵页岩气田五峰组—龙马溪组与北美海相页岩气储层品质大致相当，但开发层系较为单一、构造特征、保存条件、地应力条件及裂缝分布特征复杂，储层非均质性强，储量动用难度大。四川盆地及其周缘海相页岩气分布区多处于山地和丘陵地区，与北美相比，涪陵页岩气田在地质-工程、地表、基础设施等方面存在诸多差异。

美国页岩气勘探开发由中浅层向深层逐渐展开，主体开发区页岩埋深多在 1000~3000m。北美页岩气区带钻探条件较好，地表多为平原，水源丰富，油气管网发达，利于实现大规模、高密度、连片化的布井开发模式。

与北美相比，涪陵页岩气田地质和地表条件均存在较大差异，造成了涪陵气田开发成本高、施工难度大等特点。具体表现为：①复杂的地表、地貌和自然地理条件严重制约了井工厂实施难度，只能因地制宜修建井场；②受复杂的地层、构造、裂缝、地应力和地层压力系统等因素影响，页岩气钻探与压裂改造条件复杂，地表碳酸盐岩出露区溶洞发育，上覆地层常钻遇水层、浅层气，井漏、垮塌、卡钻等复杂情况多发；③页岩非均质性强、含气性差异大，储量动用难度大；④天然气管网的长度和密度均远低于美国，地面工程建设难度较大、费用较高。受上述多重因素共同影响，我国页岩气开发单井成本较高、单井初产与最终产量较低，进而影响了页岩气开发效益(表 1-3-1)。

表 1-3-1　涪陵页岩气田与北美典型页岩气田地质-工程条件对比

参数	Eagle Ford 区块	Woodford 区块	Utica 区块	Marcellus 区块	Haynesville 区块	涪陵地区 五峰组—龙马溪组
沉积盆地	Western Gulf 盆地	Anadarko 盆地	Appalachian 盆地		Louisiana 盐盆	四川盆地
地质年代	白垩纪	二叠纪	奥陶纪	泥盆纪	侏罗纪	奥陶纪—志留纪
埋藏深度/m	1200～4500	1829～4500	2100～4300	1220～2591	3000～4700	2000～4000
上覆地层钻探条件	简单	简单	简单	简单	简单	复杂、可钻性差，水层、浅层气、井漏、垮塌等
地表条件	平原	平原	平原	平原	平原	山地、丘陵溶洞、暗河发育
构造复杂度	简单	简单	简单	简单	简单	中等—复杂
地应力场复杂度	简单	简单	简单	简单	简单	中等—复杂
天然裂缝发育程度与分布规律	发育，简单	发育，简单	—	发育，简单	不发育，简单	发育，中等—复杂
水平应力差/MPa	—	4.3	—	—	4	8～11
水源条件	丰富	丰富	丰富	丰富	丰富	较丰富
管网条件	发达	发达	发达	发达	发达	较发达
单井控制面积/km²	0.64	0.64	0.72	0.16～0.65	0.16～2.27	0.6～0.8
水平井初产/(10^4m³/d)	14～29	2.8～36.8/7.9	13.3	7.1～76.5/13.3	14.2～70.8/23.8	17.0～25.5
单井平均最终可采储量/10^8m³	4.3～8.5(水平段 3000～4800m)					1.5

注：水平井初产数据中"/"后为平均值。

三、涪陵页岩气立体开发难点

涪陵页岩气田地表-地质条件复杂，且气藏经历了一次大型非均质改造，与北美存在很大差异。北美为多套页岩间互产出，涪陵为一套页岩，在一套无隔层的单一页岩储层中如何进行立体开发提高采收率，是无法照搬北美技术经验的。

涪陵页岩气立体开发面临的难点包括资源精细评价难度大、储量动用评价难度大、剩余储量高效动用难度大、优快钻井与精准改造难度大四大难题。

(1)涪陵海相页岩压后非均质性强，三维空间地质-工程耦合"甜点"精细描述难。焦石坝区块五峰组—龙马溪组一段页岩具有较强的非均质性，采用纵向一套层系动用地质资源，不能有效满足气田高效开发的需求。

(2)涪陵海相页岩压后缝网复杂程度高，精细表征和储量动用评价难度大。焦石坝区块探明储量 2678×10^8m³，一次井网预测技术可采储量 344×10^8m³，剩余储量规模大，微地震揭示单套多层页岩压后缝网复杂性强，缝网精细表征难度大，页岩气储量动用状况需要进一步评价。

(3)涪陵气田一次井网剩余气分布复杂，立体开发优化设计、储量高效控制难。压裂模拟、微地震监测、产气剖面测试等结果表明，单套多层页岩一次开发后剩余储量分布复杂，天然裂缝与人工缝网交织，应力场和压力场叠加，立体开发技术政策如何优化，实现剩余储量高效动用难度大。

（4）涪陵气田已开发区三维空间井网复杂，立体开发安全经济成井、精准改造难。立体开发面临平台井数更多、水平段更长、井网更密集，优快钻井与精准改造难度更大等系列难题。具体表现为：密织井网条件下新钻井防碰绕障难度大，复杂压力-应力场和压裂缝造成新钻井安全高效成井难度大，现有钻井技术难以满足剩余气动用对钻井持续降本的要求；与一次井网对比，实现剩余气充分动用的压裂工艺有待精细化研究；立体开发井进入递减阶段后，井筒积液风险大，如何高效利用原有地面流程，开展高效采输工艺还需进一步攻关。

通过研究，创新提出了在页岩气的立体开发中"耦合'甜点'描述是基础、'缝网'协同优化是关键、工程提速提效是保障"的观点，建立了页岩气地质-工程耦合"甜点"描述技术、页岩气立体开发建模数模评价技术、页岩气立体开发技术政策优化技术、页岩气立体开发工程工艺技术等技术系列，从涪陵页岩气田焦石坝区块到江东、平桥、白马、凤来等复杂区块，再到川东南东胜、丁山、威荣、永川等深层常压区块，立体开发技术已在四川盆地海相页岩气开发中全面推广应用，取得了显著的经济效益。

参 考 文 献

[1] 马永生, 蔡勋育, 赵培荣. 中国页岩气勘探开发理论认识与实践[J]. 石油勘探与开发, 2018, 45(4): 561-574.

[2] 孙焕泉, 周德华, 蔡勋育, 等. 中国石化页岩气发展现状与趋势[J]. 中国石油勘探, 2020, 25(2): 14-26.

[3] Keith S. Applying fundamentals of unconventional shale production to the exploration and development of the Wolfcamp "A", Wolfcamp "B", and Lower Spraberry Shale-A Case Study from the Midland Basin, West Texas[J]. The Houston Geological Society Bulletin, 2015, 58(2): 17-19.

[4] Gakhar K, Shan D, Rodionov Y, et al. Engineered approach for multi-well pad development in Eagle Ford shale[C]//Unconventional Resources Technology Conference, San Antonio, 2016.

[5] Liu Y, Bordoloi S, McMahan N, et al. Bakken infill pilot analysis and modeling: Characterizing unconventional reservoir potentials[C]//SPE/AAPG/SEG Unconventional Resources Technology Conference, OnePetro, 2020.

[6] Mckimmy M, Hari-Roy S, Cipolla C, et al. Hydraulic fracture geometry, morphology, and parent-child interactions: Bakken case study[C]//SPE Hydraulic Fracturing Technology Conference and Exhibition, The Woodlands, 2022.

[7] 孙焕泉, 周德华, 赵培荣, 等. 中国石化地质工程一体化发展方向[J]. 油气藏评价与开发, 2021, 11(3): 269-280.

[8] 蔡勋育, 赵培荣, 高波, 等. 中国石化页岩气"十三五"发展成果与展望[J]. 石油与天然气地质, 2021, 42(1): 16-27.

[9] 高健. 四川盆地威远区块页岩气立体开发技术与对策——以威202井区A平台为例[J]. 天然气工业, 2022, 42(2): 93-99.

[10] 杨洪志, 赵圣贤, 夏自强, 等. 四川盆地南部泸州区块深层页岩气立体开发目标优选[J]. 天然气工业, 2022, 42(8): 162-174.

[11] EIA. Dry shale gas production estimate by play[R]. 2024. https://www.eia.gov/naturalgas/data.php#production.

[12] Ramiro R, Romero S. Rock-eval basic/bulk-rock vs. shale play methods for characterization of unconventional shale resource systems: Application to the Eagle Ford Shale, Texas[C]//AAPG 2017 Annual Convention & Exhibition, (2017-04-05). https://www.researchgate.net/publication/315791683.

[13] Donovan A D, Staerker T S, Gardner R M, et al. Findings from the Eagle Ford Outcrops of West Texas&implication to the Subsurface of South Texas//Bryer J A. The Eagle Ford Shale-A renaissance in US Oil Production: AAPG Memoir110[M]. Tulsa: American Association of Petroleum Geologists, 2016.

[14] Hentz T F, Ruppel S C. Reginal stratigraphic and reock characteristics of Eagle Ford shale in its play area: Maverick Basin to East Texas Basin[C]//AAPG Annual Convention and Exhibition, Houston, 2011. https://www.searchanddiscovery.com/pdfz/documents/2011/10325hentz/ndx_hentz.pdf.html.

[15] Jacobs T. Frac hits reveal well spacing may be too tight, completion volumes too large[J]. Journal of Petroleum Technology, 2017, 69(11): 35-38.

[16] Rafiee M, Grover T. Well spacing optimization in Eagle Ford shale: An operator's experience[C]//SPE/AAPG/SEG Unconventional Resources Technology Conference, OnePetro, 2017.

[17] Stegent N, Candler C. Downhole microseismic mapping of more than 400 fracturing stages on a multiwell pad at the Hydraulic Fracturing Test Site (HFTS): Discussion of operational challenges and analytic results[C]//Unconventional Resources Technology Conference, Houston, 2018.

[18] Wood T, Leonard R, Senters C, et al. Interwell Communication Study of UWC and MWC Wells in the HFTS[C]//Unconventional Resources Technology Conference, Houston, 2018.

[19] Alimahomed F, Malpani R, Jose R, et al. Development of the stacked pay in the Delaware basin, Permian basin[C]//SPE/AAPG/SEG Unconventional Resources Technology Conference, OnePetro, 2018.

[20] Damani A, Kanneganti K, Malpani R. Sequencing hydraulic fractures to optimize production for stacked well development in the Delaware Basin[C]//Unconventional Resources Technology Conference held in Austin, Texas, 2020.

[21] 郭旭升. 南方海相页岩气"二元富集"规律——四川盆地及周缘龙马溪组页岩气勘探实践认识[J]. 地质学报, 2014, 88(7): 1209-1218.

[22] 李新景, 吕宗刚, 董大忠, 等. 北美页岩气资源形成的地质条件[J]. 天然气工业, 2009, 29(5): 27-32, 135, 136.

第二章 涪陵页岩气田基本特征

涪陵页岩气田位于四川盆地东缘，地表以山地-丘陵地貌为主，与北美成熟的页岩气商业开发区块相比，具有气层层位老、埋深大、构造条件复杂、热演化程度高的地质特征。

本章整体围绕涪陵页岩气田的地质特征、气藏特征、开发特征展开，目的是介绍涪陵气田的基本特征，为立体评价开发工作分区分层系实施奠定基础。

第一节 地 质 特 征

一、区域构造特征

(一)区域构造背景

涪陵页岩气田位于四川盆地川东高陡褶皱带，发育晚中生代多层次滑脱构造，具有显著的南东向变形强、北西向变形弱，南东向变形早、北西向变形晚的递进变形特征。以齐岳山断裂为界，该褶皱-冲断带分为西部隔挡式褶皱带和东部隔槽式褶皱-冲断带。气田位于盆地边界断裂齐岳山断裂以西，四川盆地川东高陡褶皱带南段石柱复向斜、方斗山复背斜和万县复向斜等多个构造单元的接合部[1]，如图2-1-1所示。

川东褶皱带主要是南东-北西向的阶状递进挤压的分层滑脱模式。华蓥山背斜既是川东隔挡式褶皱-冲断带的逆冲前缘，也是整个川鄂湘黔褶皱-冲断带的逆冲前缘。前人对该区的构造变形特征进行了研究：以大庸断裂为界，向北西主要为薄皮冲断带，以南为厚皮冲断带；薄皮冲断带-冲断层发育主要与背斜有关，沿志留系和下寒武统滑脱，向南东过齐岳山断裂后，褶皱形态变为尖顶向斜和箱状背斜，主要断层沿志留系、寒武系和下震旦统发生滑脱，薄皮冲断带内次级反冲断层发育；厚皮冲断带向北西推覆于薄皮冲断带上[2]。

分析认为，川东褶皱带垂向上具有上、中、下"三层"盖层结构，其形成演化大致是由印支、燕山和喜马拉雅这三期构造运动变形叠加的结果，是一个连续递进变形过程[3]。初期是滑脱冲断构造变形期，发育在下—中构造层，主要是在中三叠世末的印支运动形成的；印支运动后，川东中部主要以递进挤压应力为主，高陡构造带主要呈平行雁列展布，南部以压扭性应力为主，构造格局为旋扭构造-帚状构造；燕山晚期发生构造变形，在挤压应力的作用下，震旦纪到白垩纪地层被盆地充填后，沿着基底与盖层滑脱面滑脱，从而产生盖层褶皱变形，其典型构造变形特征表现为以背斜较紧密排列，向斜较宽阔的隔挡式褶皱为主。

受燕山期和喜马拉雅期多期多方向构造运动影响，涪陵页岩气田内五峰组—龙马

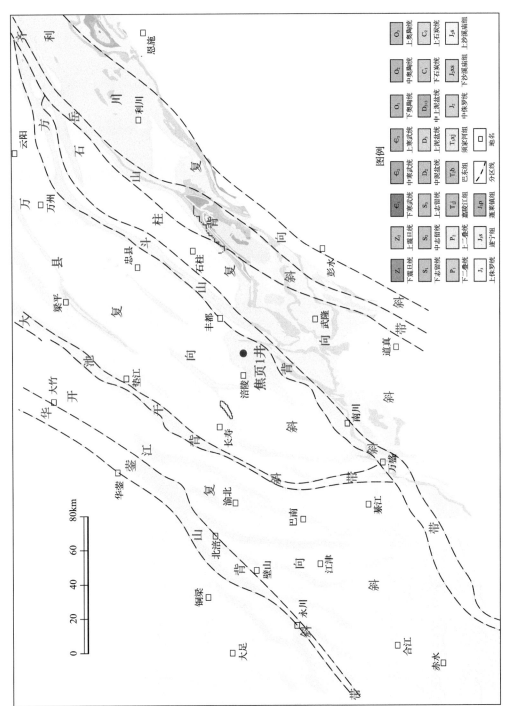

图2-1-1 四川盆地涪陵页岩气田及邻区构造区划图[4]

溪组主要发育北东向和北北西向两组断层。早期发育北东向断层，以石门-金坪断裂为界形成东西分带、隆凹相间的构造格局；后期发育北北西向乌江扭滑性断层，受该断裂的影响，区内呈现南北分块的特征[1,5-8]。

区域冲断带的褶皱构造较为发育，主要是线状褶皱，总体上呈北北东向，呈现显著的同心褶皱和分带性特征。同心褶皱特征通常表现为背斜轴部宽度较窄、地层较陡呈紧闭状的背斜；向斜则为轴部较宽、地层比较平缓的向斜。所有褶皱均发育在沉积盖层内，垂向上，上部变形强，向下逐渐减弱，直至消失。在背斜带的深部位有铲状的逆断层作为滑动前锋，断面向东呈倾斜状，向西呈逆冲构造。高陡背斜带两翼呈不对称分布，缓翼地层倾角大致在 20°～30°，陡翼地层倾角为 40°～70°，多数背斜带轴面倾向呈北西向或者北北西向[1]。

(二)构造演化

涪陵地区自基底形成以来，先后经历了桐湾运动、加里东运动、海西运动、印支运动、燕山运动、喜马拉雅运动等多期构造运动。涪陵南部地区构造演化主要经历了三个构造变形阶段：印支期之前的稳定沉积和间歇性隆升阶段、燕山早期挤压推覆阶段和晚燕山期—早喜马拉雅期的伸展、应力叠加改造阶段[9-12]。燕山早期、晚燕山期—早喜马拉雅期的构造变形是研究区主导变形阶段，先后受北西向主体应力和东西向应力的叠加改造，现今构造表现为北东向三排构造受后期北西向断裂改造的格局[13]，其构造演化史及构造变形机制可概括为三个阶段。

(1)印支运动以前，涪陵地区以稳定沉降为主，伴有间歇性隆升。在加里东期，随着扬子区整体沉降，海水自东南方侵入，志留系沉积早期川东南地区为深水陆棚沉积环境，沉积了一套厚约90m的暗色富有机质页岩。加里东末期，华夏板块向扬子板块俯冲加剧，最终扬子板块与华夏板块对接，江南古陆形成，使扬子全区露出水面遭受剥蚀。

海西中期，继承了早期的古地理环境，石炭纪早期川东南地区仍处于古陆环境遭受剥蚀，未接受沉积。至石炭纪中期，海侵开始，海水自东向西进入涪陵地区，石炭纪晚期受云南运动的影响，涪陵地区整体抬升，遭受剥蚀，川东南地区中石炭统剥蚀殆尽。海西晚期，全区广泛海侵，涪陵地区沉积稳定，为开阔海台地相。进入三叠纪，海退开始，涪陵地区主体处于开阔海台地相，下三叠统沉积厚度较稳定。中三叠世末期，印支构造旋回结束了漫长的海相沉积历史，涪陵地区进入了前陆盆地演化的新阶段。

(2)燕山早期，扬子板块与华北板块、华夏板块碰撞拼合，导致涪陵地区强烈变形。从区域构造位置看，涪陵地区处于江南-雪峰造山带和秦岭-大别造山带对冲挤压环境，产生了强烈挤压应力作用，区内强烈褶皱造山，涪陵地区前陆盆地的演化历史到这里告一段落。该期涪陵地区主要受到由南东指向北西方向的主应力影响，涪陵气田主体构造形成。

(3)晚燕山期—早喜马拉雅期，中扬子地区以伸展裂陷作用为主，加之东西向主体应力的叠加改造，涪陵地区形成北东向、北西向两组断裂，区域构造表现为北东向三排构造受后期北西向断裂改造的格局。

(三) 构造样式

构造样式是同一期构造运动或同一应力场背景下形成的构造变形总和。在沉积盆地中，构造样式是区分不同构造组合、解释不同区域构造特征、分类不同圈闭、协助划分不同成藏作用的一个重要概念[14,15]。

同一盆地不同区域由于构造环境的改变，构造样式可发生变化，并进行过渡；不同时期的构造作用往往形成不同的构造样式，它们的相互叠加称为构造样式的叠加。由于后期的构造运动不断地改变着早期的地质体，从而在空间上形成由不同时期构造变形所形成的构造样式的叠加。基于构造变形过程中基底卷入与否，以及构造叠加的特征，涪陵页岩气田构造样式可划分为三型五类(表 2-1-1)。

表 2-1-1　涪陵页岩气田及周缘构造样式分类表

构造样式		典型构造特征	典型构造样式分布
基底卷入型	基底逆冲	逆冲	石门断层以东(白马区块)
	压性断块	叠瓦状	石门断层
盖层滑脱型	扭动构造	花状构造	焦石坝箱状构造西侧
		雁列式构造	白云1号、2号、3号断层
	滑脱型逆冲-褶皱组合	断层逆冲滑脱	乌江断层以北，焦石坝主体构造
		对冲	石门1号断层与天台场断层、天台场1号断层与吊水岩1号断层
		背冲	吊水岩断层、石门1号断层
		断展褶皱	断展褶皱(石门背斜、平桥西背斜、梓里场背斜)
		断弯褶皱	
		冲起构造	平桥背斜
叠加型	穿盆构造		乌江断层相关褶皱叠加与早期NE向褶皱

1. 基底卷入型

涪陵页岩气田及周缘基底卷入型主要发育基底逆冲与压性断块构造样式，具体包括基底逆冲和压性断块构造。

1) 基底逆冲构造样式

涪陵页岩气田及周缘构造样式以石门断层为界具有显著的分带性，在石门断层以东，直至齐岳山断层，构造变形样式以基底卷入型式为主，基底高角度逆冲卷入冲断推覆，具有多次叠加变形特征。

2) 压性断块构造样式

石门断层周缘基底逆冲构造样式是多期次连续变形的结果。虽然在不同时期，构造运动的方式和强度有一定的差异，但整体特征是一致的，表现为压性断块与基底逆冲。受到由南东向北西构造应力的推覆作用，地层强烈变形，形成一系列倾向南东的断面,呈叠瓦状。叠瓦状构造在方斗山断层-齐岳山断层、梓里场断层、和顺场断层-石门断层发育,主要表现为由南东向北西的冲断作用,各断层之间系列断块和褶皱发育。

2. 盖层滑脱型

1)扭动构造

扭动构造主要表现为花状构造与走滑断层,分布于焦石坝箱状主体构造的东西两侧和焦石坝东冲断带南部。具体在焦石坝构造西侧野外露头可以发现走滑作用产生的花状构造,石门断层东侧白云1号、2号、3号断层呈现右阶雁列式展布。

2)滑脱型逆冲-褶皱组合

(1)断层逆冲滑脱。

由于涪陵气田及周缘古生界—中生界存在多套滑脱层,应力作用的大小从造山带向盆地内部逐渐递减,导致冲断活动减弱,变为顺层滑动直至消失,地层褶皱平缓,幅度较小。

(2)对冲与背冲。

对冲式逆冲断层是由两条倾向相反的逆冲断层组成,逆冲断层有共同的下降盘。涪陵气田小型对冲式断层常与背斜构造相伴生,形成向斜构造,如吊水岩向斜、山窝向斜。背冲式逆冲断层由两条或两组倾向相同的逆冲断层组成,逆冲断层有共同的上升盘,常形成背斜构造。背冲构造样式在涪陵气田分布比较局限。

(3)断展褶皱。

涪陵气田断层相关褶皱主要为断展褶皱,逆冲断层由深部层位向浅部层位扩散时,由于应力作用减弱,断裂变形被褶皱变形取代,在前锋端点处形成断展褶皱。断展褶皱主要分布在石门断层、平桥西断层、梓里场断层。

(4)冲起构造。

涪陵气田及周缘内的冲起构造样式无论是在强烈变形带内、中等变形带内、弱变形带内均普遍发育,冲起构造常表现为断层切割岩层扭曲的背斜形式,主要分布在平桥背斜。

3. 叠加型

涪陵页岩气田及周缘在江南雪峰造山带的陆内扩展作用下,首先发育了北东向的构造,但随后遭受了北东东向的挤压作用,相应发生北北西向的断褶作用,从而在早期的北东向构造之上叠加了晚期的北北西向构造,形成穿盆相间构造,如乌江1号、2号、3号背斜,其中又以乌江2号背斜为北西向背斜与早期高幅的北东向箱状背斜的叠加,整体幅度高。

(四)断裂特征

涪陵页岩气田构造受区域应力场的作用,以压性断裂为特征,共发育北东向和近南北向两组断裂,以北东向断裂为主。主要发育在焦石坝断背斜两翼、乌江断背斜西部、平桥断背斜两翼和沙子沱断背斜两翼等。其中主控断层19条,主要有大耳山西断层、石门-金坪断层、山窝断层、乌江断层、梓里场断层、吊水岩断层、天台场断层、平桥西断层等，走向以北东向为主(图 2-1-2)。断层控制了涪陵地区构造形态、局部构造，是涪陵地区构造单元划分的依据。

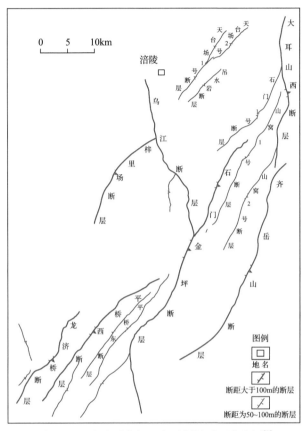

图 2-1-2 涪陵页岩气田主要断层平面分布图[1]

1. 大耳山西断层

大耳山西断层位于涪陵气田东部，自南往北走向由北北东向转为近南北向，倾向为南东东向，最大断距达 2500m，延伸长度超过 65km，基本上贯穿全区南北。

2. 石门-金坪断层

石门-金坪断层位于涪陵气田中部，走向北东向。断层延伸长度 18.34km，倾向为北西向，是从寒武系滑脱面向上冲断的逆冲断层之一，往南断距逐渐变大。

3. 天台场断层

天台场断层位于涪陵气田西北部，呈北东向走向，倾向为北西向。平面上呈"Y"字形组合。

4. 梓里场断层

梓里场断层位于涪陵气田西南部，呈北东向走向，倾向为南东向。该断层往北东向延伸时最终与乌江断层接触，平面上呈反"Y"字形组合。梓里场断层是从寒武系滑脱面向上冲断的逆冲断层之一，最大断距为 1.4km，往南延伸长度超过 23.5km。

5. 乌江断层

乌江断层贯穿涪陵气田，延伸长度超过 55.6km，最大断距 1.0km。乌江断层走向自南往北发生变化，由北东向转近南北向再转北北西向，倾向为近东方向。该断层自南往北延伸，断距具有南部大、中间小、北部又变大的特征，乌江断层往南延伸，在涪陵气田中部与石门 2 号断层汇聚，平面上近似呈"Y"字形展布。

6. 平桥东断层和西断层

平桥东断层和西断层位于涪陵气田西南部，走向均呈北东向，近平行展布。两组断层形成背冲逆断层的组合型式，联合控制了平桥背斜局部构造形态。

7. 齐岳山断层

齐岳山断层表现为高角度冲断层。断层走向北东，倾向南东；最大断距 3.0km，由北至南逐渐变小，北部平均断距 2650m，中部平均断距 1380m，南部平均断距 230m；断面陡，倾角为 70°～85°。断层北部冲断强度大，多通天，构造窄陡，变形较为强烈；断层中部断距减小，冲断作用变弱，背斜及翼部断层呈叠瓦状，密度大，构造较为宽缓；断层南部断距进一步减小，冲断作用减弱，扭动作用增强，反冲断层呈雁列式展布。

(五) 构造单元划分

构造单元划分在盆地分析中具有重要的地质意义和油气勘探价值，是进行盆地沉积构造特征及演化分析、油气成藏规律研究、有利区带预测以及油气勘探部署等工作的基础和前提[16]。同一构造单元通常具有相同或相似构造应力场与演化条件，基底特征、地层系统、沉积体系和构造演化等具有内在联系。

根据区域应力场特征、构造变形机制及时序、构造样式差异性、组合关系、主干断裂展布特征、各主要界面构造特征等，涪陵页岩气田平面上可划分出 11 个三级构造单元，自北向南分别为江东向斜带、涪陵向斜带、焦石坝背斜带、乌江背斜带、梓里场背斜带、白涛向斜带、石门-金坪背斜带、白马向斜带、凤来向斜带、双河口向斜带、平桥背斜带(图 2-1-3)，其中涪陵气田开发区块主要位于其中 7 个三级构造单元。

1. 焦石坝背斜带

焦石坝断背斜带位于涪陵页岩气田北部，是由天台场断层、乌江断层、石门断层以及大耳山西断层联合控制的断背斜构造，呈北东走向，整体断裂不发育。以五峰组底地震反射层为例，焦石坝断背斜带构造高点–1660m，低点–2650m，构造幅度 990m；构造长轴 26km，短轴 10.5km，面积 272km²；整个背斜带构造宽缓，地层视倾角范围为 5°～10°，在构造带边缘地层产状逐渐变陡，地层视倾角为 5°～15°；五峰组—龙马溪组页岩气层埋深为 2300～3200m。

2. 乌江背斜带

乌江背斜带位于涪陵页岩气田西南部，是由乌江断层控制的断背斜构造，地震资

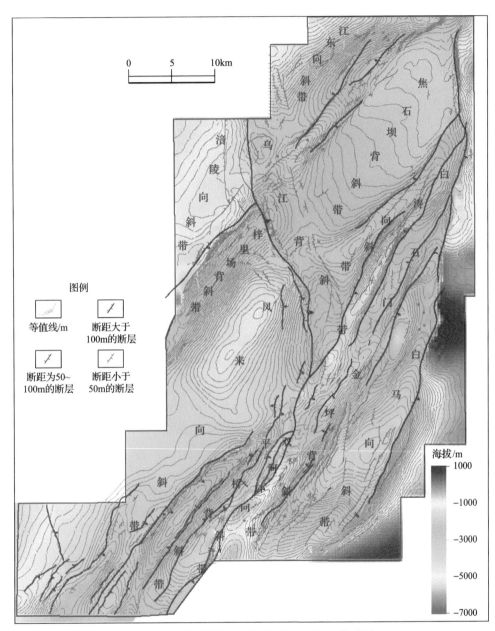

图 2-1-3　涪陵页岩气田五峰组底（TO₃w）构造图

料品质较高，构造解释可靠。走向平面上自南往北由北北西向转为近南北向，呈条带状展布。以五峰组底地震反射层为例，构造带内呈多个构造高点，最高点–2150m，低点–3050m；地层产状变化较快，视倾角为 5°～40°；该构造长轴 37.5km，短轴 3.5km，面积 102km²；五峰组—龙马溪组页岩气层埋深为 2700～3600m。

3. 梓里场背斜带

梓里场背斜带位于涪陵页岩气田西南部，是由梓里场断层控制的背斜构造。地震资料品质高，构造解释可靠。平面上呈北东向展布，以五峰组底地震反射层为例，构造最高点−2500m，低点−3350m，构造幅度850m；地层产状变化较快，视倾角为5°～40°；该背斜构造长轴12km，短轴5.5km，面积约56km^2；五峰组—龙马溪组页岩气层埋深为3200～3800m。

4. 白涛向斜带

白涛向斜带位于涪陵页岩气田中部，总体表现为隆凹相间的构造特征，具有"东西分带，南北分块"的特点。白涛向斜带相对较宽缓，北东走向，呈现南宽北窄的特征，局部受断层改造，埋深最大达3900m。以五峰组底地震反射层为例，构造带最高点−1800m，低点−3400m；地层产状变化较快；面积95km^2；五峰组—龙马溪组页岩气层埋深为2800～3900m。

5. 白马向斜带

白马向斜带位于涪陵页岩气田东南部，平面上呈北东向展布，为山窝断层、白云断层等和方西断层夹持。以五峰组底地震反射层为例，该构造带最高点−1800m，低点−4200m，构造幅度2400m；该向斜构造长轴37km，短轴7km，总面积约280km^2；地层产状变化较快，五峰组—龙马溪组页岩气层埋深平面变化较快，埋深介于2500～4800m。

6. 凤来向斜带

凤来向斜带位于涪陵页岩气田西南部，平面上呈北东向展布，构造上属于隔挡式断展滑脱褶皱带，被梓里场背斜、乌江断背斜、石门断背斜、平桥断背斜及东胜断背斜围限，构造主体部位断裂不发育。以五峰组底地震反射层为例，该构造带高点−2800m，低点4300m；北部产状变化较快；总面积约289km^2；五峰组—龙马溪组页岩气层埋深为3800～5600m。

7. 平桥背斜带

平桥背斜带位于涪陵页岩气田西南部，平面上呈北东向展布，被平桥西断层和平桥东断层夹持。以五峰组底地震反射层为例，该构造带最高点−2000m，低点−3000m，构造幅度1000m；构造长轴18km，短轴4km，总面积72km^2；平桥背斜总体表现为窄陡型背斜，沿垂直构造方向，地层产状及埋深变化较快；五峰组—龙马溪组页岩气层埋深为2600～4000m。

二、含气页岩段地层特征

(一) 区域地层特征

涪陵页岩气田所处的四川盆地是一个在特提斯构造域内长期发育、不断演进的古生代—中新生代海陆相复杂叠合的盆地，具有早期沉降、晚期隆升，沉降期长、隆升期短等特点。自震旦纪以来，其构造演化经历了震旦纪—中三叠世克拉通和晚三叠世—白垩纪前陆盆地两大构造演化阶段，在克拉通盆地演化阶段主要接受了一套巨厚的海相沉积。上奥陶统五峰组—下志留统龙马溪组是在广西运动之后全球海侵背景下沉积形成的，在华南地区发育稳定，特征清楚[17-21]。

涪陵地区沉积基底为前震旦系的深色变质岩和岩浆岩。下震旦统南沱组为沉积基底上最早的沉积盖层，主要为冰海和大陆冰川环境沉积的冰碛岩。从晚震旦世到早三叠世，该区主要发育海相碳酸盐岩沉积，总厚度3500～14000m，除泥盆系、石炭系发育不完全，其余地层发育较为齐全。中三叠世以来，涪陵地区演变为前陆盆地，主要发育海陆过渡相(以局限台地和开阔台地为主)沉积的滨岸碎屑岩，厚度200～1200m；晚三叠世以后，涪陵地区主要为陆相沉积的砂泥岩交互的碎屑岩，厚度3000～5000m。

涪陵地区页岩气勘探开发主要集中在上奥陶统五峰组至下志留统龙马溪组下部页岩地层。涪陵地区钻井及区域地质资料揭示，古生界奥陶系—中生界三叠系自下而上主要发育：十字铺组、宝塔组、涧草沟组、五峰组、龙马溪组、小河坝组、韩家店组、黄龙组、梁山组、栖霞组、茅口组、龙潭组、长兴组、飞仙关组、嘉陵江组、雷口坡组、须家河组，其中志留系由下统龙马溪组、小河坝组和中统韩家店组组成，与下伏奥陶系呈整合接触，与上覆石炭系黄龙组呈平行不整合接触。五峰组—龙马溪组在涪陵地区分布稳定，厚度200～300m。以下重点介绍上奥陶统五峰组—下志留统龙马溪组页岩段地层特征。

(二)页岩段岩性纵向划分

五峰组—龙马溪组龙一段下部为涪陵地区页岩气勘探的目的层段。五峰组厚度较薄，一般为5～7.5m。龙马溪组厚度一般在250～280m，结合岩性、电性特征纵向上可进一步将其细分为三段：自下而上为龙马溪组一段(以下简称龙一段)、龙马溪组二段(以下简称龙二段)、龙马溪组三段(以下简称龙三段)(图2-1-4)。

1. 五峰组

岩性为灰黑色含黏土硅质页岩，局部层段夹黄铁矿薄层、条带或条纹以及斑脱岩薄层或条带。岩石中笔石含量40%左右，另见硅质放射虫、腕足类及介形类和少量硅质海绵骨针等化石。常见分散状黄铁矿晶粒。另外，在涪陵地区，五峰组笔石页岩中段夹有数十层厚0.2～3cm不等的斑脱岩薄层或条带，可作为涪陵地区五峰组的特殊岩性标志，电性上具有高伽马、高含铀、低电阻、低密度、高声波、低中子的特征。

2. 龙一段

岩性以灰黑色含黏土硅质页岩、黏土质硅质页岩、黏土质粉砂质页岩为主，厚度为80～105m。页岩水平纹层发育，笔石化石丰富，局部含量可达80%，另见较多硅质放射虫及少量硅质海绵骨针类化石。页岩普遍见黄铁矿条带及分散状黄铁矿晶粒，总体反映缺氧、滞留、水体较深的深水陆棚沉积环境。电性特征为高自然伽马、高含铀、低电阻率、低密度、高声波、低中子。

(三)含气页岩段小层划分

以涪陵地区实钻井数据为基础，综合地层岩性、电性等特征，将五峰组—龙马溪

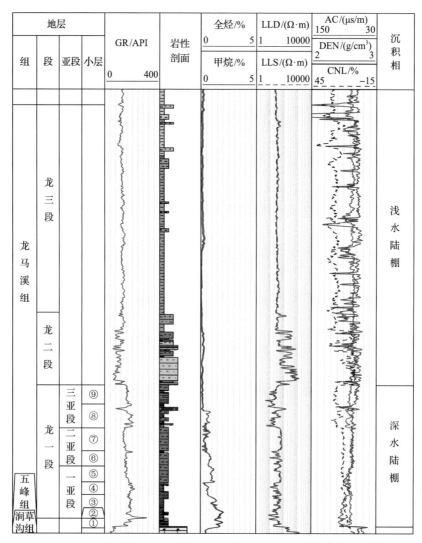

图 2-1-4　涪陵页岩气田及周缘地区五峰组—龙马溪组综合柱状图[18]

组一段进一步细分为 9 个小层 (图 2-1-5)，其中①~③小层页岩品质最优，为五峰组—龙马溪组一段中的优质页岩层段，简称下部气层，是早期页岩气开发的主要目的层段；④~⑤小层品质次之，为五峰组—龙马溪组一段中的中部气层段，简称中部气层；⑥~⑨小层页岩品质略差，为五峰组—龙马溪组一段中的上部气层段，简称上部气层。

以焦页 A 井为例，①小层主体发育灰黑色含黏土硅质页岩，发育 24 层厘米级绿灰色凝灰岩薄夹层，黄铁矿发育，多呈星散状，岩石中笔石化石自下而上由欠发育—发育，以双列式笔石化石为主。从全岩 X 射线衍射分析来看，整个①小层硅质含量较高，脆性矿物含量在 60% 以上。小层电性特征具有高伽马、高铀、低电阻、低密度特征。

②小层为龙马溪组底部的含黏土硅质页岩，岩心呈灰黑色，岩性较为单一，古生物发育，以双列式笔石为主，黄铁矿发育，呈星散状分布，镜下观察该小层碳质浸染严重，以硅质和黏土质为主，发育水平粉砂质细纹层。该段电性上具有明显的高伽马、

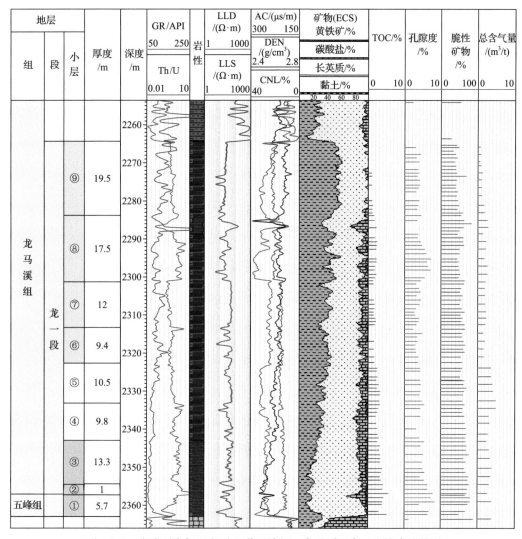

图 2-1-5 涪陵页岩气田焦页 A 井五峰组—龙马溪组龙一段综合柱状图

高铀、低电阻、低密度特征。

③小层为黏土质硅质页岩，岩心整体呈灰黑色，岩性较为单一，古生物发育，类别繁多。该小层内黄铁矿发育，呈星散状分布，镜下观察本小层碳质浸染现象明显，以硅质和黏土质为主，粉砂（粒径小，多小于 0.03mm）富集呈纹层状，与碳质纹层间互成层。纹层厚 0.04～0.16mm，密度为 5～10 条/cm。该段电性具有高伽马、高铀、相对低电阻、低密度特征。

④小层为黏土质粉砂质页岩，岩心整体呈灰黑色，古生物和黄铁矿总体表现为顶底发育，中部欠发育，灰质含量略多，发育粉砂质细纹层，细而密，纹层厚度在 0.01～0.12mm，密度为 5～10 条/cm，粉砂粒径小，多小于 0.03mm。该段电性上具有高伽马、高铀、中高密度特征。

⑤小层为黏土质粉砂质页岩，岩心整体呈灰黑色，岩性较为单一，古生物总体不

发育,黄铁矿较发育,呈团块状、星散状。薄片中见碳质浸染现象,发育粉砂质细纹层,细而密,纹层厚度0.04~0.12mm,密度为8~13条/cm。粉砂粒径小,多小于0.03mm。该段电性具有相对低伽马、低铀、相对高电阻、密度值自下至上逐渐增大的特征。

⑥小层为(含钙)黏土质粉砂质页岩,岩心整体呈灰黑色,岩心上粉砂质纹层发育,自下而上逐渐变密,古生物、黄铁矿均欠发育,镜下观测碳质浸染现象减弱,纹层明显,富粉砂纹层与富泥碳质纹层间互成层,形成明暗相间的纹层构造,纹层厚度0.01~0.25mm,密度为7~14条/cm。电性上呈现相对低伽马、电阻率齿化高值、高密度的特征。

⑦小层为(含钙)黏土质粉砂质混合页岩,岩心整体呈灰黑色,与⑥小层相比黏土含量有所增加,电性上呈现相对低伽马、电阻率呈箱状中值、高密度的特征。

⑧小层为(含钙)粉砂质黏土质混合页岩,岩心整体呈灰黑色,岩石中灰质、粉砂质分布不均,笔石化石整体发育,黄铁矿发育,呈星散状、团块状及条带状分布,镜下观测见碳质浸染现象,纹层相对⑥小层、⑦小层而言欠发育。该段电性具有相对高伽马、高密度、低电阻特征。

⑨小层为粉砂质黏土页岩,岩心整体呈灰黑色,笔石化石、黄铁矿整体不发育,泥质含量高,泥屑呈长条状,定向分布形成纹层构造,粉砂呈不连续分布。该段电性特征为自然伽马相对高值、低电阻、高密度。

涪陵页岩气田立体开发分上、中、下三套气层,三套气层地层特征存在较大差异,详细描述如下。

下部气层主要包括①~③小层,厚约20m,岩性以灰黑色含黏土硅质页岩为主,局部夹黄铁矿薄层、条带或条纹。岩石中含丰富的笔石化石,其含量一般约为50%,局部富集可达80%。另外还见到硅质放射虫及硅质海绵骨针化石,整体呈现自下而上含量递减的特点。岩石中笔石、硅质放射虫及硅质海绵骨针类化石的富集,未见浅水底栖类生物化石,说明其岩石是深水陆棚还原环境条件下形成的产物;电性上表现为高伽马、高含铀、低电阻、低密度,具有"高TOC、高孔隙度、高脆性、高含气量"特征,是涪陵气田一次井网开发的主要层段。

中部气层主要包括④~⑤小层,厚度约20m,岩性以灰黑色含钙黏土质粉砂质页岩、黏土质粉砂质页岩为主,下部灰质含量略多,黄铁矿发育,呈团块状、星散状,古生物局部发育,以海绵骨针化石、硅质放射虫为主。电性特征变化较明显,自下而上伽马值降低、铀含量降低、电阻率降低,总体呈现出中伽马、中含铀、中电阻、中密度特征,是涪陵气田立体开发中部气层段。

上部气层主要包括⑥~⑨小层,厚度约60m,岩性以灰黑色黏土质粉砂质页岩为主,偶见黄铁矿薄层、条带或条纹。笔石化石较下部小层明显减少,发育毫米级粉砂质粗纹层,电性上表现为相对较低伽马、低含铀、较低电阻、高密度特征,与下部气层相比页岩品质有所变差,具有"中低TOC、中高孔隙度、中高脆性、中低含气量"特征,是涪陵气田立体开发上部气层段。

第二节 气 藏 特 征

一、天然气组分特征

焦页 1HF 井龙马溪组天然气组分分析表明，天然气中以甲烷为主，摩尔分数为
98.097%～98.26%，乙烷为 0.57%～0.585%，丙烷及以上重烃组分含量为 0.03%～0.269%，
二氧化碳含量为 0.19%～0.196%（表 2-2-1），不含硫化氢。天然气相对密度 0.5656，临
界温度 191.4K，临界压力 4.6MPa。

表 2-2-1　涪陵地区典型井天然气组分分析表

分析项目	样品 1 摩尔分数/%	样品 2 摩尔分数/%
氢气	0.00	0.00
氦气	0.05	0.037
氮气	0.87	0.816
甲烷	98.26	98.097
乙烷	0.57	0.585
丙烷	0.03	0.232
异丁烷	0.00	0.012
正丁烷	0.00	0.016
异戊烷	0.00	0.003
正戊烷	0.00	0.003
C_{6+}		0.003
二氧化碳	0.19	0.196
硫化氢	—	—
合计	99.97	100

二、温压特征

涪陵气田焦页 2A 井井下压力计开展静压和温度测试，目的层地层埋深 2948m，温
度 98.1℃，计算地温梯度为 2.65℃/100m，属正常地温梯度。地层压力系数在不同区块
具备明显差异：在北部焦石坝区块主体区等构造稳定区，测试压力系数为 1.56，属超
压气藏；在白马等构造复杂区，测试地层压力系数为 0.8～1.2，表现为常压气藏。

三、气藏类型

涪陵地区五峰组—龙马溪组页岩气藏为连续性气藏，没有明显边界。焦石坝区块
气层埋藏深度一般为 2100～4200m，综合考虑埋深、地层压力等因素，确定为中深层—
深层、常压—高压、干气页岩气藏。

四、含气性特征

页岩含气性表征主要参数有气测显示值、含气量、含气饱和度、压力系数等[22-25]。从水平井显示情况来看，涪陵页岩气田五峰组—龙马溪组具备整体含气的特征，目的层段气测显示活跃。

(一)含气量特征

1. 实测含气量

从焦页 A 井单井含气量实测结果看，主力气层段总含气量介于 0.60～4.97m³/t，平均值为 2.37m³/t，具备整体含气的特征，自上而下气测值和实测含气量逐渐增加。实测含气量具备典型的三段式特征：①～⑤小层总含气量平均值为 3.56m³/t，为高含气层段；⑥～⑧小层总含气量平均值为 1.98m³/t，为中等含气层段；⑨小层总含气量平均值为 1.10m³/t，为低含气层段(图 2-2-1)。

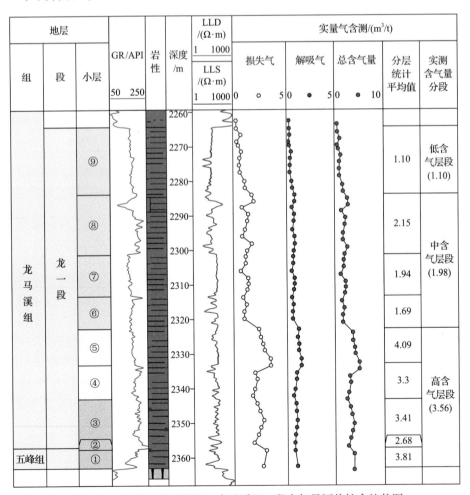

图 2-2-1　焦页 A 井五峰组—龙马溪组一段含气量评价综合柱状图

2. 测井解释含气量

从焦页 A 井测井解释含气量结果看(图 2-2-2),自上而下含气量逐渐增加。其中下部气层含气量明显高于上部气层的含气量: ①~⑤小层总含气量平均值为 5.96m³/t,为Ⅰ类含气层段; ⑥~⑨小层总含气量平均值为 3.94m³/t,为Ⅱ类含气层段。其中⑥~⑨小层中表现出同样的纵向含气性特征,⑧小层含气量平均为 4.69m³/t,明显高于其他小层。

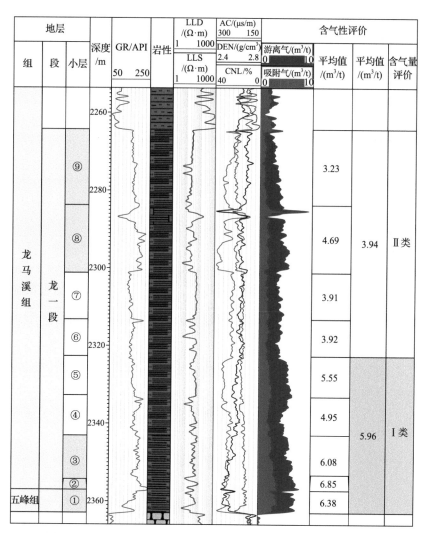

图 2-2-2 焦页 A 井五峰组—龙马溪组一段测井解释含气量柱状图

涪陵页岩气田多口导眼井测井解释对比显示,纵向上含气量由上至下逐渐增大,平面上,涪陵页岩气田北部焦石坝区块总含气量高,往南逐渐降低。

(二)赋存特征

页岩气一般以游离气和吸附气为主,溶解气含量极低,我国南方地区高热演化程度页岩中，溶解气含量可以忽略。游离气是指以游离状态存储于页岩微裂缝和孔隙中的天然气，吸附气是指吸附于有机质颗粒、黏土矿物颗粒表面上的天然气。页岩气开发本质上是游离气释放到吸附气解吸转化为游离气进而产出的动态过程，研究页岩气的赋存特征对页岩气的开发实践具有重要的指导意义[26,27]。

从焦石坝区块吸附气与游离气所占比例看，总体上吸附气与游离气比例为 4：6，游离气量要高于吸附气量，且自上而下吸附气的比例减少、游离气的比例增加。

涪陵气田不同区块构造特征及变形强度差异较大，构造变形弱的区块，有利于游离气的保存，如焦石坝区块；构造变形强的区块，保存条件较差，游离气散失，导致吸附气占比升高，总含气量较低，不利于页岩气富集。涪陵页岩气田平面上不同区块单井吸附气/游离气比例显示，总体上涪陵气田页岩中吸附气/游离气比例平均为 34：66，游离气对页岩气富集高产贡献大。不同区块不同层段吸附气/游离气比例差异较大，焦石坝区块和江东区块总体差异不大，均以游离气比例高为特征，吸附气占比 23%~32%；平桥和白涛块相比焦石坝区块游离气比例降低，吸附气占比 42%~45%；白马区块吸附气占比高，为 50%~60%。根据页岩气散失特点，游离气更易于从页岩孔隙中散失。

第三节　开发特征

与常规气井生产动态特征相比，页岩气井的渗流特征、产量递减特征、生产特征呈现分阶段变化和分区差异性，目前没有统一的生产阶段划分标准[28-30]。

根据美国和加拿大对页岩气藏开发实践认识[31-34]，结合涪陵页岩气田开发特征和前人工作，对涪陵气田页岩气井生产阶段进行了划分，并分析了各阶段的主要生产特征，以期对页岩气开发特征进行完整的表征。

一、涪陵页岩气田开发现状

涪陵页岩气田自 2013 年投入开发以来，气田产量实现了快速增长，2015 年 12 月日产气量达到了 $1600 \times 10^4 m^3$ 以上。2017 年以来，涪陵页岩气田通过江东、平桥新区产建、老区立体开发调整、全面推进增压开采、系统介入分类排采工艺、精细化气藏管理和井筒-地面一体化防腐等措施，弥补了页岩气产量递减。

截至 2022 年底，涪陵气田累计开钻 874 口、完井 804 口、完成试气 749 口，投产 732 口，生产天然气 $488.48 \times 10^8 m^3$，2022 年平均日产气水平 $1966 \times 10^4 m^3$，确保了气田稳产上产，如图 2-3-1 所示。

二、页岩气井生产阶段划分

与常规砂岩和碳酸盐岩储层相比，页岩储层的特殊性体现在三个方面：①页岩气储层未压裂改造无自然产能，需经过压裂后才有工业产量；②气井压裂改造的复杂度和体积大小决定产能和可采储量的高低；③压裂改造形成的缝网边界即为流动边界、生产波及边界。

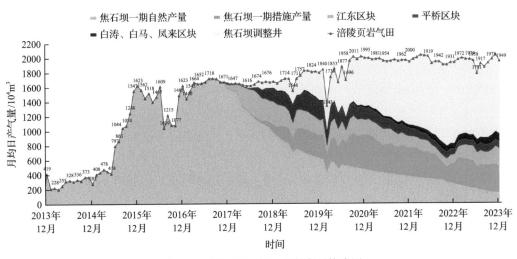

图 2-3-1 涪陵页岩气田历年产量构成图

为追求储量动用最大化，涪陵页岩气田气井以页岩气井动态合理配产方法为指导，采用定产控压生产方式和与产能相匹配的合理生产制度。根据产量和压力递减特征，将生产过程划分为"两大五小"生产阶段：自喷生产阶段和增压开采阶段。其中自喷生产阶段细分为稳产阶段、连续递减阶段和间歇生产阶段，增压开采阶段细分为增压递减阶段和增压间开阶段，如图 2-3-2 所示。

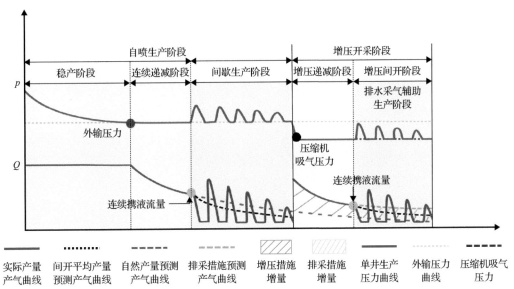

图 2-3-2 涪陵页岩气井生产阶段示意图

p 为压力；Q 为产气量

（一）自喷生产阶段

自喷生产阶段是指不借助排水采气工艺或增压开采工艺而仅依靠地层能量进行生

产的生产阶段。结合涪陵页岩气田开发实践，从矿场角度直观地将自喷生产阶段分为稳产阶段、连续递减阶段和间歇生产阶段。

1. 稳产阶段

页岩气试采通常先以稳定产量进行生产，该阶段称为稳产阶段。稳产阶段的主要特征为气井生产过程中产量保持稳定，同时井底流压逐渐减低。稳产阶段气井的产量通常按页岩气合理配产方法确定，在生产过程中，生产压力逐渐递减，当生产压力递减至接近外输压力(外输压力即管压，稳产期结束时生产压力与外输压力的差值取决于气井井口至外输管道之间的管损压力)后转入连续递减阶段，该阶段是消耗地层能量实现产量的稳定。

2. 连续递减阶段

稳产期结束后，生产压力已递减至接近外输压力，无进一步下降空间，随着地层压力进一步降低，气井生产压差逐渐降低，气井产量下降，气井进入连续递减阶段。在连续递减阶段，气井产量高于连续携液流量，该阶段生产时间的长短决定于气井稳产期结束时产量、产量递减率、连续携液流量的高低。稳产期结束时产量越高、产量递减率越低、连续携液流量越低时，气井产量递减期连续生产时间越长。

3. 间歇生产阶段

当产气低于连续携液流量但高于临界携液流量时气井不能连续生产，需要间歇关井恢复压力实现周期性排液生产，即为气井间歇生产阶段。该阶段生产时间的长短决定于气井产量递减率、水气比、地层压力恢复速度的大小。产量递减率越低、水气比越低、地层压力恢复速度越快时，气井间歇生产时间越长，通常当间歇生产日均产气量低于理论预测气量的50%后，间歇效率较低，需要采取措施工艺维持生产。

(二)增压开采阶段

增压开采阶段是指当间开的生产时率低于50%或产量进一步降低至临界携液流量后被迫水淹关井，需要借助增压开采工艺或排水采气工艺进一步降低生产压力维持生产的生产阶段。增压开采阶段可分为增压递减阶段和增压间开阶段。在增压递减阶段，生产压力保持稳定，产量连续递减。当产量递减至连续携液流量时，进入增压间开阶段，该阶段的生产效果由排采工艺的有效性决定。

三、涪陵页岩气田生产特征

经过近十年的开发，涪陵页岩气田老井生产可划分为稳产阶段、连续递减阶段、间歇生产阶段和增压开采阶段，各阶段生产特征显著且相互之间具备明显差异。

(一)稳产阶段

在稳产阶段，井底流压逐渐降低，产量维持稳定。该阶段主要关注稳产期累计产量和井底流压变化特征。

1. 稳产期累计产量

给定相同的稳产期结束条件，对比稳产时间和稳产期累计产量大小可以较好描述开发效果的差异。从稳产期开发效果来看，涪陵页岩气田不同区块开发效果存在差异性，其中焦石坝区块开发效果最好，平均稳产期累计产量 $4700 \times 10^4 \mathrm{m}^3$，平均稳产时间为 2 年；江东区块平均稳产期累计产量 $1785 \times 10^4 \mathrm{m}^3$，平均稳产时间为 0.44 年；平桥区块平均稳产期累计产量 $1497 \times 10^4 \mathrm{m}^3$，平均稳产时间为 0.55 年，如图 2-3-3 所示。

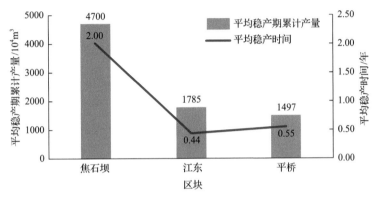

图 2-3-3 涪陵气田不同区块稳产期累计产量及稳产时间分布图

2. 井底流压变化特征

在稳产阶段，井底流压逐渐递减，通过研究井底流压变化特征可以识别页岩气在多孔介质中的流态。从涪陵页岩气田已有的研究结果来看，页岩气分段压裂水平井在生产过程中存在多种流态：①早期裂缝线性流；②基质-裂缝线性流；③基质线性流；④边界流。根据北美页岩气开发经验，页岩气井生产过程中长期处于基质线性流阶段。通过对涪陵页岩气田200多口气井稳产降压阶段的生产数据进行横坐标物质平衡时间、纵坐标归一化产量处理发现，页岩气井稳产阶段生产动态数据呈斜率为–1/2 的直线，同样表现为典型的不稳定基质线性流特征，如图 2-3-4 所示。

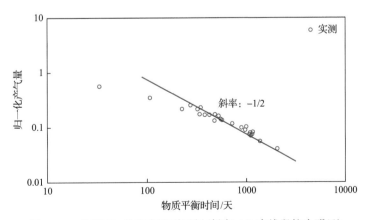

图 2-3-4 焦页 2B 井流态识别图版(斜率–1/2 直线段较为明显)

（二）连续递减阶段

在连续递减阶段，页岩气井生产压力达到外输压力，井底流压保持稳定，产量开始递减。目前油气藏工程用于递减规律研究最常用的方法是 Arps 递减分析方法，该方法是基于大量生产数据基础上提出的一种统计学分析方法，其根据递减类型可分为指数递减、双曲递减和调和递减三类。对涪陵页岩气田进入产量递减阶段的井采用 Arps 递减分析方法，分别用指数递减、双曲递减及调和递减三种类型拟合，研究发现页岩气井产量递减类型总体符合调和递减，其中焦石坝区块单井第一年年初对年末平均递减率为 60.5%，江东区块第一年年初对年末平均递减率为 70.8%，平桥区块第一年年初对年末平均递减率为 67.4%。

（三）间歇生产阶段

在间歇生产阶段，通过间歇关井恢复压力实现周期性排液生产。将该阶段的单井日度产气量数据转换为月均日产量数据，可以发现，涪陵页岩气井间歇生产阶段仍符合调和递减。间歇生产阶段主要描述间开周期初始产量及初始年递减率。进入间歇生产阶段后采用不稳定产量分析方法，拟合气井产量递减规律，可以确定初始年递减率。以涪陵气田焦石坝区块为例，对该区块生产井间开生产阶段月度生产数据归一化处理，焦石坝区块间开阶段初始产量为 $4.1\times10^4m^3/d$，间开阶段平均初始年递减率为 54.5%。

（四）增压开采阶段

在增压开采阶段，涪陵气田气井产量呈现递减趋势，其递减规律仍符合调和递减。增压开采阶段主要关注增压工艺的时机、措施增气量、措施后产量递减率。气井进入间歇生产阶段，产量低于连续携液流量并高于临界携液流量前为增压开采措施的最佳时机。措施增气量及措施后产量递减率可以通过统计增压前后具有明显递减规律井的生产资料获得。统计表明，焦石坝区块单井初始增气量为 $3.3\times10^4m^3/d$，递减率为 61.8%；江东区块单井初始增气量为 $1.6\times10^4m^3/d$，递减率为 58%；平桥区块单井初始增气量为 $0.9\times10^4m^3/d$，递减率为 69.8%，如图 2-3-5 所示。

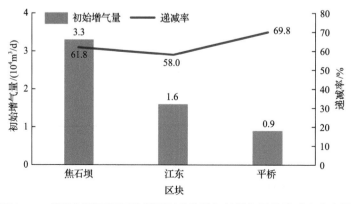

图 2-3-5　涪陵气田不同区块增压开采阶段初始增气量及递减率分布图

参 考 文 献

[1] 郭洪金. 页岩气地质评价技术与实践[M]. 北京: 中国石化出版社, 2020.

[2] 何文刚. 川东-湘鄂西褶皱-冲断带构造特征及其成因机制研究[D]. 北京: 中国石油大学(北京), 2018.

[3] 舒姚, 胡明. 川东北地区构造特征及变形期次探讨[J]. 复杂油气, 2010, 3(2): 17-20.

[4] 王志刚, 孙健. 涪陵页岩气田试验井组开发实践与认识[M]. 北京: 中国石化出版社, 2014.

[5] 孙健, 罗兵. 四川盆地涪陵页岩气田构造变形特征及对含气性的影响[J]. 石油与天然气地质, 2016, 37(6): 809-818.

[6] 张士万, 孟志勇, 郭战峰, 等. 涪陵地区龙马溪组页岩储层特征及其发育主控因素[J]. 天然气工业, 2014, 34(12): 16-24.

[7] 张金川, 聂海宽, 徐波, 等. 四川盆地页岩气成藏地质条件[J]. 天然气工业, 2008, (2): 151-156, 179, 180.

[8] 郭彤楼. 中国式页岩气关键地质问题与成藏富集主控因素[J]. 石油勘探与开发, 2016, 43(3): 317-326.

[9] 何治亮, 胡宗全, 聂海宽, 等. 四川盆地五峰组—龙马溪组页岩气富集特征与"建造-改造"评价思路[J]. 天然气地球科学, 2017, 28(5): 724-733.

[10] 罗兵, 郁飞, 陈亚琳, 等. 四川盆地涪陵地区页岩气层构造特征与保存评价[J]. 石油实验地质, 2018, 40(1): 103-109, 117.

[11] 胡东风. 四川盆地东南缘向斜构造五峰组—龙马溪组常压页岩气富集主控因素[J]. 天然气地球科学, 2019, 30(5): 605-615.

[12] 舒逸. 沉积-成岩-构造联合控制下的涪陵页岩气富集机理研究[D]. 武汉: 中国地质大学, 2022.

[13] 马力, 陈焕疆, 甘克文, 等. 中国南方大地构造和海相油气地质[M]. 北京: 地质出版社, 2004

[14] 弓义, 李天宇, 吴凯凯, 等. 涪陵页岩气田五峰组—龙马溪组页岩气保存条件评价[J]. 海相油气地质, 2020, 25(3): 253-262.

[15] 冯动军, 胡宗全, 李双建, 等. 川东盆缘带龙马溪组关键保存要素对页岩气富集的控制作用[J]. 地质论评, 2021, 67(1): 144-158.

[16] 马庆佑, 吕海涛, 蒋华山. 塔里木盆地台盆区构造单元划分方案[J]. 海相油气地质, 2015, 20(1): 1-9.

[17] 郭旭升, 胡东风, 文治东, 等. 四川盆地及周缘下古生界海相页岩气富集高产主控因素——以焦石坝地区五峰组—龙马溪组为例[J]. 中国地质, 2014, 41(3): 893-901.

[18] 聂海宽, 金之钧, 边瑞康, 等. 四川盆地及其周缘上奥陶统五峰组—下志留统龙马溪组页岩气"源-盖控藏"富集[J]. 石油学报, 2016, 37(5): 557-571.

[19] 张靖宇, 陆永潮, 付孝悦, 等. 四川盆地涪陵地区五峰组—龙马溪组一段层序格架与沉积演化[J]. 地质科技情报, 2017, 36(4): 65-72.

[20] 张柏桥, 孟志勇, 刘莉, 等. 四川盆地涪陵地区五峰组观音桥段成因分析及其对页岩气开发的意义[J]. 石油实验地质, 2018, 40(1): 30-37, 43.

[21] 王进, 包汉勇, 陆亚秋, 等. 涪陵焦石坝地区页岩气赋存特征定量表征及其主控因素[J]. 地球科学, 2019, 44(3): 1001-1011.

[22] 张汉荣. 川东南地区志留系页岩含气量特征及其影响因素[J]. 天然气工业, 2016, 36(8): 36-42.

[23] 姜振学, 唐相路, 李卓, 等. 川东南地区龙马溪组页岩孔隙结构全孔径表征及其对含气性的控制[J]. 地学前缘, 2016, 23(2): 126-134.

[24] 王哲, 李贤庆, 周宝刚, 等. 川南地区下古生界页岩气储层微观孔隙结构表征及其对含气性的影响[J]. 煤炭学报, 2016, 41(9): 2287-2297.

[25] 王修朝. 天然气储层含气性定量评价新参数[J]. 天然气工业, 2019, 39(3): 32-37.

[26] 侯宇光, 何生, 易积正, 等. 页岩孔隙结构对甲烷吸附能力的影响[J]. 石油勘探与开发, 2014, 41(2): 248-256.

[27] 戴方尧, 郝芳, 胡海燕, 等. 川东焦石坝五峰—龙马溪组页岩气赋存机理及其主控因素[J]. 地球科学, 2017, 42(7): 1185-1194.

[28] 段永刚, 魏明强, 李建秋, 等. 页岩气藏渗流机理及压裂井产量评价田[J]. 重庆大学学报, 2011, 34(4): 63-66.

[29] 李建秋, 曹建红, 段永刚, 等. 页岩气井渗流机理及产能递减分析[J]. 天然气勘探与开发, 2011, 34(2): 33-37.

[30] 钱旭瑞, 刘广忠, 唐佳, 等. 页岩气井产能影响因素分析[J]. 特种油气藏, 2012, 19(3): 81-83.

[31] Bustin R M, Bustin A M M, Cui X, et al. Impact of shale properties on pore structure and storage characteristics[C]//SPE Shale Gas Production Conference, Fort Worth, 2008.

[32] Nelson P H. Pore-throat sizes in sandstones, tight sandstones, and shales[J]. AAPG Bulletin, 2009, 93(3): 329-340.

[33] Pollastro R M. Total petroleum system assessment of undiscovered resources in the gaint Barnett Shale continuous(unconventional) gas accumulation, Fort Worth Basin, Texas[J]. AAPG Bulletin, 2007, 91(4): 551-578.

[34] Ross D J K, Bustin R M. Characterizing the shale gas resource potential of Devonian-Mississippian strata in the Western Canada sedimentary basin: Application of an integrated formation evaluation[J]. AAPG Bulletin, 2008, 92(1): 87-125.

第三章 页岩气地质-工程耦合"甜点"描述技术

"甜点"(sweet spot)主要指盆地中浅层生物气成因含气或产气最好的地理区域，这一个概念被应用于非常规油气资源评价中[1]，我国学者将这一术语广泛用于非常规油气勘探开发相关研究中[2-4]。

本章主要介绍了涪陵页岩气田的地质"甜点"和工程"甜点"的非均质性描述，在此基础上，开展平面精细开发分区评价，建立适合气田立体开发的分区评价体系，优选立体开发有利区。

第一节 地质"甜点"非均质性描述技术

受海平面影响，水动力条件及氧化还原条件发生变化，导致页岩成分组成、储集结构等产生变化，在等时格架中，页岩非均质性描述是地质"甜点"评价和选取的核心关键。地质特征常规描述一般包括地层特征、构造特征、温压特征、资源特征等[5-7]。页岩气属非常规气藏，除常规描述外，为充分体现页岩气"自生自储、人工气藏"特色，还需要重点开展原生品质、储集能力等方面的非均质性描述。其中，原生品质描述应注重页岩岩相、有机地球化学等方面展开，可为生烃能力和改造条件评价提供重要依据；有机质孔和无机质孔是页岩储集特征描述的关键，能有效评价页岩储集能力。

一、页岩岩相

岩相是指在一定沉积环境中形成的岩石或岩石组合，是沉积相的主要组成部分。通过细粒沉积学研究表明，页岩是由不同富含有机质的岩相组成。由于页岩岩相包含岩石类型、沉积结构/构造、有机/无机矿物等宏观、微观信息，使页岩岩相划分和展布规律成为页岩气勘探开发的基础性地质问题[8-10]。

(一)岩相类型划分

受资料条件和表征方法的限制，目前细粒沉积学中页岩的岩相划分方案种类繁多[11-15]。岩相划分参数也由早期的矿物成分、粒度大小和古生物类型/丰度等单因素指标向现今的有机质丰度、含有物、特殊矿物、矿物成分等多因素指标方向发展。

在晚奥陶世和早志留世两次大规模海侵背景下沉积的五峰组与龙马溪组下部富有机质黑色页岩页理发育，在涪陵地区广泛分布。通过以硅质矿物(石英+长石)、碳酸盐矿物(方解石+白云石)和黏土三矿物法为基础，可划分为硅质页岩、钙质页岩、黏土页岩和混合页岩四类。利用页岩岩性分级命名体系，对上述四大类岩相进一步细化。页岩岩性分级命名即将三端元含量的10%、25%、50%和75%为分界，针对单组分(X含量)>75%，即为 X 岩；含量为 50%～75%，即为 X 页岩；含量为 25%～50%，即为 X 质；含量为 10%～25%，即为含 X。针对双组分（X、Y）和三组分（X、Y、Z），则在单组分命名原则基础上进行组合命名。例如，当硅质矿物含量为 50%～75%，黏土矿物含量为 25%～50%，碳酸盐矿物含量为 10%～25%，可命名为含钙黏土质硅质页岩。而当三组分（X、Y、Z）含量均为 25%～50%时，即为混合页岩（表 3-1-1），可将页岩岩相进一步细分为 31 种亚类（图 3-1-1）。

表 3-1-1　页岩分级命名方案表

组分种类	组分含量	命名
单组分	10%≤X 含量<25%	含 X 页岩
	25%≤X 含量<50%	X 质页岩
	50%≤X 含量<75%	X 页岩
	X 含量≥75%	X 岩
双组分	25%≤X 含量<50%，25%≤Y 含量<50%	X 质 Y 质混合页岩
三组分	25%≤X 含量<50%，25%≤Y 含量<50%，25%≤Z 含量<50%	混合页岩

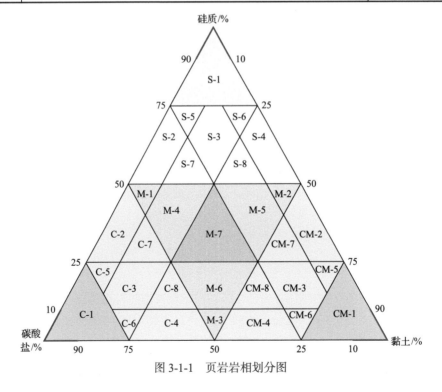

图 3-1-1　页岩岩相划分图

（二）岩相类型及特征

以涪陵页岩气田岩心为分析对象，对五峰组—龙一段富有机质页岩开展间距为 0.9～1.2m 的系统采样，共 777 个采样点，对每块样品进行平行样品测试总有机碳含量、主量/微量元素分析、全岩 X 射线衍射分析等项目，分析测试结果表明，涪陵页岩气田页岩以硅质页岩、混合页岩和黏土页岩为主，共发育 14 种岩相亚类，其中主要岩相 5 类，岩相类型占比 88.70%，分别为黏土质硅质页岩(S-4)、含钙黏土质硅质页岩(S-8)、黏土质硅质混合页岩(M-2)、含钙黏土质硅质混合页岩(M-5)和硅质黏土页岩(CM-2)；次要岩相 3 类，岩相类型占比 7.19%，分别为含黏土硅质页岩(S-6)、含钙硅质黏土页岩(CM-7)和混合页岩(M-7)；偶见岩相 6 类(占比 4.11%)(图 3-1-2，表 3-1-2)。

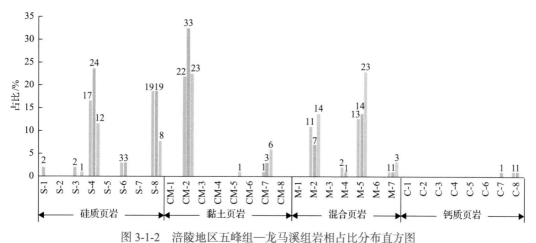

图 3-1-2 涪陵地区五峰组—龙马溪组岩相占比分布直方图

表 3-1-2 涪陵地区五峰组—龙马溪组主要岩相矿物组分统计表

岩相类型		样品数	硅质矿物含量/%		
类	亚类		石英含量	长石含量	总量
硅质页岩	黏土质硅质页岩(S-4)	54	29~60.9/45	2~19.3/8.3	49.3~65/55.8
	含钙黏土质硅质页岩(S-8)	46	31.4~55.9/43.3	4.9~15.4/8.72	47.1~61.2/52.5
混合岩	黏土质硅质混合页岩(M-2)	31	25.7~43.1/35.6	4.5~13.8/8.0	39.9~48.5/44.0
	含钙黏土质硅质混合页岩(M-5)	50	26.6~59.5/35.5	3.4~12.3/7.6	35.3~48.0/42.1
黏土页岩	硅质黏土页岩(CM-2)	78	20.0~47.6/32.2	3.3~14.2/6.14	28.0~48.2/37.8

岩相类型		黏土矿物含量/%	碳酸盐矿物含量/%		
类	亚类		方解石含量	白云石含量	总量
硅质页岩	黏土质硅质页岩(S-4)	24.1~43.5/33	0~7.1/3.1	0~26.5/5.4	1.4~9.6/7.2
	含钙黏土质硅质页岩(S-8)	24.3~36.9/30.1	2.4~9.7/5.5	8.3~18.1/6.6	9.5~19.4/12.3
混合岩	黏土质硅质混合页岩(M-2)	38.2~49.0/44.3	0.7~9.8/3.9	0~30.6/6.1	3.4~9.7/7.7
	含钙黏土质硅质混合页岩(M-5)	28.5~48.7/40.2	1.2~9.5/4.1	0.9~18.5/7.8	9.7~23.6/14.1
黏土页岩	硅质黏土页岩(CM-2)	45.1~67.6/56.4	0~8.7/1.2	0~9.7/2.5	0~9.7/3.2

注："/"之前数据为范围值，"/"之后数据为平均值。

1. 硅质页岩

硅质类页岩共发育三种岩相，其中以黏土质硅质页岩和含钙黏土质硅质页岩为主，分别占岩相类型的 22.02%和 17.05%，含黏土硅质页岩占比较少，仅为 2.98%。在矿物组成方面，石英+长石含量在 45.9%～74.8%，黏土硅质页岩含量平均值可达 69.6%；黏土矿物含量在 17.3%～46.1%，黏土质硅质页岩含量平均值最高可达 34.4%；碳酸盐含量在 0%～19.4%，含钙黏土质硅质页岩的碳酸盐矿物含量最高，平均值可达 13.3%。镜下观察可见大量毫米级水平纹层，其中亮色颗粒物多以硅质生物骨架颗粒（如放射虫、海绵骨针等）、黏土质絮状颗粒、石英等为主；暗色部分以黏土、有机质和黄铁矿为主[图 3-1-3(d)]。

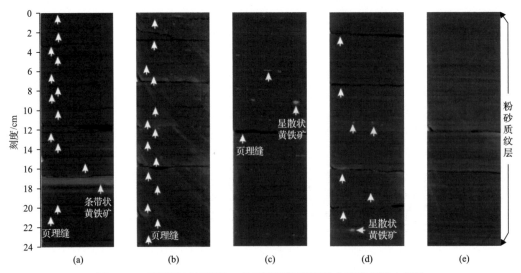

图 3-1-3 涪陵地区五峰组—龙马溪组海相页岩主要岩相岩心照片

(a)黏土质硅质页岩，发育条带状黄铁矿，焦页 A 井，2351.12～2351.36m；(b)含钙黏土质硅质页岩，焦页 A 井，2340.06～2340.30m；(c)黏土质硅质混合页岩，焦页 A 井，2300.10～2300.34m；(d)含钙黏土质硅质混合页岩，焦页 A 井，2306.04～2306.28m；(e)硅质黏土质页岩，发育韵律性粉砂质纹层，焦页 A 井，2285.17～2285.41m

1)黏土质硅质页岩(S-4)

该岩相主要发育于五峰组和龙马溪组中下部，在五峰组呈薄层状存在，在龙马溪组中下部以块状页岩存在。其中硅质矿物含量在 49.3%～65%之间，平均值为 55.8%，其中石英含量在 29%～60.9%；黏土矿物含量在 24.1%～43.5%，平均值为 33%；碳酸盐矿物含量在 1.4%～9.6%，平均值为 7.2%。该岩相在岩心上表现为深黑色，页理缝发育[图 3-1-3(a)]，可见大量笔石杂乱分布[图 3-1-4(a)]；镜下观察可见岩石成分多为石英及长石，可见内部粉砂质富集呈透镜状顺层分布，纹层宽度在 0.02～0.04mm[图 3-1-4(b)]。

2)含钙黏土质硅质页岩(S-8)

该岩相主要发育于龙马溪组中下部，在龙马溪组下部以块状页岩形式存在，上部以薄层状形式存在。其硅质矿物含量为 47.1%～61.2%，平均值为 52.5%；黏土矿物含量为 24.3%～36.9%，平均值为 30.1%；碳酸盐矿物含量为 9.5%～19.4%，平均值为 12.3%。该岩相在岩心上表现为深黑色-黑色，页理缝发育，偶见薄层黄铁矿条带[图 3-1-3(b)]，

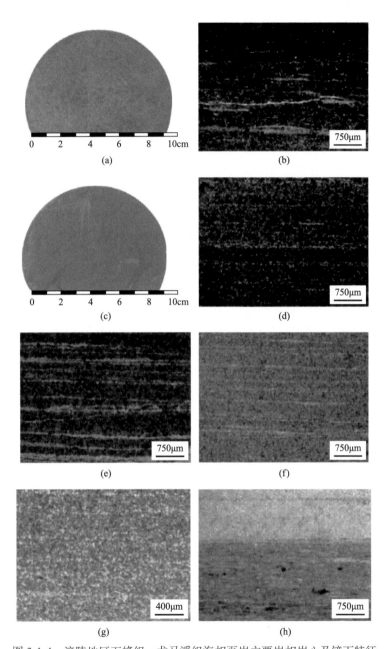

图 3-1-4 涪陵地区五峰组—龙马溪组海相页岩主要岩相岩心及镜下特征

(a)黏土质硅质页岩，笔石非常发育，呈非定向性，焦页 A 井，龙马溪组，2360.8m；(b)黏土质硅质页岩，透镜状砂质纹层；焦页 A 井，龙马溪组，2361.39m；(c)含钙黏土质硅质页岩，可见笔石发育，焦页 A 井，龙马溪组，2343m；(d)含钙黏土质硅质页岩，石英及长石呈次棱—次圆状，焦页 A 井，龙马溪组，2341.3m；(e)含钙黏土质硅质混合页岩，可见砂质纹层，宽度为 0.01～0.42mm，纹层密度为 16 条/cm，焦页 A 井，龙马溪组，2303.93m；(f)黏土质硅质混合页岩，成分以石英和长石为主，具纹层构造，焦页 A 井，龙马溪组，2300m；(g)硅质黏土页岩，黏土含量达 51%，被碳质轻微浸染，纹层构造不明显，焦页 A 井，龙马溪组，2294.95m；(h)硅质黏土页岩，黏土含量达 87%，可见侵蚀面，泥内碎屑顺层分布，焦页 A 井，龙马溪组，2276.59m

可见少量笔石发育[图 3-1-4(c)]。薄片观察显示，石英及长石呈次棱-次圆状，粉砂质纹层较发育，纹层宽度多在 0.02~0.20mm 之间[图 3-1-4(d)]。相较于黏土质硅质页岩，其碳酸盐矿物有所增加。

2. 混合页岩

混合类页岩主要发育黏土质硅质混合页岩、含钙黏土质硅质混合页岩和混合页岩三种岩相，其中以含钙黏土质硅质混合页岩为主，占比为 15.34%。在矿物组成方面，混合类页岩的硅质矿物含量为 27.8%~49.4%，其中混合页岩硅质矿物含量最低，平均值为 32.9%；黏土矿物含量为 25%~49.8%，平均值大于 31.3%；碳酸盐矿物含量为 2.7%~45.3%；黏土质硅质混合页岩含量最低，平均值为 7.2%。岩心观察可见黑色-灰黑色混合类页岩，页理缝不发育；镜下可见粉砂质纹层较发育，片状矿物呈定向性排列且具纹层构造，纹层宽度为 0.02~0.20mm，纹层密度为 10 条/cm，少量纹层呈断续状分布。

1)黏土质硅质混合页岩(M-2)

该岩相主要发育于龙马溪组中上部，其硅质矿物含量为 39.9%~48.5%，平均值为 44%；黏土矿物含量为 38.2%~49%，平均值 44.3%；碳酸盐矿物含量为 3.4%~9.7%，平均值为 7.7%。岩心观察可见该岩相为黑色，页理缝不发育，可见大量沿层分布的星散状黄铁矿发育[图 3-1-3(c)]；镜下表现为粉砂质纹层较发育，黏土可见被碳质浸染，沿长轴定向分布，纹层宽度为 0.01~0.14mm，纹层发育密度为 10 条/cm[图 3-1-4(f)]。

2)含钙黏土质硅质混合页岩(M-5)

该岩相主要发育于龙马溪组中部，以薄层状夹于含钙黏土质硅质页岩之中。其硅质矿物含量为 35.3%~48%，平均值 42.1%；黏土矿物含量为 28.5%~48.7%之间，平均值 40.2%；碳酸盐矿物含量为 9.7%~23.6%，平均值 14.1%。岩心观察该岩相为灰黑色，页理不发育，可见星散状黄铁矿发育[图 3-1-3(d)]；镜下薄片显示，细粉砂含量大于 65%，片状矿物呈定向性排列且具纹层构造，纹层宽度为 0.01~0.42mm，纹层密度为 16 条/cm，少量纹层呈断续状分布[图 3-1-4(e)]。

3. 黏土页岩

黏土类页岩主要发育硅质黏土页岩和含钙硅质黏土页岩两种岩相，其中前者占比可达 26.70%。在矿物组成方面，黏土类页岩硅质矿物含量为 23.6%~48.2%，平均值大于 33.5%；黏土矿物含量为 46.4%~67.8%，平均值大于 52.2%；碳酸盐含量为 0%~17.6%。其中含钙硅质黏土页岩含量的平均值为 12.1%。黏土类页岩在岩心观察中呈灰黑色，发育多套灰色黏土质条带；镜下观察可见，黏土矿物含量超过 50%，被碳质轻微浸染，粗颗粒石英与细颗粒石英相混，可见泥屑纹层和碳质纹层交互状顺层分布。

硅质黏土页岩(CM-2)主要发育于龙马溪组顶部，呈块状。其中黏土矿物含量在 45.1%~67.6%，平均值 56.4%；硅质矿物含量在 28%~48.2%之间，平均值 37.8%；碳酸盐矿物含量平均值为 3.2%。岩心观察表明，该岩相为灰黑色，发育大套粉砂质条带[图 3-1-3(e)]。

（三）岩相时空展布特征

1. 岩相垂向演化特征

以小层划分为垂向剖析单元，对页岩岩相发育类型和垂向演化特征进行系统分析。研究结果表明，五峰组—龙一段页岩岩相垂向演化整体具有三分性特征。其中五峰组—龙一段中部（①～⑥小层）岩相以黏土质硅质页岩和含钙黏土质硅质页岩为主，硅质类页岩占比大于 65%，偶见薄层状黏土质硅质混合页岩和含黏土硅质页岩发育。龙一段中—上部（⑦和⑧小层）岩相类型由下部硅质类页岩过渡为混合类页岩，以黏土质硅质混合页岩和含钙黏土质硅质混合页岩为主，占比大于 50%，偶见薄层状含钙黏土质硅质页岩。此外，该段可见厚层状硅质黏土页岩，占比 22.78%。龙一段上部（⑨小层）岩相以厚层状硅质黏土页岩为主，占比可达 89.47%。整体来看，五峰组—龙一段页岩岩相由下向上依次发育硅质类页岩-混合类页岩-黏土类页岩，其中下部硅质类页岩和上部黏土类页岩呈厚层状，中部混合类页岩多以薄层状互层发育。

2. 岩相横向展布特征

以单井岩相分析和测井资料为基础，系统分析涪陵页岩气田五峰组—龙一段页岩岩相横向展布特征。研究表明，涪陵页岩气田页岩岩相发育具有显著的南北差异性特征。自北向南，五峰组—龙一段中部（①～⑥小层）沉积厚度逐渐增大，整体以黏土质硅质页岩为主。其中下部（①～③小层）可见分布稳定的薄层状含黏土硅质页岩；在④小层，含钙黏土质硅质页岩自北向南厚度逐渐减薄，并由厚层状向多套薄层状含钙黏土质硅质混合页岩过渡；而⑤～⑥小层发育的含钙黏土质硅质混合页岩区域分布稳定。在龙一段中上部（⑦～⑧小层），页岩岩相横向差异较大。其中⑦小层厚度自北向南逐渐减薄，北部以混合类页岩为主，同含钙黏土质硅质页岩互层状发育，向南岩相逐渐过渡至黏土质硅质页岩为主，并夹薄层状硅质黏土页岩和黏土质硅质混合页岩。在⑧小层，混合类页岩相平面分布稳定，且南部黏土类页岩发育厚度较北部略大。在龙一段顶部（⑨小层），涪陵页岩气田以厚层状硅质黏土页岩为主，沉积厚度自北向南逐渐增厚。涪陵气田页岩岩相在东西向展布整体相对稳定，但西部相变较快，垂向演化均具有三分性特征。

页岩岩相垂向演化和横向展布特征综合分析揭示涪陵页岩气田五峰组—龙一段页岩岩相具有南北差异性特征，南部硅质类页岩和黏土类页岩厚度较北部略大，而中部混合类页岩则显著小于北部。此外，北部岩相垂向相变特征较南部显著，北部页岩岩相具有典型的垂向三分性特征，岩相多呈薄层状发育，沉积环境相对动荡；而南部岩相垂向三分性特征不显著，且多呈厚层状稳定分布，沉积环境相对稳定。页岩岩相时空沉积特征揭示沉积期北部构造位置略高于南部，且南部可能为沉积中心。

二、地球化学特征

上奥陶统五峰组—下志留统龙马溪组富有机质泥页岩发育层位在整个中扬子地区

具有高度的可对比性,主要分布在龙马溪组下部和五峰组,涪陵气田及其周缘地区厚度一般在 60~100m[16-19]。页岩地球化学特征可从有机质丰度、有机质类型和有机质成熟度三个方面开展评价。

(一)有机质丰度

以涪陵页岩气田焦石坝区块焦页 A 井为例,目的层页岩段 TOC 含量最小 0.27%,最大 5.65%,平均 1.94%(表 3-1-3),且具有自下而上有机碳含量逐渐减少的趋势。富有机质泥页岩相对高值区分布于五峰组—龙马溪组下部 2322.7~2363.0m(40.3m)井段,TOC 含量最小为 2.02%,最大 5.65%,平均 3.16%。

表 3-1-3 焦页 A 井岩心有机碳含量分析统计表

层段	井段/m	厚度/m	样品数/块	TOC/%		
				最大值	最小值	平均值
取心段	2252.0~2365.16	113.16	97	5.65	0.27	1.94
富有机质泥页岩段	2322.7~2363.0	40.3	35	5.65	2.02	3.16

焦页 A 井含气泥页岩层段 TOC 含量自下而上总体呈减小的趋势(表 3-1-4)。总体上,该井 TOC 含量为 0.39%~5.65%,纵向上有机质丰度较高的页岩主要集中分布在①~③小层和④~⑤小层,以中等有机质为主,夹少量富有机质的页岩,平均 TOC 含量为 3.69% 和 2.61%,参考《海相页岩气勘探目标优选方法》(GB/T 35110—2017)标准,评价为Ⅰ-Ⅱ类层段,厚 20m 和 20.3m;⑥~⑦小层和⑧~⑨小层有机质丰度小于 2%,评价为Ⅲ类层段,其中⑨小层有机质丰度最低,平均仅为 0.77%。

表 3-1-4 焦页 A 井有机质丰度纵向分段统计表

地层		井深/m	厚度/m	样品数/块	TOC/%			有机质丰度
组	小层				最大值	最小值	平均值	
	⑨	2264.3~2283.8	19.5	20	1.57	0.39	0.77	低丰度
	⑧	2283.8~2301.3	17.5	17	2.41	0.47	1.74	以低丰度为主,少量中等丰度
	⑦	2301.3~2322.7	21.4	21	2.02	0.56	1.40	低丰度
	⑥							
龙马溪组	⑤	2322.7~2343.0	20.3	17	3.24	2.02	2.61	中等丰度
	④							
	③	2343.0~2363.0	20	18	5.65	2.49	3.69	以中等丰度为主,少量高丰度
	②							
五峰组	①							
合计/平均			98.7	93	5.65	0.39	1.99	

(二)有机质类型

有机质类型是评价富有机质页岩生烃潜力以及在生烃过程中烃类产物的类型和性质变化的重要指标。

1. 有机显微组分分类

上奥陶统五峰组—下志留统龙马溪组沉积时期，涪陵焦石坝及周缘地区主体处于闭塞陆棚沉积环境，笔石十分发育，其食物链底端的水生生物即浮游生物和菌藻类勃发，局部有放射虫和硅质海绵骨针，沉积母质输入以水生低等生物占绝对优势，有机质类型以腐泥型干酪根为主。对焦页 B 井下志留统龙马溪组两块样品干酪根镜检分析（表 3-1-5），有机质以藻类体和棉絮状腐泥无定形体为主，无壳质组和镜质组，有机质类型指数为 92.84 和 100，均为 I 型干酪根。

表 3-1-5　焦页 B 井干酪根显微组分分析数据表

| 样号 | 井深/m | 参数 | | 腐泥组 | | 类型指数 | 有机质类型 |
				腐泥无定形体	藻类体		
No.01	2349.23	含量/%		40.27	52.57	92.84	I
		颜色	透光	浅灰色-灰褐色	灰褐色-黑色		
			荧光	无	无		
		特征		棉絮状	具藻类细胞结构		
No.02	2399.33	含量/%		71.21	28.79	100	I
		颜色	透光	浅灰色-灰褐色	灰褐色-黑色		
			荧光	无	无		
		特征		棉絮状	具藻类细胞结构		

2. 碳同位素分类

焦页 B 井下志留统龙马溪组 2339.33m 和 2349.23m 两块灰黑色页岩和黑色碳质页岩的干酪根碳同位素检测 $\delta^{13}C_{PDB}$ 为−29.2‰，根据干酪根碳同位素区分烃源岩类型标准判断，焦石坝地区下志留统龙马溪组有机质类型为 I 型。

3. 天然气碳同位素分类

气态烃系列碳同位素值是研究天然气有机质类型常规和有效手段，乙烷碳同位素是反映母质类型的重要参数。$\delta^{13}C_2$ 值对天然气的母质类型反应比较灵敏，腐殖型天然气 $\delta^{13}C_2$ 值大于−29‰，腐泥型天然气 $\delta^{13}C_2$ 值小于−29‰；腐泥型天然气碳同位素组成比腐殖型天然气轻，尤其是 $\delta^{13}C_2$ 值有较明显的区别，腐泥型气的 $\delta^{13}C_2$ 值一般小于−30‰，而腐殖型气的 $\delta^{13}C_2$ 值一般大于−28‰。综合前人提出的判别标准，采用 $\delta^{13}C_2$ 值−29‰作为腐殖型天然气和腐泥型天然气的界限。

涪陵页岩气田典型井天然气样品碳同位素分析（表 3-1-6），表明涪陵地区天然气 $\delta^{13}C_2$ 值小于−29‰，判定主要为腐泥型母质生成的天然气，与干酪根显微组分鉴别结果一致。

表 3-1-6　碳同位素区分烃源岩干酪根类型标准表

样号	$\delta^{13}C$ 值/‰				$\delta^{13}C_2$ 值/‰	类型
	CO_2	CH_4	C_2H_6	C_3H_8		
1	−11.74	−29.57	34.59	−36.12	<−29.00	腐泥型天然气
2	−9.50	−29.55	−34.68	−35.03	<−29.00	腐泥型天然气
3	−17.36	−30.29	−32.63	—	<−29.00	腐泥型天然气

综上所述，上奥陶统五峰组—下志留统龙马溪组富有机质泥页岩的有机质类型以 I 型干酪根为主。

(三)有机质成熟度

镜质组反射率是反映干酪根成熟度的有效指标，采用测定沥青反射率 (R_b) 来换算镜质组反射率。焦页 B 井五峰组—龙马溪组共测定了 9 块样品沥青质反射率，测点数超过 15 个样品五峰组和龙马溪组各 1 块，经换算镜质组反射率分别为 2.42% 和 2.80%（表 3-1-7），表明五峰组—龙马溪组泥页岩进入过成熟演化阶段，以生成干气为主。

表 3-1-7　焦页 B 井沥青反射率测定数据表

编号	岩性	井深/m	层位	测定点数	沥青反射率/%	镜质组反射率/%	备注
1	灰黑色页岩	2339.33	龙马溪组	23	3.66	2.80	
2	黑色碳质页岩	2349.23		10	3.31	2.57	可测点少，供参考
3	灰黑色碳质泥岩	2358.6		9	3.27	2.54	各向异性，微粒化
4	灰黑色粉砂质泥岩	2367.4		11	3.33	2.58	各向异性，微粒化
5	灰黑色粉砂质泥岩	2376.1	龙马溪组	2	2.77	2.20	
6	灰黑色粉砂质泥岩	2385.4		3	3.27	2.54	
7	灰黑色碳质泥岩	2397.1		5	4.04	3.06	
8	灰黑色碳质泥岩	2406.2		4	4.14	3.13	
9	灰黑色碳质泥岩	2414.9	五峰组	19	3.1	2.42	

三、储集特征

页岩储集方式不同于常规储层，页岩既是烃源岩又是储层，页岩气生成之后在烃源岩内部或附近就近聚集，表现为一部分以吸附状态赋存在孔隙的内表面上，一部分以游离状态存在于页岩的孔隙和裂隙中。孔隙的大小、形态、孔隙度、连通性等决定了页岩的储集能力[20,21]。

通过氩离子抛光扫描电镜、纳米 CT、3D-FIB、液氮吸附-脱附、压汞-液氮吸附联合测定等多项实验方法开展测试，表明富有机质页岩具备超微观复杂孔隙结构特征，孔隙尺度跨度大，从纳米到微米级均有发育，主要以纳米级孔隙为主，孔隙类型复杂多样，包括有机质孔隙、黏土孔隙、碎屑孔隙、层间缝等[22-25]。

(一)孔隙类型

根据孔隙成因，可将孔隙进一步划分为有机质孔隙、无机质孔隙(黏土孔隙和碎屑孔隙)和裂缝。

1. 有机质孔隙

有机质孔隙为有机质热演化过程中所形成的孔隙，目前有机质孔隙发育的模式主要有两种解释：第一种是有机质本身热演化过程中随着烃类的生成，在有机质内部所残留的孔隙；第二种为有机质热演化过程中排出液态烃，液态烃在进一步向气态烃转化过程中生成焦沥青，有机质孔隙主要发育于焦沥青中[26,27]。

从涪陵页岩气田多口取心井扫描电镜观察可知，有机质孔隙主要为纳米孔，是储层主要孔隙类型之一，孔径主要介于2～200nm，大多呈不规则状，如弯月形、狭缝形、棱角形、分叉形等，也存在气泡状、椭圆状、近椭球状等形态。平面上通常为似蜂窝状的不规则椭圆形(图3-1-5)；某些有机质内部纳米孔数量丰富，一个有机质片内部可含几百到几千个纳米孔，在有机质中的面孔率一般可达20%～30%，局部可达到60%～70%；纳米孔在有机质边缘部分孔隙密度一般会有所减少。有机质孔与其他孔隙主要有三点不同之处：一是孔径多为纳米级，为页岩气的吸附和储集提供更大的比表面积和

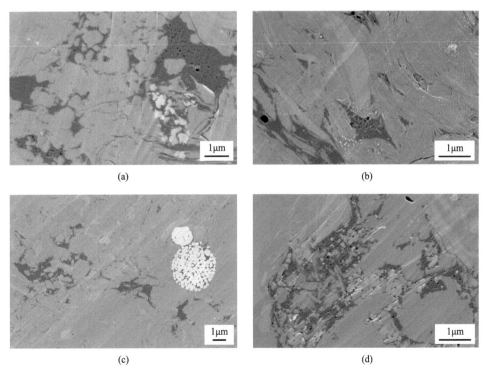

(a)   (b)

(c)   (d)

图 3-1-5　有机质孔隙氩离子抛光扫描电镜图

孔体积；二是与有机质密切共生，可作为联系烃源灶与其他孔隙的介质；三是有机质孔隙具备亲油性，更有利于页岩气的吸附和储集。总之，有机孔非常有利于页岩气的赋存和富集。

2. 无机质孔隙

涪陵页岩气田五峰组—龙马溪组页岩储层普遍发育无机孔隙，主要包括碎屑孔隙（粒间孔、粒内溶孔）和黏土孔隙。黏土孔隙主要为黏土矿物晶间孔隙，系黏土矿物在成岩演化过程中矿物晶体体积缩小而在晶体间生成的晶间孔[图 3-1-6(a)、(b)]，孔隙体积较大，孔径多集中在几微米至几百微米，按照国际纯粹与应用化学联合会（IUPAC）孔隙尺度分类结果，属于大孔级别，结合扫描电镜和氩离子抛光扫描电镜观察结果发现，黏土孔隙相对较为发育。

碎屑孔隙主要包括粒内溶孔和粒间孔[图 3-1-6(c)、(d)]，粒内溶孔为成岩过程中碎屑颗粒内部发生溶蚀作用所形成的孔隙，具备溶蚀港湾状边缘，孔隙尺度较大，集中在几百纳米至数微米之间，多为大孔级别。粒间孔隙为经历过压实作用后残留的颗粒间孔隙，多呈不规则状，孔隙尺度一般较大，集中在几百纳米至数微米之间，多为大孔级别。从氩离子抛光扫描电镜观察结果来看，碎屑孔隙相对欠发育，孔隙间连通性相对较差。

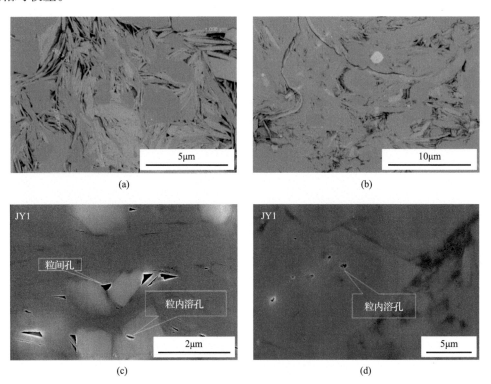

图 3-1-6　无机质孔隙氩离子抛光扫描电镜图
(a)、(b)黏土矿物晶间孔，焦页 B 井，龙马溪组；(c)碎屑孔隙，焦页 B 井，龙马溪组；(d)粒内孔，焦页 B 井，龙马溪组

根据氩离子抛光扫描电镜观察结果，结合常规测井资料分析，建立了四孔隙的测

井解释模型，从而针对不同孔隙类型的纵向发育特征开展了测井解释，从解释结果来看，有机质孔隙自上而下占总孔隙体积的比例逐渐增加，黏土孔隙和碎屑孔隙所占总孔隙体积的比例逐渐降低。总体来看，主力含气页岩段以有机质孔隙为主，占总孔隙体积的 58%，特别是①～③小层有机质孔隙体积占总孔隙体积的 67%；⑥～⑨小层以黏土孔隙为主，占总孔隙体积的 52%。

(二)孔隙结构

孔隙结构主要是指页岩中孔隙大小的分布及其构成。页岩储集空间类型复杂多样，其组合形态也较常规储层复杂。目前，对页岩储层孔隙结构进行表征的方法有很多种，如氩离子抛光扫描电镜、压汞法、压汞-液氮吸附联合测定、微米 CT、纳米 CT、3D-FIB等，为实现对页岩复杂孔隙结构的精准标定，通过多种分析测试方法，对页岩储层从孔隙尺度、形态及连通性进行综合表征[28-33]。

氩离子抛光扫描电镜观察和孔容相关性分析结果表明，涪陵页岩气田有机质孔主要为微孔和中孔，孔径主要分布在 23～43nm，部分为大孔，无机孔隙主要为大孔。从孔容与不同地质单因素的拟合结果来看(图 3-1-7)，TOC 与微孔+中孔的体积之和呈明显的正相关关系，进一步证实了有机质孔隙主要为微孔和中孔级别。

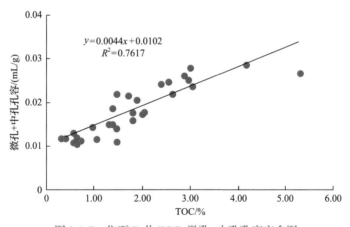

图 3-1-7 焦页 B 井 TOC-微孔+中孔孔容交会图

焦页 B 井压汞-液氮吸附联合测定结果显示，页岩储层孔径分布范围广，介于2nm～8μm，孔径多集中在 24nm 以下。从分段统计情况来看，焦页 B 井五峰组—龙马溪组①～⑤小层主力页岩气层段孔隙主要以微孔和中孔为主，大孔相对不发育，大孔占孔隙总体积的 1.52%～2.56%；而①～⑤小层以上的⑥～⑨小层页岩储层段主要以微孔和中孔为主，大孔较①～⑤小层发育，大孔占总孔隙体积的 2.59%～8.84%。

涪陵页岩气田页岩孔隙主要为微孔和中孔级别，其孔隙体积占据总孔隙体积的80%以上，黏土孔隙和碎屑孔隙主要为大孔级别，黏土孔隙相对占据了无机孔隙的 80%左右，碎屑孔隙相对欠发育。

（三）孔隙度

根据涪陵页岩气田焦石坝区块五峰组—龙马溪组含气页岩段 5 口取心井累计 424 块物性样品分析统计结果表明，整个含气页岩段孔隙度介于 1.11%～8.61%，平均孔隙度为 4.52%（图 3-1-8）。

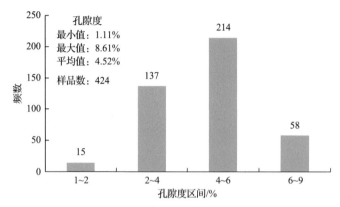

图 3-1-8　焦石坝区块含气页岩段实测孔隙度统计直方图

以焦页 A 井为例，五峰组—龙马溪组龙一段孔隙度自下而上呈现递减趋势，①～③小层平均孔隙度为 6.42%，④～⑤小层平均孔隙度 3.94%，⑥～⑨小层平均孔隙度为 3.88%（图 3-1-9）。

（四）渗透率

1. 水平渗透率

对焦页 B 井岩心样品开展稳态法渗透率测定，水平渗透率主要介于 0.001～355mD，最小值为 0.0015mD，最大值为 355.2mD，平均值为 21.939mD。其中基质渗透率普遍低于 1mD，平均值为 0.25mD，页理缝发育的样品稳态法测定渗透率显著增高，普遍高于 1mD，最高可达 355.2mD，显示了页理缝对地层水平渗流能力显著的贡献作用。

2. 垂直渗透率

对焦页 B 井岩心样品开展全直径渗透率测定，垂直渗透率低于水平渗透率，垂直渗透率普遍低于 0.001mD，平均值为 0.0032mD；对应相同深度的水平渗透率普遍高于 0.01mD，平均值为 1.33mD，二者相差在 3 个数量级以上（表 3-1-8），证实了页理缝对地层水平渗流能力显著的贡献作用。

表 3-1-8　焦页 B 井水平渗透率和垂直渗透率对比统计数据表

序号	井深/m	层位	水平渗透率/mD	垂直渗透率/mD
1	2341.64	龙马溪组	0.0338	0.000278
2	2359.45	龙马溪组	0.456	0.000222
3	2393.20	龙马溪组	6.463	0.000369

续表

序号	井深/m	层位	水平渗透率/mD	垂直渗透率/mD
4	2403.20	龙马溪组	0.0781	0.0204
5	2405.54	龙马溪组	1.025	0.000473
6	2407.20	龙马溪组	0.103	0.000491
7	2413.50	五峰组	1.18	0.000366
平均值			1.33	0.0032

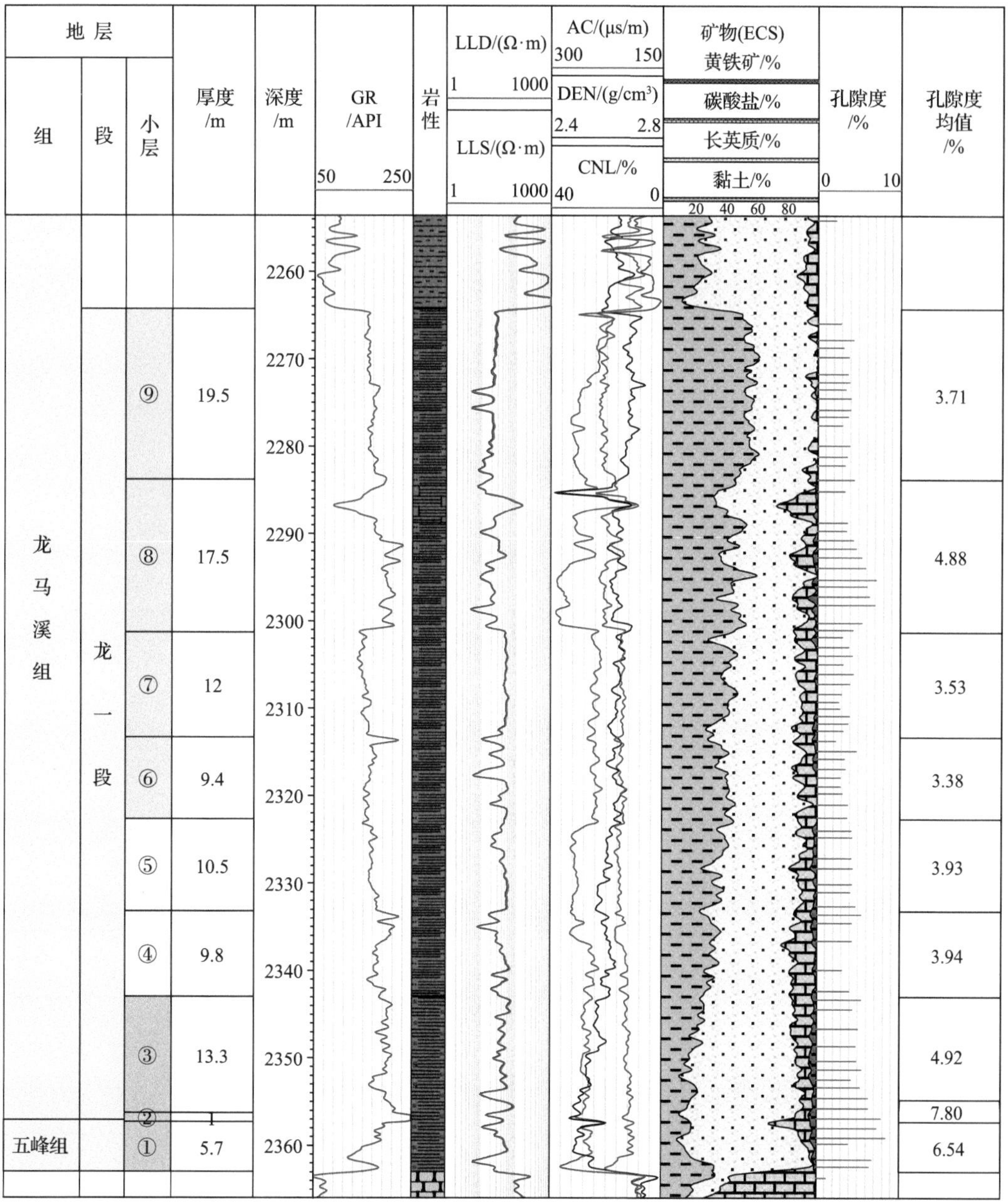

图 3-1-9　焦页 A 井五峰组—龙马溪组含气页岩段实测孔隙度图

第二节 工程"甜点"非均质性描述技术

一、岩石矿物组分

含气泥页岩的矿物成分、结构及岩石组合既影响页岩气的形成，又对压裂改造极为关键。页岩的脆性是评价页岩气是否具有开发经济价值的重要参数，直接影响压裂产能，岩石的脆性很大程度上由岩石的矿物成分所控制，即由岩石中硅质和钙质与黏土之间的相对含量所决定。石英、长石、方解石等脆性矿物含量越高，黏土矿物含量越低，岩石脆性越强。

对比全岩 X 射线衍射和黏土 X 射线衍射实验数据分析结果，涪陵焦石坝地区五峰组—龙马溪组含气页岩储层主要包括石英、黏土矿物、长石、碳酸盐、黄铁矿和赤铁矿等矿物组分。

脆性矿物主要包括石英、长石、方解石。从区域各井纵向上对比分析，自下而上呈现逐渐减小趋势，①～⑤小层脆性矿物含量整体高于⑥～⑨小层（表 3-2-1、表 3-2-2）。具体对应到焦页 B 井①～⑤小层富有机质页岩段各小层，脆性矿物含量均接近 50%，其中五峰组（①小层）、龙马溪组③小层最高，脆性矿物含量高于 55%，整体高于④小层、⑤小层。黏土矿物含量自下而上呈逐渐增加的趋势，黏土矿物中主要包括伊蒙混层和伊利石，其次为绿泥石，从纵向上来看伊蒙混层在黏土矿物中的相对含量逐渐增加，伊利石相对含量逐渐降低。对应于焦页 B 井 38m 富有机质页岩段各小层，其中⑤小层黏土矿物含量最高，④小层其次，①小层、③小层最低（表 3-2-1、表 3-2-3）。

表 3-2-1 焦页 B 井五峰组—龙马溪组 2330.5～2415.5m 段全岩 X 射线衍射分析结果

小层	井段/m	数值	石英	钾长石	斜长石	方解石	白云石	黄铁矿	赤铁矿	黏土总量
①～⑤	2377.5～2415.5	最小值/%	31.0	0.0	1.90	0.0	0.0	0.0	0.0	16.60
		最大值/%	70.60	3.50	11.90	7.50	31.50	4.80	7.50	49.10
		平均值/%	44.42	1.92	6.38	3.85	5.87	0.50	2.44	34.63
⑥～⑨	2330.5～2377.5	最小值/%	18.40	1.0	3.60	0.0	0.0	0.0	0.0	34.40
		最大值/%	37.70	4.80	11.50	11.80	30.90	1.90	4.90	62.80
		平均值/%	30.66	2.41	7.86	3.67	6.43	0.04	2.21	46.73

表 3-2-2 部分井含气页岩段脆性矿物含量分段统计数据

小层	焦页 X 井	焦页 C 井	焦页 D 井
⑨	36.48	51.9	
⑧	36.4	50.4	59.1
⑦	44.47	60.6	55
⑥	45	60.7	60.3

续表

小层	焦页 X 井	焦页 C 井	焦页 D 井
⑤	47.71	60.8	63.5
④	49.26	58.2	54.4
③	55.76	64.5	64.5
②	—	—	70.8
①	61.96	67.8	67.1

表 3-2-3 焦页 B 井五峰组—龙马溪组 89m 含气页岩段黏土矿物含量分段统计数据表

段	亚段	小层	黏土矿物含量/%				
			伊蒙混层	伊利石	高岭石	绿泥石	总量
龙一段	三亚段	⑨	27.37	29.43	0	2.55	59.35
		⑧	23.49	22.72	0	2.68	48.88
	二亚段	⑦	19.01	18.26	0	4.36	41.63
		⑥	18.46	21.44	0	2.45	42.35
	一亚段	⑤	21.06	17.04	0	2.96	41.06
		④	22.04	13.28	0	1.91	37.23
		③	21.79	5.4	0	0.78	27.97
		②	—	—	—	—	—
		①	19.26	8.99	0.31	1.07	29.63

二、裂缝发育特征

涪陵页岩气田页岩储层裂缝类型主要包含微观裂缝和宏观裂缝两大类。微观裂缝包含矿物或有机质内部裂缝以及矿物或有机质颗粒边缘缝等，宽度为 5～200nm。宏观裂缝有页理缝、构造缝，裂缝宽度为 0.1～6mm，多为方解石充填。

储层裂缝根据具体成因可进一步划分两大类：一类为地层内部压变过程中沿岩石颗粒或晶体界面形成的页理缝，具体包括在片状矿物（云母）内部容易劈开形成的解理缝、黏土矿物晶间缝、沿碎屑颗粒、黏土矿物、有机质界面处形成的贴粒缝，产状多近水平，裂缝横向延伸具备组构选择性特征，一般绕过碎屑颗粒，沿着上下岩层应力差异性界面处发育；另一类为主要受构造及地应力作用而形成的微裂缝，缝壁较为平直，裂缝穿切刚性矿物颗粒或岩层，不具备组构选择性特征，产状多为低角度—高角度。缝长为微米至厘米级，缝宽为纳米至毫米级。

页理缝：综合岩心观察、薄片、扫描电镜及 FMI 成像测井识别结果，以裂缝密度（单位：条/m）×主要缝宽作为综合评价指标，对不同层段页理缝发育情况进行分析对比，认为区域内五峰组—龙马溪组页岩层段页理缝整体较为发育，其中龙一段页理发育，硅质含量高，页理缝密度大，缝宽大，整体页理缝极发育；龙二段页理不发育，硅质含量中等，页理缝密度小，缝宽小，整体页理缝欠发育；龙三段页理发育，硅质含量低，页理缝密度大，但缝宽小，整体页理缝较发育。

主力含气页岩段内部页理缝整体发育，自下而上页理缝发育程度逐渐降低。其中五峰组层段(①小层)页理缝极发育、凝灰岩层段(②小层)欠发育、龙马溪组③小层极发育—发育、龙马溪组④小层发育、龙马溪组⑤小层较发育。

构造裂缝：综合岩心观察及 FMI 成像测井识别结果，五峰组—龙马溪组页岩储层段构造裂缝整体欠发育，局部层段可见高角度裂缝和构造剪切缝。

综合分析，涪陵页岩气田富有机质页岩段岩石成层性好，页理发育，具有层多而薄的特点。其中①小层、③小层页理缝极发育，②小层、④小层、⑤小层页理缝较发育，⑤小层高角度缝、充填缝发育，具备形成复杂裂缝网络的条件。考虑各层段储层裂缝发育状况、产状及具体特征，对于页理缝或充填缝、高角缝发育层段，由于液体滤失量大，净压力有限，缝宽较窄，压裂施工过程中人工裂缝延伸扩展可能受到限制，进而对后续加砂产生一定不利影响。

三、岩石力学特征

岩石力学及地应力参数是钻井与压裂工程设计、构造应力场计算及裂缝预测的基础。岩石力学及地应力特性同时受其内在非均质性和外在加载环境影响，基于对页岩储层岩石力学及地应力特性的深入分析，可为页岩气井压裂裂缝起裂、扩展及压裂体积改造范围评价方面提供重要的依据。通过具有代表性取心层位页岩岩心岩石力学参数及声发射地应力室内测试分析，可获得页岩储层纵向及平面上岩石力学及地应力特性参数，对进一步分析页岩储层水力裂缝的起裂、扩展规律和复杂裂缝的形成机理等具有重要意义，同时可为该区域页岩储层压裂方案优化设计提供指导。

(一)岩石力学特性

以焦页 B 井为例，通过井下不同深度岩心的力学测试结果对比，对该区域主力页岩气层不同小层(①～⑤小层)的力学特性进行分析。各小层试样在围压 20MPa 三轴压缩条件下力学参数测试结果如表 3-2-4 所示。

表 3-2-4 焦页 B 井①～⑤小层三轴压缩试样典型力学参数(围压 20MPa)

小层	编号	试样编号	峰值强度/MPa	杨氏模量/GPa	泊松比
⑤	5-5	4-XY-1	210.1	24.5	0.243
	5-6	3-Y-2	202.2	24.2	0.241
④	4-5	4-Y-1	196	24.6	0.215
	4-6	12-Y-2	243	25.4	0.253
③	3-5	5-XY-2	211.5	25.2	0.221
	3-6	2-X-3	170.2	24.4	0.203
②	2-5	15-XY-1	228.1	29.4	0.189
	2-6	11-XY-1	266.9	26.3	0.245
①	1-5	15-Y-2	236.8	31.9	0.205
	1-6	15-X-1	243	28.5	0.201

实验表明，由于不同层段储层地质特征存在差异，页岩的力学参数和破坏特征也随之发生明显变化，体现出较强的差异性。对比不同层段页岩单轴及三轴压缩条件下的力学特性及破裂模式，主力层段具有高杨氏模量、低泊松比特征，整体脆性条件较好。①～⑤小层杨氏模量均大于 24GPa，泊松比绝大部分小于 0.25，具备形成复杂缝网的有利条件。各小层纵向上从上往下，杨氏模量由 24.2GPa 增加至 31.9GPa、泊松比由 0.241 下降至 0.201，变化反映储层脆性逐步增强。

综合对比，可将 5 个小层划分为三种类型：

Ⅰ型——①小层、②小层，表现为高杨氏模量，低泊松比。

Ⅱ型——③小层、④小层，表现为中等杨氏模量，中等泊松比。

Ⅲ型——⑤小层，表现为低杨氏模量，高泊松比。

从Ⅰ型向Ⅲ型过渡的过程中，页理缝的发育密度逐渐减小，胶结程度趋于增强，岩石力学参数反映储层脆性趋于降低，可能对页岩储层改造过程中水力裂缝延伸进展及压后效果造成一定影响。单轴压缩条件下，层理、微裂隙等使页岩破裂模式较复杂，破裂形态多样。随着围压升高，三轴压缩条件下层理、微裂隙被束缚，破坏模式为剪切破裂（表 3-2-5）。

表 3-2-5 不同小层岩心力学参数及破裂模式

小层	层理缝	胶结程度	杨氏模量/GPa	泊松比	破裂模式
⑤	发育程度低	强	33.9	0.22	沿天然裂缝劈裂破坏
③、④	发育程度低	弱—中等	35.1	0.2	本体劈裂破坏层理张剪破坏
①、②	极发育	弱	36.3	0.19	沿层理和贯穿层理的复杂剪切破坏

（二）动态岩石力学参数

动态法主要利用声波在岩石中的传播速度（如声波测井）获取岩层力学参数，利用测井曲线可以快速而直观地识别页岩储层，应用测井解释资料可对储层岩性等变化进行定量分析，确定储层的基本评价参数。利用焦页 B 井测井解释数据对该井动态杨氏模量和泊松比进行了分析计算，各层段具体计算结果见表 3-2-6。①～⑨小层杨氏模量为 32.249～40.507GPa，平均为 36.458GPa；泊松比为 0.198～0.256，平均为 0.228。其中①～⑤小层平均杨氏模量为 34.285GPa，平均泊松比为 0.239，储层整体脆性条件较好，具备形成复杂缝网的基础条件。

表 3-2-6 焦页 B 井不同小层测井解释动态力学参数

小层	杨氏模量/GPa	泊松比
⑨	38.521	0.198
⑧	34.576	0.204
⑦	40.394	0.225
⑥	40.507	0.228

续表

小层	杨氏模量/GPa	泊松比
⑤	34.295	0.221
④	37.244	0.228
③	35.129	0.246
②	32.249	0.256
①	35.21	0.246

(三)地应力特征

地应力剖面可以反映地应力场在纵向上的变化规律，准确获取分层地应力参数可以为钻井、压裂等各个环节的决策和设计提供基础参数。通过声发射法测得焦页 B 井岩心试样在地下所受的水平地应力，该井各小层最大水平主应力 47～50MPa，最小水平主应力在 43～47MPa，水平应力差值在 3～7MPa。纵向上各小层最小水平主应力差异较小，③小层、④小层、⑥小层具有相对高应力。

相比①～⑨小层，顶板粉砂岩层段与底板石灰岩层段均属于相对高应力层段，顶底板的夹持利于在压裂施工中阻挡压力向上下邻层扩散，井眼轨迹穿行于目的层段，使缝高得到有效控制。涪陵页岩水平应力差异系数为 0.11～0.15，两向应力差异系数小，具备形成复杂缝网的基础，垂向与最小水平主应力差 2～4MPa，层理面开启容易，有利于增大储层改造体积。

第三节　地质-工程耦合精细分区评价

页岩气藏为"人造气藏"，流动机理复杂，具有岩性致密、储层渗透率低、孔隙度低等特点，基本无自然产能，必须通过水平井人工水力压裂的方式实现气藏有效开发。影响气井产能的因素较多，明确气井产能影响因素并建立合理的开发分区评价体系，是科学高效开发页岩气田的关键[34-37]。根据国内外页岩气开发经验，结合涪陵页岩气田气藏特征，在上述地质"甜点"和工程"甜点"的研究中，对页岩原生品质有了全方位的评价，在此基础上基于页岩地质资源原生基础和改造能力，建立了单套页岩气立体开发分层分区评价体系表(表3-3-1)。

Ⅰ型资源原生基础方面，岩相为硅质页岩，TOC≥3%，含气饱和度≥70%，孔隙度≥4%；资源改造能力方面，脆性指数≥60%，埋深≤3500m，构造缝非均质性弱，发育强度中等偏弱，层理缝发育，最小水平主应力≤70MPa，水力应力差≤10MPa。

Ⅱ型资源原生基础方面，岩相为混合页岩，TOC 介于 2%～3%，含气饱和度介于50%～70%，孔隙度介于 2%～4%；资源改造能力方面，脆性指数介于 45%～60%，埋深介于 3500～4500m，构造缝非均质性中等，发育强度中等，层理缝较发育，最小水平主应力介于 70～100MPa，水力应力差介于 10～20MPa。

表 3-3-1 涪陵页岩气田页岩地质资源评价参数体系表

评价类型	资源原生基础				资源改造能力						
	岩相	TOC /%	含气饱和度 /%	孔隙度 /%	脆性指数/%	埋深/m	构造缝		层理缝	最小水平主应力 /MPa	水平应力差 /MPa
							非均质性	发育强度			
Ⅰ	硅质页岩	≥3	≥70	≥4	≥60	≤3500	弱	中等偏弱	发育	≤70	≤10
Ⅱ	混合页岩	2~3	50~70	2~4	45~60	3500~4500	中	中	较发育	70~100	10~20
Ⅲ	黏土页岩	<2	<50	<2	<45	>4500	强	强	欠发育	>100	>20

Ⅲ型资源原生基础方面，岩相为黏土页岩，TOC<2%，含气饱和度<50%，孔隙度<2%；资源改造能力方面，脆性指数<45%，埋深>4500m，构造缝非均质性强，发育强度强，层理缝欠发育，最小水平主应力>100MPa，水力应力差>20MPa。

该体系为焦石坝区块含气页岩层地质资源分层分区精细评价奠定了基础，指导编制了中国石化首个单套多层页岩气层标准综合柱状图，明确了焦石坝区块具有"纵向3套开发层段、平面4个开发分区"的地质条件。焦石坝北部主要为三层立体开发有利区，面积为95.7km²；焦石坝主体区南部主要为两层立体开发区，面积为96.4 km²；西南区的立体开发还需要进一步论证。

参 考 文 献

[1] Shurr G W, Ridgley J L. Unconventional shallow biogenic gas system[J]. AAPG Bulletin, 2002, 86(11): 1939-1969.

[2] 邱振, 邹才能, 李建忠, 等. 非常规油气资源评价进展与未来展望[J]. 天然气地球科学, 2013, 24(2): 238-246.

[3] 陈桂华, 白玉湖, 陈晓智, 等. 页岩油气纵向综合甜点识别新方法及定量化评价[J]. 石油学报, 2016, 37(11): 1337-1342, 1360.

[4] 徐政语, 梁兴, 王维旭, 等. 上扬子区页岩气甜点分布控制因素探讨——以上奥陶统五峰组—下志留统龙马溪组为例[J]. 天然气工业, 2016, 36(9): 35-43.

[5] 赵文智, 李建忠, 杨涛, 等. 中国南方海相页岩气成藏差异性比较与意义[J]. 石油勘探与开发, 2016, 43(4): 499-510.

[6] 郭旭升, 李宇平, 腾格尔, 等. 四川盆地五峰组—龙马溪组深水陆棚相页岩生储机理探讨[J]. 石油勘探与开发, 2020, 47(1): 193-201.

[7] 张成林, 赵圣贤, 张鉴, 等. 川南地区深层页岩气富集条件差异分析与启示[J]. 天然气地球科学, 2021, 32(2): 248-261.

[8] 解习农, 郝芳, 陆永潮, 等. 南方复杂地区页岩气差异富集机理及其关键技术[J]. 地球科学, 2017, 42(7): 1045-1056.

[9] Abouelresh M O, Slatt R M. Lithofacies and sequence stratigraphy of the Barnett Shale in East Central Fort Worth Basin, Texas[J]. AAPG Bulletin, 2012, 96(1): 1-22.

[10] Bruner K R, Walker-Milani M, Smosna R. Lithofacies of the Devonian Marcellus Shale in the Eastern Appalachian Basin, U.S.A[J]. Journal of Sedimentary Research, 2015, 85(8): 937-954.

[11] 冉波, 刘树根, 孙玮, 等. 四川盆地及周缘下古生界五峰组—龙马溪组页岩岩相分类[J]. 地学前缘, 2016, 23(2): 96-107.

[12] 王玉满, 王淑芳, 董大忠, 等. 川南下志留统龙马溪组页岩岩相表征[J]. 地学前缘, 2016, 23(1): 119-133.

[13] 蒋裕强, 宋益滔, 漆麟, 等. 中国海相页岩岩相精细划分及测井预测: 以四川盆地南部威远地区龙马溪组为例[J]. 地学前缘, 2016, 23(1): 107-118.

[14] 吴蓝宇, 胡东风, 陆永潮, 等. 四川盆地涪陵气田五峰组—龙马溪组页岩优势岩相[J]. 石油勘探与开发, 2016, 43(2): 189-197.

[15] 王超, 张柏桥, 陆永潮, 等. 焦石坝地区五峰组—龙马溪组一段页岩岩相展布特征及发育主控因素[J]. 石油学报, 2018, 39(6): 631-644.

[16] 冉波, 刘树根, 孙玮, 等. 四川盆地南缘习水骑龙村剖面上奥陶统—下志留统五峰—龙马溪组黑色页岩孔隙大小特征的重新厘定[J]. 成都理工大学学报(自然科学版), 2013, 40(5): 532-542.

[17] 何治亮, 聂海宽, 张钰莹. 四川盆地及其周缘奥陶系五峰组—志留系龙马溪组页岩气富集主控因素分析[J]. 地学前缘, 2016, 23(2): 8-17.

[18] 包汉勇, 张柏桥, 曾联波, 等. 华南地区海相页岩气差异富集构造模式[J]. 地球科学, 2019, 44(3): 993-1000.

[19] 马新华, 谢军, 雍锐, 等. 四川盆地南部龙马溪组页岩气储集层地质特征及高产控制因素[J]. 石油勘探与开发, 2020, 47(5): 841-855.

[20] 魏志红, 魏祥峰. 页岩不同类型孔隙的含气性差异——以四川盆地焦石坝地区五峰组—龙马溪组为例[J]. 天然气工业, 2014, 34(6): 37-41.

[21] 孙健, 包汉勇. 页岩气储层综合表征技术研究进展——以涪陵页岩气田为例[J]. 石油实验地质, 2018, 40(1): 1-12.

[22] 胡宗全, 杜伟, 彭勇民, 等. 页岩微观孔隙特征及源储关系——以川东南地区五峰组—龙马溪组为例[J]. 石油与天然气地质, 2015, 36(6): 1001-1008.

[23] 聂海宽, 金之钧, 边瑞康, 等. 四川盆地及其周缘上奥陶统五峰组—下志留统龙马溪组页岩气 "源-盖控藏" 富集[J]. 石油学报, 2016, 37(5): 557-571.

[24] 刘尧文, 王进, 张梦吟, 等. 四川盆地涪陵地区五峰—龙马溪组页岩气层孔隙特征及对开发的启示[J]. 石油实验地质, 2018, 40(1): 44-50.

[25] 舒志国, 关红梅, 喻璐, 等. 四川盆地焦石坝地区页岩气储层孔隙参数测井评价方法[J]. 石油实验地质, 2018, 40(1): 38-43.

[26] 胡海燕. 富有机质 Woodford 页岩孔隙演化的热模拟实验[J]. 石油学报, 2013, 34(5): 820-825.

[27] 马中良, 郑伦举, 徐旭辉, 等. 富有机质页岩有机孔隙形成与演化的热模拟实验[J]. 石油学报, 2017, 38(1): 23-30.

[28] 杨峰, 宁正福, 孔德涛, 等. 高压压汞法和氮气吸附法分析页岩孔隙结构[J]. 天然气地球科学, 2013, 24(3): 450-455.

[29] 熊健, 罗丹序, 刘向君, 等. 鄂尔多斯盆地延长组页岩孔隙结构特征及其控制因素[J]. 岩性油气藏, 2016, 28(2): 16-23.

[30] 刘伟新, 鲍芳, 俞凌杰, 等. 川东南志留系龙马溪组页岩储层微孔隙结构及连通性研究[J]. 石油实验地质, 2016, 38(4): 453-459.

[31] 朱汉卿, 贾爱林, 位云生, 等. 基于氩气吸附的页岩纳米级孔隙结构特征[J]. 岩性油气藏, 2018, 30(2): 77-84.

[32] 王子涵, 高平, 冯越, 等. 川东地区五峰—龙马溪组超深层页岩孔隙结构特征及主控因素[J]. 东北石油大学学报, 2023, 47(1): 8, 9, 57-69.

[33] 李勇, 何建华, 邓虎成, 等. 常压页岩储层优势岩相孔隙结构表征及其影响因素——以川东南林滩场五峰组—龙马溪组为例[J]. 天然气地球科学, 2023, 34(7): 1274-1288.

[34] 金之钧, 胡宗全, 高波, 等. 川东南地区五峰组—龙马溪组页岩气富集与高产控制因素[J]. 地学前缘, 2016, 23(1): 1-10.

[35] 胡德高, 刘超. 四川盆地涪陵页岩气田单井可压性地质因素研究[J]. 石油实验地质, 2018, 40(1): 20-24.

[36] 郭旭升. 四川盆地涪陵平桥页岩气田五峰组—龙马溪组页岩气富集主控因素[J]. 天然气地球科学, 2019, 30(1): 1-10.

[37] 蒲泊伶, 董大忠, 管全中, 等. 川南地区龙马溪组页岩气富集高产主控因素分析[J]. 石油物探, 2022, 61(5): 918-928.

第四章　页岩气立体开发建模数模评价技术

建模数模一体化储量动用状况评价技术是页岩气立体开发的关键。页岩气藏属于需要通过水平井分段压裂形成渗流通道的"人造气藏"，其储量动用状况的核心是对于压裂改造后缝网展布形态的定量化评价，属于世界性的难题。建立页岩气建模数模一体化技术是打造"透明"页岩气藏、认识剩余气分布、实现页岩气高效立体开发的必由之路。建模数模一体化评价技术是现代科学技术与互联网系统结合形成的新型可视化技术，可利用地震、测井监测等手段捕捉岩层内部的结构，并且将数据统一形成模型体系。利用建模数模一体化技术可以有效分析油气藏内部的实际情况，为制订开采方案提供相应的依据。

本章围绕页岩气地质建模、数值模拟、建模数模一体化评价技术展开，目的是通过介绍建模数模技术，详细讲述 COMPASS 页岩油气数值模拟软件的应用，突显建模数模评价在页岩剩余气定量描述方面的技术进展与成果。

第一节　页岩气地质建模技术

一、页岩气地质建模的特殊性和技术现状

区别于常规油气藏，页岩气藏既是烃源岩又是储层，页岩气地质特征不仅包括页岩岩石性质、TOC、物性、含气性、矿物组成等参数，还与裂缝（尤其是微裂缝）的发育程度密切相关。区别于一般裂缝性油气藏，页岩中裂缝具有多个尺度、多种成因，既有天然裂缝又有压裂改造后的裂缝。因此，页岩气藏地质模型除了基质参数的定量表征，还要着重强调对裂缝的刻画[1]。

页岩气藏地质建模的要点、流程和方法均与常规油气藏有很大差异，主要表现在：①页岩气藏多采用水平井开发，地质模型更加依赖利用水平井信息的技术方法和程度；②与常规属性模型不同，页岩气藏地质建模侧重刻画 TOC、脆性矿物、应力场、可压裂性等参数的分布；③页岩中天然裂缝具有多种成因和多个尺度，可影响后续的压裂效果，天然裂缝模型不仅是地质特征的体现，也是气藏开发的需要；④水力压裂缝的展布受天然裂缝的影响，对水力压裂缝的模拟需要着重考虑两种裂缝之间的关系；⑤页岩气藏地质模型包含的信息量巨大，模型更新与粗化需要考虑到不同类型模型相互约束关系。

目前对页岩气藏地质建模的研究，无论国内还是国外，建立的多是基质部分的地质模型，包括页岩岩相、TOC 含量、矿物组分等储层物性参数分布模型。裂缝地质建模尚远未达到裂缝性油气藏建模所需的水平，而页岩中裂缝多尺度、多类型的特殊性，进一步加大了页岩气裂缝建模的难度。

二、页岩气地质建模的技术流程与数据基础

(一)页岩气地质模型类型及关联性

一个完整的具有可应用价值的页岩气藏地质模型应当包含构造-地层、属性参数、天然裂缝和水力压裂缝四种类型的模型[2]。每一种类型的地质模型建立的目标、职能和对页岩气开发生产的贡献程度不同。构造-地层模型主要用于精细刻画页岩储层地质体的形态和内部层序结构;属性参数模型着重反映岩相、矿物、TOC、岩石物理等页岩储层性质的空间非均质性和地质"甜点"的分布;天然裂缝模型需要表达不同类型和不同尺度裂缝在三维空间中的展布特征;水力压裂缝模型更强调分析水力压裂缝展布的影响因素和评价压裂工程效果。

页岩气藏不同类型的地质模型相互关系紧密,在建立时需要注重其先后顺序。构造-地层模型是首先要建立的模型,是其他类型模型建立的基础。构造-地层模型的质量决定了测井、岩心等硬数据进入网格的准确程度,从而影响后续页岩参数模型和裂缝模型的可靠性。在构造-地层模型的基础上,其次要建立的是页岩气藏属性参数分布模型。模型中脆性矿物含量和岩石物理参数是分析页岩地质力学特征的重要依据,可为天然裂缝的发育密度和水力压裂缝的可压指数提供约束信息。前述两个模型主要是用于搭建页岩储层基质格架体,而天然裂缝和水力压裂缝作为另外一种介质赋存其中。天然裂缝的分布、规模、产状以及空间配置关系都会影响水力压裂缝的密度、走势和开启程度。因此,水力压裂缝模拟需要在天然裂缝模型的基础上进行,如果多次实现仍难以匹配压裂施工信息,则需要对天然裂缝模型进行修正。

(二)页岩气地质建模数据类型及应用性

综合的页岩气藏地质建模主要以五大信息为支柱,分别是地震、地质、测井、测试和生产动态数据。地震信息能够提供页岩储层的构造形态、断层展布,合适的地震属性还可以对页岩储层相关参数(如孔隙度、岩石物理参数)进行估计,因此,可利用地震资料构建页岩构造-地层模型、部分基质参数模型、大尺度天然裂缝模型和地应力模型,用以把握页岩储层的空间非均质性及裂缝的总体分布情况。常规测井与岩心分析测试可以提供岩性信息、岩石物理信息、有机地球化学信息等,有助于划分岩相、分析页岩储层孔隙结构、评判页岩气富集程度,从而建立页岩储层主要基质参数模型,指导钻井轨迹的设计。成像测井可以感应裂缝信息,分析应力场方向、裂缝性质及裂缝参数,主要用于构建天然裂缝模型,也可为水力压裂缝的走势和密度提供约束条件。利用压裂施工信息和微地震监测数据可以协助分析地应力情况,提供水力压裂缝特征(如裂缝高度与长度、裂缝对称性等),评估压裂效果,建立水力压裂缝模型,进而优化施工压裂设计和产能。

三维地质建模所依赖的是多源、多尺度数据体,如图 4-1-1 所示。这些数据有些是可以直接用于建模,如地震解释的构造层面、测井解释的 TOC、矿物含量等,有些数据是以统计的形式应用在建模中，如裂缝参数、岩性分析等。不同类型数据的承载大小、精度以及在模型中如何反映等方面差异很大。如何从各种形式的原始数据中提取建模所需的、规范的数据体，并进行有效整合，是建立准确、可靠的页岩气地质模型的关键。

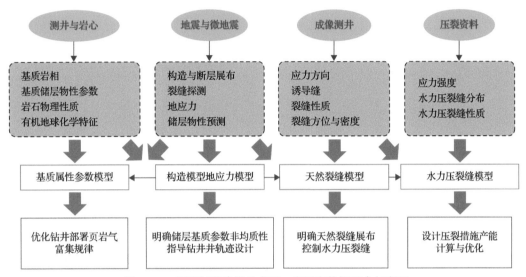

图 4-1-1　页岩气藏建模的多源、多尺度数据整合与应用

三、页岩气构造-地层格架模型建立技术

（一）数据准备

1）井基础数据

井的基本信息包括井名、井类型、井口坐标、补心高度、井口海拔、井轨迹、完井深度、完井时间等。

2）测井数据及其解释数据

测井数据包括常规测井数据和特殊测井数据，以及测井数据解释的岩相、岩性、矿物含量、TOC 等有机地球化学参数、孔隙度、渗透率、裂缝发育参数、含气性(游离气含量、吸附气含量)等数据。

3）分层数据

分层数据是测井资料解释的不同级别的地层(或层序)界面数据。

4）断点数据

与井轨迹相交的断层数据，包括对应的井名、断层名、深度、产状、地层重复(或缺失)等数据。

5）地震解释数据

由地震数据解释得到的点线面数据，包括时间域或深度域下的断层点数据、断层线数据、断层面数据、各地层顶或底界面的构造面数据、古地貌数据、剖面数据等。

(二)关键层面模型建立

应用地震解释的主要地层界面(一般为页岩气层顶界面和底界面)构造深度域数据体、断层点线面数据体,以及所有钻井基本数据、分层数据、测井数据等,一般采取一体化流程建立构造模型,但具体分析可分如下两步进行。

根据地质、地震解释的断层数据和井断点数据,开展翔实的断点连接、断层性质与产状确定、断层间相互关系分析,按照断层的空间形态,通过一定的数学插值方法计算生成断层面,然后应用编辑功能调整断层面形态、设定断层间切割关系,建立符合地质认识与几何学特征的断层模型。

根据地震解释的关键层面数据和对应的井分层数据,按照层面之间的接触关系和断层影响范围,选用插值算法(通常有样条插值法、离散光滑插值法、多重网格收敛法、克里金法、贝叶斯-克里金法等),建立页岩气藏关键层面(通常为页岩气层的顶界面和底界面)的构造模型。

(三)小层地层模型建立

页岩气层的顶面层位数据在所有钻井中(导眼井和水平井竖直段)均可获得,可充分利用分层数据结合地震解释的层面,建立页岩气层关键层面模型,锁定页岩气层的总体格架。在这个大的格架体中,精细模拟每一个小层的展布是页岩构造-地层建模的重点。页岩气层的小层与岩石相有关,不同岩石相在地质特征和测井特征上表现出差异性[3]。因此,可利用岩心、录井岩屑、测井曲线对导眼井进行岩石相划分,并确定可对比的岩石相小层及其特征标志。

在高精度的地质模型中,同一个小层在纵向上通常划分为多个细网格层,水平井某一井段在特定小层内部的空间位置不明确,仍会影响其测井数据离散进网格的准确性。此时,可通过层界面感应测井信息,确定水平井轨迹和钻遇小层构造面(主要为小层顶面)的距离,对该模型做进一步校正(图 4-1-2)。

四、页岩气储层参数与"甜点"模型建立技术

(一)页岩储层参数空间分布趋势模型建立及约束关系

页岩储层参数具有一定的相关关系(图 4-1-3),例如,页岩基质中的孔隙度因包括有机质孔而与 TOC 具有一定正相关关系;孔隙度与 TOC 均影响含气量的分布;脆性矿物含量(主要包括硅质和钙质)与页岩沉积时的生物含量相关,从而与有机质丰度也具有一定关系,同时,脆性矿物含量还影响岩石物理参数的分布。分析属性数据之间的相关性及其相关程度,可为属性三维建模提供相应的二类变量约束。

(二)页岩储层参数模型建立

1. 确定性建模

页岩储层参数确定性建模主要采用但不限于地震属性的地质变换法、数理统计插

值法、克里金插值法等。

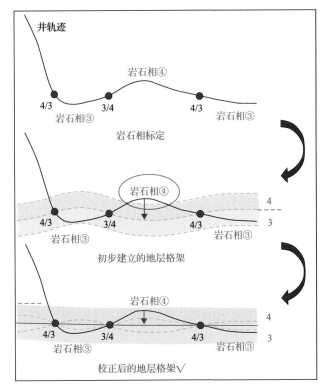

图 4-1-2 井轨迹与小层界面距离校正

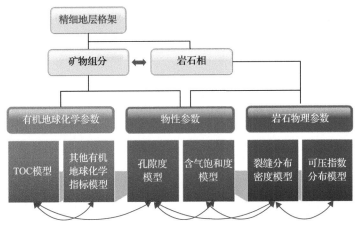

图 4-1-3 页岩储层属性参数相互约束关系

地震属性的地质变换法适用于地震分辨率高且地震属性与页岩气层地质属性有较好相关性的情况。其主要流程包括：①通过地震资料反演得到波阻抗、速度等地震属性体；②通过井旁道地震属性与井 TOC、矿物组分含量、孔隙度、渗透率、含气性、可压系数等数据相关分析，建立变换函数关系；③根据变换函数，将三维波阻抗、速度等地震属性体变换为三维 TOC、矿物组分含量、孔隙度、渗透率、含气性、可压系数等数据体。该方法建立的属性模型不确定性较强，主要用于其他建模方法的趋势模型。

数理统计插值法适用于有较多钻井的岩心、测录井资料及其属性解释成果的情况。其主要流程包括：①根据建模网格层进行单井属性数据采样，生成沿井轨迹的网格化属性数据；②选择作为控制的沉积相（岩相）模型，分相设置属性数据的最大值、最小值和平均值等；③设置垂向一维趋势和平面二维趋势面参数，趋势估值结果与井数据估值结果可通过 0～1 的权系数来进行综合，在插值点未搜索到已知井点时均采用趋势估值；④设置插值算法参数，设置 X、Y、Z 方向的搜索半径，开展井间未知网格插值，建立各种属性地质模型。

基本的克里金插值法主要应用井数据进行插值，不考虑趋势及外部信息，但应用相控建模。其主要流程包括：①根据建模网格层进行单井属性数据采样，生成沿井轨迹的网格化属性数据；②选择作为控制的沉积相（岩相）模型，分相设置属性数据的最大值、最小值和平均值等；③开展井数据变换、结果数据变换、对数变换；④分相设置主变程（大小与方向）、次变程（大小与方向）、垂向变程（大小）等变差函数参数；⑤设置每个网格估值时已知井数据点的数量、每个搜索卦限的已知点数等，开展井间未知网格插值，建立各种属性地质模型。

2. 随机性建模

页岩储层参数随机性建模主要使用序贯高斯模拟法，其次使用序贯指示模拟法、分形随机模拟法等。

基本的序贯高斯模拟法主要应用井数据建模，不考虑趋势和地震信息等二级变量。其建模流程与基本的克里金插值法相似，主要增加以下设置：将种子数设为随机数，该数一般为较大的奇数值；开展正态得分变换，使模拟的属性数据符合高斯分布，便于高斯模拟方法建模；设置模拟次数；设置已模拟节点的最大个数、多级网格模拟的级数。

参数模型的可靠程度在很大程度上取决于建模的方法（和/或算法）。不同的属性参数适用的建模方法不同。如果属性参数与某种地震属性相关性非常好，则可以直接采用确定性建模方法，如裂缝相。目前随机性地质建模主要有基于目标（object-based modeling）和基于像元（pixel-based modeling）两种方法。对于岩相模型来说，可尝试序贯高斯（SGS）、序贯指示（SIS）多种方法；对 TOC、孔隙度、脆性矿物等参数的模拟，可采用序贯高斯、截断高斯（TGS）等方法。

采用序贯高斯随机模拟方法，在岩相模型控制下，采用"相控建模"的思路，分小层模拟并建立研究区各小层（焦石坝①～⑨）的 TOC 分布模型和脆性矿物含量分布模型；在 TOC 分布模型和脆性矿物含量分布模型双重协同约束下，建立孔隙度模型。

3. 页岩储层"甜点"模型评价

页岩储层参数模型是对页岩基质相关参数的分析与模拟，其目的是利用地质模型来明确页岩储层各属性参数的空间非均质性，分析和预测页岩气"甜点"的分布。页岩气"甜点"的构成参数主要有岩相、脆性矿物、TOC、物性、岩石力学等。这些属性参数多数可以通过测井曲线解释得到，也可以经过相关计算公式获得。

因此，在各种属性参数模拟后，综合分析页岩储层属性参数在空间的展布，总结出页岩气"甜点"的地质规律。另外，根据不同属性参数对页岩气含气性及产能的贡献程度，预测页岩气"甜点"的分布。例如，利用 TOC、脆性矿物、孔隙度三个模型，分析页岩气富集规律；利用脆性矿物、岩石物理参数和裂缝相三个模型，分析页岩气开发的可压裂潜力(图 4-1-4)。

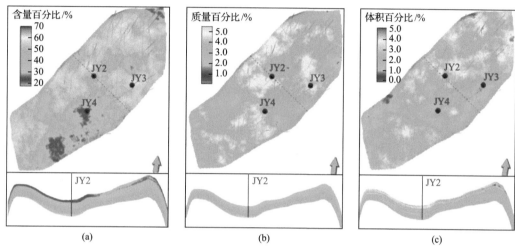

图 4-1-4　涪陵页岩气基于"甜点"分析的基质参数模型
(a)脆性矿物含量模型；(b)TOC 模型；(c)孔隙度模型

五、页岩气岩石物理参数与应力模型建立技术

页岩储层水力压裂改造中，地应力状态、储层岩石力学参数对水力裂缝的方位、形态、宽度和高度起着决定性作用，也影响着压裂增产效果，掌握地应力状态便于正确认识和评价地下围岩环境，可有效控制钻井过程中页岩地层井壁失稳；另外，地应力预测模型的建立可以宏观描述区域地应力的大小、方向以及分布范围，为页岩气天然裂缝的表征与建模、水力压裂缝的建模、钻井工艺等提供合适的部署和压裂方案。

(一)页岩储层地应力测量方法

地应力测量方法的选择直接影响页岩储层地应力测量的准确性。目前测量地应力的方法多达 20 种，主要是测量地应力的大小和方向(表 4-1-1)。根据地应力测量原理可以分为直接测量法和间接测量法两类。直接测量法主要是从岩石破裂方面来测量，通过测量仪器直接测出各种应力量，然后由这些应力量和原岩应力之间的关系换算出原岩应力值；间接测量法主要是从岩石的变形和物性变化来反演测量，通过借助一些传感元件或媒介，测量和记录一些物理量的变化，并由相关的公式进行换算，间接得到原岩应力值。页岩储层是典型的致密储层，其孔隙度和孔喉半径小，原始渗透率极低，且脆性较弱，泥质塑性较强，另外裂缝在页岩储层中非常发育、类型多样。针对页岩储层的这些特点，一般常用的地应力测量方法有水压致裂法、应力解除法、井壁崩落法、声发射法等。

表 4-1-1　常用地应力测量方法

测量原理	测量方法	使用条件	精度
破裂	水压致裂法	要求不高	高
	声发射法	完整岩石	较高
	井壁崩落法	要求不高	较高
	应力恢复法	要求较高	较高
应变	差应变分析	完整岩石	较高
变形	应力解除法	要求不高	可做参考
	底面电位法	要求不高	可做参考
地球物理	井下微地震波法	要求较高	高
	古地磁定向法	完整岩石	高
构造	宏观构造反推法	要求不高	较低
	显微构造分析法	要求较高	较低

(二)页岩储层地应力模拟

地应力场是地壳内应力状态随空间点的变化，地壳内各处的应力状态不尽相同，应力随着深度的增大而增大，而且各处应力的构造和地理位置不同，应力增加的大小也不相同。通过实测地应力能了解到一个地区的地应力场分布，但是大量地实测地应力不具有现实性，然而通过已经得到的实测地应力点，利用有限元法反演整个地区的地应力场是非常有效的。有限元法是一种有效的数值分析方法，它是利用数值模拟软件来进行数值模拟实验，为页岩储层应力场模拟提供了理论和技术支撑。

进行页岩储层应力场的模拟通常包括建立几何模型、建立地质模型、建立力学模型、建立计算模型、模拟结果分析、模型的反演检验六个步骤[4]。

1. 建立几何模型

几何模型是指从实际模拟的复杂地质问题中抽象出来的具有几何形状和尺寸的模型，它的确定是主要基于模拟的对象内各种构造形迹的构造样式或空间组合型式。模型的大小根据研究区的范围和精度要求而定。不同形状和不同大小的模型，受到同一种外力的作用，模型内部的应力分布具有较大的差异性。因此，选择一个正确合理的几何模型是保障计算"拟合"精度的前提。

2. 建立地质模型

根据几何模型建立地质模型，建立过程中重点要考虑区域构造格架和区域构造格架的选取。区域构造格架的选取对区域内应力的分布和集中有着直接的影响，一方面是关于相互交切、错动、叠加的各种构造带、力学结构面的取舍问题，另一方面是具有明显差异的岩石力学性质的岩层合并问题。特定地质历史时期的构造会受到后期多期构造应力场作用的影响，也是多期构造应力场作用的综合反映，最近一期的应力场对其形成的构造的影响最大。

3. 建立力学模型

建立有限元的力学模型，需要对地质模型进行网格划分，划分成许多离散的单元。有限元法对地质模型单元的形状、大小等方面没有限制，无论是多么复杂的地质模型，都可以将其进行网格划分，划分为许多离散的单元。地质模型离散化是有限元法模拟地应力场的关键，而对单元类型和材料属性的选取是地质模型离散的前提条件。在单元类型选取方面，选取的三维力学实体结构模型种类取决于计算结果的要求、地质模型特征等；在材料属性选取方面，材料属性的选取尽可能接近实际地层中的岩石力学参数和物理参数，选取的参数通常是杨氏模量、泊松比、厚度和密度，可以使所模拟的地应力场更加精确。在进行有限单元网格划分时，应该遵循两个原则：一是粗分网格以减少计算的工作量；二是细分网格来保障计算精度。依据所用计算机的条件，分析单元形状的规则性和地质构造的延伸等多方面因素，从而给出最恰当的划分方式。力学模型的建立主要包括以下三方面：①确定地质体的加载方式及约束的类型和方式；②确定目的层段不同单元岩石力学参数；③对褶皱和断层的处理方法，其结果将会直接影响数模结果。

4. 建立计算模型

通过力学模型计算后可以得出计算模型。计算模型能够直接反映出如今地应力场的分布情况，也是进行模拟的地应力场分析的依据，主要是指对力学模型进行施加约束、载荷和求解。在对某研究区域的地应力场进行模拟计算时，研究区域的地质体与周围的环境存在着紧密的关系，这种关系是约束条件，也就是边界条件。边界条件的定义将会直接影响模拟运算的精度。边界条件一般包括位移条件和外力条件两个方面，位移条件主要指的是位移的方向和大小；外力条件指的是外力的方向、大小、方式等，边界条件也是根据研究的目的和实地获得的资料等确定。在确定边界条件以后，对模型配以对应的边界条件，并对模型进行计算，从而得出相应的地应力计算模型。

5. 模拟结果分析

通过对地应力场计算模型的分析，运用计算机软件进行构造应力场数值模拟，可以获得研究区地应力的分布情况，其主要包含有储层的应力强度、最大水平主应力、最小水平主应力和剪应力分布图；实测点的计算剖面网格图和应力轨迹图；地层的最大和最小水平主应力、垂直主应力等值线图。从地应力分布图上，可以得出研究区各主应力分布范围、相应的数值变化和大致方向。应力强度的大小对区域范围内断裂、褶皱发育的程度和构造作用的强弱有着重要的作用，最大主应力是控制构造变形和断裂形成及分布的主要因素，最大剪应力的大小决定着断裂、褶皱的破碎程度。

在地应力场数值模拟的基础上计算裂缝参数，进而可以模拟裂缝孔隙度和渗透率。孔隙度、渗透率的分布与构造关系密切，两者一定程度上反映储层构造变形程度，渗透率较小，则构造产生的破裂压力较大。储层渗透率越低，形成裂缝体积越大。

6. 模型的反演检验

地应力分布的模拟计算实际上是利用有限的实测地应力资料反演出整个研究区的地应力分布情况。模拟计算的可信度会因资料的缺乏和模拟结果的精确程度等因素的影响大大降低。通常将实测点和计算点的拟合精度作为检验可信度的标准来检验模型，但是必须考虑应力规律的对应性、应力轨迹的对应性以及位移轨迹与地应力资料的对应性。经过反复的检验和修正后，最后确定的模型才能够精准地反映出研究区实际的地应力分布情况。

六、页岩气天然裂缝模型建立技术

(一)页岩气天然裂缝建模方法

裂缝地质建模是反映油气藏中裂缝的表征参数和裂缝空间分布的三维定量模型，它既能反映裂缝的分布规律，又能满足油气藏工程研究的需求。国外在裂缝建模方面研究较多，而国内储层裂缝预测技术的发展起步较晚，另外，由于非常规气藏的复杂性，在裂缝建模方面的研究成果相对较少。如何综合运用岩心、测井解释、地震、动态、数值模拟等各项裂缝研究成果建立合理的裂缝三维地质模型是页岩气藏储层裂缝表征的关键[5]。综合目前国内外对页岩储层天然裂缝建模的方法，基本采用一般裂缝性储层的建模思路，总体可分为两大类：等效介质裂缝建模和离散裂缝网络建模。

1. 等效介质裂缝建模

等效介质裂缝模型是利用简单化的裂缝描述(如各向同性、平行的板状裂缝)来代替实际的裂缝几何形态及渗流特征,包括双重介质模型、等效渗透率模型和管道网络模型,并以双重介质模型为代表(图 4-1-5)。例如，黄小娟等[6]通过蚂蚁体地震属性分析进行裂缝探测，对裂缝进行确定性建模，并以此约束建立裂缝孔隙度模型。利用等效介质对页岩气藏裂缝建模，模型裂缝不做单独处理，易于实现油气藏模拟，但难以准确描述实际的流动特征，也解决不了不同来源数据的尺度问题，导致许多裂缝真实细节描述缺失。

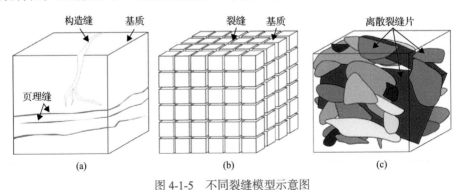

图 4-1-5　不同裂缝模型示意图

(a)页岩气藏简示图；(b)双重介质模型；(c)离散裂缝网络(DFN)模型

2. 离散裂缝网络建模

离散裂缝网络模型(DFN)是对连续性双重介质模型的改进，通过输入裂缝展布特征、几何尺寸等参数进行的一种确定性或随机性建模[7]。该方法以三维空间中具有不同形状、大小、方位、倾角的裂缝片显示表征每条裂缝，多个具有一致特征的裂缝片组成裂缝组，多个裂缝组构成裂缝系统。离散裂缝网络模型根植于随机模拟，每个裂缝的建立遵循以下规则：裂缝片的形状是一个凸多边形（矩形、椭圆形或更复杂的形式）；裂缝片的大小符合已知分布（如负指数分布）；裂缝的位置服从空间分布函数；裂缝方位通过提取均匀或 Fisher 分布得到。本质上，这种模拟方法是基于目标的模拟，通过反复迭代使最终的裂缝分布符合给定的统计特征。

页岩气藏不同尺度裂缝的发育主控因素和主要探测手段不同，在具体的建模过程中采取的资料和技术方法也有所差异。目前裂缝建模多是针对中大尺度裂缝，采用分布建模，建立不同尺度的裂缝 DFN 模型，然后相互约束和融合，是目前常用的裂缝建模方法，小尺度页理缝模拟鲜有报道。

大尺度裂缝建模目前采用较多的方法就是通过地震断层解释数据直接确定性方法建立。中尺度裂缝建模多以地震预测裂缝属性体作为输入条件，采用的方法主要有两类：一是在地震裂缝探测属性体上提取裂缝片，采用确定性方法直接建立裂缝 DFN 模型；二是以地震裂缝探测属性体作为裂缝发育密度的空间约束，通过测井裂缝解释参数，采用随机性方法模拟生成离散裂缝的空间分布。

当储层中存在多组裂缝时，现有的离散裂缝模拟方法都是通过给定每组裂缝的方位、倾角、尺寸等参数分别进行模拟。但是每组裂缝单独模拟导致无法考虑多组裂缝之间的空间配置关系，也就不能准确确定裂缝属性的空间分布及裂缝间的相互作用。因此，页岩气藏天然裂缝地质建模技术的研究仍有待继续深入，要把页岩储层精细描述的研究成果有效应用进来，建立更符合客观实际的裂缝模型，满足体现页岩天然裂缝多尺度信息的基本需要。

(二)页岩气多尺度天然裂缝建模技术

页岩中天然裂缝具有多种成因和多个尺度，而裂缝成因类型与裂缝规模具有相关性。例如，较大尺度的裂缝多以中-高角度构造裂缝为主，而较小尺度的裂缝多为水平纹理裂缝。因此，在建立天然裂缝模型时，分析裂缝的成因、划分裂缝的尺度是非常有必要的。建立不同尺度的裂缝模型，然后相互约束和融合，是目前常用的裂缝建模方法。

裂缝性气藏中储层裂缝既可是地下油气运移的通道，也可是油气储集的空间，主要取决于裂缝的尺度。明确储层裂缝的多尺度特征，准确地对各个尺度裂缝进行预测、分类及描述是气藏裂缝建模研究中的首要任务。

根据不同的油气藏特殊性质，裂缝的尺度划分方案和标准不同。最早将裂缝尺度划分为小尺度和大尺度两个等级，随着检测和数据处理技术的发展，综合地质、测井、地震、动态等数据，将储层裂缝划分为三个等级：大尺度(large scale)断裂、中尺度(intermediate scale)裂缝和小尺度(small scale)裂缝(表 4-1-2)。

表 4-1-2 油气藏裂缝尺度分级

裂缝地质特征	尺度范围	多尺度分级	主要预测方法
大尺度断裂	千米级	油藏宏观	地震数据
中尺度裂缝	米级至数十米级	油藏细观	露头、测井数据
小尺度裂缝	微米至厘米级	油藏微观	岩心扫描

不同尺度的裂缝,其展布的规模、数量以及分布规律都有所差异,因此,建模的方法和约束条件也要区分对待。对页岩油气层来说,所观测到的不同尺度的裂缝包括断层、微裂缝和节理(或层理、页理),它们的尺度跨度在从微米到千米的范围内。每一种尺度的裂缝数量变化较大,从较少的大断裂到几十亿个小-微裂缝。不同尺度裂缝的观察和描述方法不同,而这在很大程度上控制了相应的确定性或随机性的建模方法。

1. 大尺度裂缝 DFN 建模

在裂缝建模之前,对裂缝发育程度有一个清晰的认识是非常重要的。较大尺度的裂缝多为构造缝,其发育主要受地应力与岩石性质控制,前者与构造部位和地层厚度有关,后者与岩相和岩石物理性质有关。对大尺度裂缝的建模可通过对地质力学的分析直接得到。构造应力场是岩石变形产生裂缝的直接作用外力,因此,首先根据构造变形所指示的应变特征及其在三维空间的变化,建立地应力模型。基于不同岩相的岩石地质力学属性(如杨氏模量、泊松比),预测天然缝的发育强度、方位和倾角等属性体,确定性建立大尺度裂缝 DFN 模型。

2. 中尺度裂缝 DFN 建模

成像测井(FMI)观测到的裂缝(地震资料难以识别)多为次一级的构造成因裂缝,其发育通常为大裂缝或断裂的伴生裂缝,因此,该尺度裂缝的产状与大尺度裂缝相似,其发育密度与大尺度裂缝的规模和距离有一定关系(距大裂缝越近,伴生裂缝越多)。建立该尺度裂缝模型需要大尺度裂缝模型的空间约束。

中尺度裂缝根据裂缝探测资料的应用性,将其分为两个级次,分别为中-大尺度裂缝和中-小尺度裂缝。

1)中-大尺度裂缝 DFN 建模

中-大尺度裂缝为数十米至百米级长的裂缝发育带,裂缝多以中-高角度缝为主,垂向上,中-大尺度裂缝可以切割多个地层,其发育主要受构造因素的影响。中-大尺度裂缝具有较高的渗透率,钻遇裂缝钻井通常能够有相应显示。中-大尺度裂缝的探测可以利用地震属性和钻井资料。

2)中-小尺度裂缝 DFN 建模

中尺度裂缝模拟的另一个级别就是中-小尺度的裂缝,该尺度裂缝在地震探测上可能不一定有很好的显示,也无法可靠地确定性进行抽提和模拟。岩心、露头观察揭示,中-小尺度的裂缝通常为大裂缝或断裂的伴生裂缝,该尺度裂缝模拟之前,需要先对裂缝发育强度或裂缝密度有一个初步认识,建立裂缝发育强度分布或密度体模型。该尺度裂缝的发育密度与大尺度裂缝规模相关，建立该尺度裂缝模型可以依据大尺度裂缝模型的空间约束，如距大尺度裂缝越近，次级伴生裂缝发育密度越大。另一种可尝试的方法是，依据地震数据在平面上表现出来的差异，结合构造应力和页岩气生产情况分析，划分出多个裂缝相（fracture facies）区[8]。裂缝相可认为是裂缝属性的综合表示，不同裂缝相，其发育的裂缝倾向、倾角、强度、规模等都有较大差异。裂缝的"相控"随机 DFN 模拟如图 4-1-6 所示。

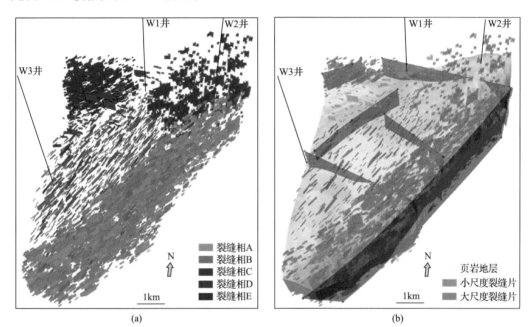

图 4-1-6 裂缝"相控"随机 DFN 模拟

(a)相控小尺度离散裂缝；(b)多尺度裂缝

3. 小尺度裂缝 DFN 建模

页理发育是页岩储层最突出的特征，其在适当条件下易于张开成为页岩气运移的一种裂缝——水平页理裂缝。对该类裂缝的模拟重点在于两个方面：一是页理缝的参数获取，另一个是页理缝发育的影响因素（或建模的约束条件）。由于页理缝尺度较小，通过地震、成像测井均难以识别，岩心观察和分析测试是目前获取页理缝参数的主要方法。岩心的微米 CT 扫描成像、浸水实验，以及高分辨率扫描电镜 Maps 分析均可用于获取页理缝的发育频率、开度及其充填情况（图 4-1-7）[9]。通过统计分析水平缝发育密度等参数与岩石矿物含量等各种地质变量之间的关系，就可获得水平页理缝的发育规律和控制因素，如郭旭升等[10]通过对钻井分析发现，页岩气藏页理缝综合指数（裂缝密度×裂缝宽度）与硅质矿物含量呈正相关，与黏土矿物含量呈负相关关系。对小尺度页理缝建模可采用离散裂缝建模的方法，通过赋以测试获取的裂缝参数数据，随机模拟建立 DFN 模型；另一种方法是通过明确页理缝发育的岩相类型及其与基质储层参数（有机质、孔隙度等）的定量关系，以等效基质加强的方法建立该类裂缝模型。

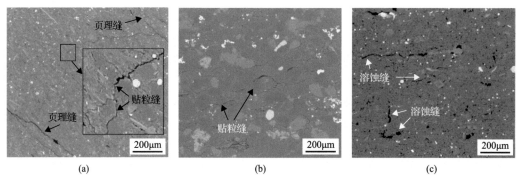

图 4-1-7 页岩储层 Maps 图像观测微裂缝展布与参数[9]

(a)页理缝与贴粒缝缝网体系；(b)贴粒缝分布形态与参数；(c)区域溶蚀缝分布形态与参数

(三)页岩气天然裂缝属性建模

裂缝物性参数模型反映裂缝孔隙度、渗透率的三维分布，属于连续变量模型。建模方法主要有两类：

(1)采用前述储层参数建模方法进行建模。在密度模型约束下，通过单井裂缝物性参数进行插值或随机建模。

在上述离散裂缝网络模型空间结构上，以测井解释的裂缝孔隙度、渗透率、饱和度等属性参数为基础，对数据进行变差函数分析，得到储层参数的主次变程等信息，最后运用序贯高斯指示方法进行随机模拟，最终得到裂缝性储层的各种属性模型。

(2)以裂缝离散网络模型为基础，通过裂缝参数计算裂缝物性。在裂缝离散网络模型中，裂缝以面元形式分布，单个地层网格中裂缝的条数、方向、长度、面积均为已知数据，而裂缝的开度(宽度)数据可依据井眼统计数据得到。据此，可以计算裂缝贡献的储层物性参数，从而建立裂缝物性三维分布模型。

在整个页岩气藏地质建模工作流程中，涉及对多种来源与多种尺度资料的处理与整合，并且存在多处模型融合的过程，这些都是决定最终模型质量的关键技术环节。页岩气藏建模技术的提升需要多学科通力配合，建模方法的选取与优化、建模算法的创新与发展、大数据和人工智能驱动下的平台建设是今后页岩气藏地质建模工作值得进一步研究并可能取得突破的领域。

第二节 页岩气数值模拟技术

页岩气数值模拟技术是气井生产动态预测、气藏开发技术政策制定及方案编制、气田开发跟踪优化调整的重要手段，在页岩气开发过程中发挥着至关重要的作用，通过数值模拟技术优化开采方案，可以大幅提高气藏的开发效果。近年来，页岩气数值模拟技术也在传统油气藏数值模拟基础上得到了快速发展，各种新的理论和模型层出不穷。在此背景下，中国石化经过多年的研发，于 2019 年推出了具有自主知识产权的数值模拟软件 COMPASS，该软件以页岩气数值模拟为基本特色，融入了大量页岩气特殊的渗流机理，已经在页岩气立体式开发等多个领域落地应用，应用效果显著。下面以 COMPASS 数值模拟软件为主线，对页岩气数值模拟涉及的渗流数学模型、数值离散及求解方法进行介绍。

一、页岩气数值模拟的特殊性和技术难点

页岩储层较常规气藏更为致密，一般孔隙度不超过 10%，渗透率在 10^{-6}mD 到 10^{-4}mD 之间。为了增强页岩储层中气体的流动能力，提高气井产量，页岩气开发大量采用了多段压裂水平井技术，通过水力压裂实现对页岩致密储层的改造，提升储层的有效渗透率。水力压裂制造的大尺度水力裂缝与天然裂缝及页岩基质孔隙一起构成了多尺度的流动介质。大量的实验研究显示，在页岩气压后多尺度的孔缝介质内，气体流动规律与常规气藏具有较大的不同，这也导致了页岩气数值模拟技术与常规气藏数值模拟存在差异。具体来看，页岩气数值模拟的技术难点主要体现在以下两个方面。

(1)页岩气数值模拟技术必须准确地反映页岩微纳米孔隙中的气体渗流特点。在页岩气中，气体的赋存形式包括天然裂缝和孔隙中的游离态和干酪根、黏土颗粒及孔隙表面的吸附态。吸附气和游离气的比例与页岩气藏的地质条件有关，吸附气的比例一般在 20%～85%之间。对于吸附气而言，随着储层压力降低，它首先从基质中解吸附，然后通过菲克扩散从微孔进入大孔，再由大孔进入裂缝系统，最后流入井采出。准确刻画上述吸附气解吸、流动现象是页岩气数值模拟的重点之一。气体在微孔中的运移与常规达西流动有所不同，研究发现，当微纳米级孔隙尺寸与气体分子平均自由程接近，气体分子与孔隙壁面的碰撞会显著增加气体流量，宏观表现为表观渗透率的增加，这种现象称为克努森扩散，克努森扩散是页岩气渗流的重要特殊机理之一，在常规气藏数值模拟中不曾考虑。水力压裂会形成大尺度的人工裂缝，这些裂缝因为有支撑剂支撑，开度和渗透率较大。气体一旦进入大尺度人工裂缝之后，流动速度较高，将出现流量偏离达西渗流的现象，在数值模拟中可以采用高速非达西速度修正公式定量描述上述流动。调研发现，在常规油气藏上常用的商业模拟软件在前述页岩气特殊渗流机理方面均存在不同程度的不足，如 Eclipse，它无法在单孔和双孔双渗模型中考虑吸附气，也不能考虑克努森扩散，因此难以在页岩气开发中进行应用。

(2)页岩气数值模拟技术必须能够准确地表征压后复杂缝网的空间展布。页岩气开发必须依赖裂缝系统。经过水力压裂之后，一方面天然裂缝得以扩展，另一方面也生成了大量大尺度的水力裂缝，形成了多尺度的压后裂缝网络。油气藏数值模拟中通常用双孔单渗、双孔双渗等等效介质模型来表征裂缝，其基本原理是将大量裂缝的宏观效应等效为第二重介质即裂缝介质的渗透率。等效介质的方法在页岩气数值模拟中比较适合表征压裂改造区内的中小尺度裂缝，但难以刻画大尺度的水力裂缝的产状、属性。斯伦贝谢公司 Intersect 软件支持非结构化网格的离散裂缝模型，在一定程度上解决了上述问题。基于非结构化网格的离散裂缝模型可以沿着裂缝进行剖分，还原了大尺度裂缝的基本形态。但是斯伦贝谢的非结构化网格离散裂缝要求必须先进行压裂模拟，这种方式有利于提升页岩气数值模拟与压裂模拟的融合，但在实际操作时流程过于繁杂，限制了其在实际问题中的使用：如当历史拟合需要调整裂缝有效半长时，利用 Intersect 软件就相当不便。2013 年后，一种新型的离散裂缝模型——嵌入式离散裂缝模型引起大家关注。该方法在基质模型的结构化网格系统中嵌入非结构化网格剖分的裂缝网格，通过非相邻连接将二者相连，实现了既能刻画大尺度裂缝真实形态，又避免了基质网格烦琐的非结构化网格剖分流程，方便易用。除此以外，嵌入式离散裂缝作为单独的计算区域，可以设置不同于基质，天然裂缝的应力敏感曲线，从而更加准确地反映裂缝动态闭合特征。目前嵌入式离散裂缝也逐渐被国外商业模拟软件使用，CMG 在 2021 版本中已经加入了该项功能。中国石化研发的 COMPASS 数值模拟软件从研发初期就确定了采用嵌入式离散裂缝模型作为大尺度压裂裂缝的主要解决方案。经过多年的应用和技术迭代，COMPASS 数值模拟软件的嵌入式离散裂缝模型已经较为完善，可以处理数十万条级别的嵌入式离散裂缝。

二、页岩气数值模拟渗流基本特征及流动控制方程

黑油模型和组分模型是油气藏数值模拟的两大基本模型。黑油模型可以用于模拟油气水三相的渗流，而组分模型则可以处理如凝析气藏等相态变化剧烈、烃类组成复杂的油气藏。对于涪陵等海相页岩气藏，一般无须考虑油相的影响，因此可以将黑油模型简化为气水两相模型。但是由于页岩气页岩微纳米孔隙中的气体渗流的特殊性，需对传统气水两相模型进行修正。

(一) 吸附解吸模型

与裂缝型气藏不同，页岩气中必须考虑基质吸附气解吸的流量。在控制方程中，q_g^s 为气体解吸扩散流量，它可以表示为

$$q_g^s = \rho_m v \left(C_g - C_g^\infty \right) \tag{4-2-1}$$

式中，ρ_m 为基质密度；v 为扩散系数；C_g 为基质当前吸附浓度；C_g^∞ 为平衡吸附浓度。

平衡吸附浓度的计算可以由吸附解吸模型计算得到，常用的吸附解吸包括朗缪尔等温吸附模型和 BET 多层吸附模型等。

朗缪尔假定吸附为单层吸附，每个位置只吸附一个分子，且无相互作用。其吸附公式为

$$C_g^\infty = V_L p_g / \left(p_L + p_g \right) \tag{4-2-2}$$

式中，V_L 为朗缪尔体积，该参量为实验室测得的最大吸附量；p_g 为气体压力；p_L 为朗缪尔压力，其意义为达到二分之一最大吸附量时的压力。朗缪尔方程是最常用的页岩气吸附方程。通过实验数据分析，涪陵页岩气平衡吸附浓度满足朗缪尔等温吸附公式。

与朗缪尔等温吸附模型不同，BET 模型进一步考虑了吸附可以形成多分子层。BET 模型符合两个假设：一是第一层的吸附热是常数；二是之后每一层的吸附热都等

于该气体的液化热。BET 模型可以表示为

$$C_{gBET} = \frac{C_p \times C \times \dfrac{p_g}{p_0}\left[1-(n+1)\left(\dfrac{p_g}{p_0}\right)^n + n\left(\dfrac{p_g}{p_0}\right)^n\right]}{\left(1-\dfrac{p_g}{p_0}\right)\left[1+(C-1)\left(\dfrac{p_g}{p_0}\right)-C\left(\dfrac{p_g}{p_0}\right)^{n+1}\right]} \quad (4\text{-}2\text{-}3)$$

式中，C_{gBET} 为多层吸附气量；C_p 为单层最大吸附量；C 为吸附热相关系数；n 为吸附层的层数；p_0 为饱和蒸汽压力。

(二)页岩纳米级孔隙中的扩散

页岩基质中的孔隙大小多在几纳米到几微米之间变化，渗透率也比常规气藏要小得多，导致气体在页岩纳米级孔隙中的流动不同于达西流动。一般来说，气体在纳米级孔隙中的流动可用分子动力学或连续介质方法来进行描述。连续介质方法被广泛应用于流体流动分析中，该方法认为流体性质是空间坐标的函数。但是，随着所研究物理系统尺度的减小，该方法的适用性也随之降低。通常人们用无因次参数克努森数 Kn 来判断连续介质方法是否适用，其定义如下：

$$Kn = \frac{\lambda}{d} \quad (4\text{-}2\text{-}4)$$

式中，Kn 为克努森数，无因次；λ 为分子平均自由程，m；d 为孔隙直径。

克努森数是对气体通过小孔隙时发生碰撞程度的一种度量。克努森数随着压力的增大而减小，随着孔隙直径的增大而减小。当克努森数较小时（$Kn<0.001$），连续介质方法中的非滑脱边界的假设成立，可用连续介质方法来描述流体流动；当克努森数较大时（$Kn>0.001$），连续介质方法不再适用，一般使用格子玻尔兹曼方法对该问题进行模拟。例如，引入表面扩散系数，表征表面扩散系数与整体扩散系数在不同比值条件下对干酪根内纳米孔隙中流动状态的影响。国外研究者提出了一个干酪根中的多尺度流动机理模型并用格子玻尔兹曼方法进行模拟，与实验相符较好[11]；部分研究利用格子玻尔兹曼模拟了不同克努森数下页岩有机孔隙中的流动状态和等效渗透率[12]；还有研究者重构了页岩三维孔隙模型，基于尘气模型使用格子玻尔兹曼进行了渗透率和扩散系数的计算[13,14]。

随着计算机运算能力的持续提升和粒子方法的不断进步，分子动力学模拟逐渐成为研究微观机理的重要工具。分子动力学模拟技术一般可以分为平衡态模拟和非平衡态模拟，非平衡态模拟又有不同的实现手段，上述方法各具特色，并被广泛用来模拟微观现象、验证理论模型等。例如，在纳米尺度流动方面，诸多学者通过分子动力学方法发现了碳纳米管中气体的快速流动行为[15]；有研究者研究了石墨平板间和碳纳米管中巨大的滑移长度，进而提出了一种表面摩擦模型[16-18]，指出了纳米尺度的流动状态会受到壁面粗糙度和流体与固体间相互作用强度的影响；国外学者提出了一种基于

摩擦系数的多组分扩散模型，并用分子动力学模拟进行验证，提出了一种描述低密度条件下纳米空隙中流动行为的精确模型并用分子动力学模拟验证[19]；近期有研究者利用分子动力学模拟研究了富含 0.3～1.3nm 级别孔隙的无定型多孔碳结构中烃类的流动行为，并提出了相应的数学模型[20]。

菲克扩散定律可以用来描述页岩气在纳米级孔隙中以及干酪根内部和表面的运移。在浓度差的作用下，解吸后的页岩气由浓度较高的区域向浓度较低的区域运移，当各处浓度相等时，扩散现象停止。

克努森扩散在宏观上表现为相同压差下流量的增大，可以用表观渗透率的修正公式：

$$\frac{k_a}{k_\infty} = 1 + \frac{b}{p} \tag{4-2-5}$$

国外学者基于格子玻尔兹曼方法提出了一种克努森扩散表观渗透率的计算公式，与实验数据符合更好[21]。

$$\frac{k_a}{k_\infty} = 1 + 8C_1 Kn + 16C_2 Kn^2 \tag{4-2-6}$$

式中，k_a 为气相表观渗透率；k_∞ 为固有渗透率。该公式中的系数 C_1 和 C_2 均为与边界相关的常数，根据 Deissler[22] 提出的模型 $C_1=1.0$，$C_2=8/9$。

对于理想气体而言，克努森数可由式(4-2-7)计算得到：

$$Kn = \left(\frac{k_B T}{\sqrt{2}\pi\delta^2 p}\right)\frac{1}{D} \tag{4-2-7}$$

式中，k_B 为玻尔兹曼常数；T 为绝对温度；δ 为气体分子碰撞直径(对于甲烷，$\delta=0.40$nm)；p 为压力；D 为孔喉半径。由克努森数的定义可以看出[式(4-2-4)]，随着 λ 的增加，克努森数也增大，而 λ 越大，实际气体也越接近理想气体。所以对于实际气体，式(4-2-7)误差有限。

对式(4-2-7)进行整理，可以得到以下克努森扩散公式：

$$\frac{k_a}{k_\infty} = 1 + \frac{A}{p} + \frac{B}{p^2} \tag{4-2-8}$$

式中，A 和 B 分别为克努森扩散修正系数，可以通过实验来确定，COMPASS 采用的克努森扩散模型即为式(4-2-8)；p 为压力。

(三)人工裂缝中非达西渗流

在传统模型中，储层内的渗流遵守达西定律，遵循达西定律的流动也称为达西流。两点之间达西流的 P 相的流量公式为

$$q_{c,P} = x_{c,P} \frac{\rho_P k_{rP}}{\mu_P} T_{12}\left(\Phi_{P,1} - \Phi_{P,2}\right) \tag{4-2-9}$$

式中，ρ 为流体密度；μ 为流体黏度；k_r 为相对渗透率；T_{12} 为两点间的传导率；$\Phi_{P,1}-\Phi_{P,2}$ 为两点间的位势差；$x_{c,P}$ 为组分 c 在 P 相里的质量分数。

在人工裂缝处，当流体速度较高时，渗流流量将不再符合达西渗流定律，需要对达西公式进行修正。Forchheimer 非达西渗流关系式是最常用的非达西流动关系式，该公式考虑了惯性力对流动速度的影响，可以表达为

$$T_{12}\left(\Phi_{P,1}-\Phi_{P,2}\right)=\frac{k_{rP}}{\mu}V_{P,12}+C\beta\overline{\rho}_P\left(\frac{\overline{k}}{A_{12}}\right)\left(V_{P,12}\right)^2 \tag{4-2-10}$$

式中，β 为 Forchheimer 系数；C 为单位转换系数，这里将单位统一转化为"F"，其定义为 $1F = 1atm\cdot s^2/g = 1.01325\times10^6 cm^{-1}$；$A_{12}$ 为过流面积；$\overline{\rho}_P$ 和 $\overline{k}$ 分别为平均密度和渗透率。两点间流量可以定义为

$$V_{P,12}=\frac{q_{c,P;12}}{x_{c,P}\overline{\rho}_P} \tag{4-2-11}$$

将式(4-2-11)代入式(4-2-10)可得

$$T_{12}\left(\Phi_{P,1}-\Phi_{P,2}\right)=\frac{k_{rP}}{\mu}\frac{q_{c,P;12}}{x_{c,P}\overline{\rho}_P}+C\beta\overline{\rho}_P\left(\frac{\overline{k}}{A_{12}}\right)\frac{\left(q_{c,P;12}\right)^2}{\left(x_{c,P}\overline{\rho}_P\right)^2} \tag{4-2-12}$$

通过求解方程[式(4-2-12)]即可以获得流量的计算公式。

(四)页岩气藏储层应力敏感效应

应力敏感是指气层的渗透率随有效应力的变化而发生改变的现象。有效应力通常定义为上覆岩层压力与流体压力之差。现有研究对砂岩、致密砂岩、火山岩和煤等岩心进行了应力敏感性实验，发现不同的岩心具有不同的应力敏感性。在页岩气藏中，应力对基质、裂缝的渗流能力有较强的影响，当气井产量大大超过其合理产量时，会造成气层压力快速下降，有效应力增加裂缝闭合，产量递减加快。页岩岩心实验显示，不同类型裂缝具有不同程度的应力敏感：铺砂裂缝渗透率损害率达 40%，人工裂缝渗透率损害率 78.9%，压裂剪切缝渗透率损害率 82.8%。在 COMPASS 软件中，通常可以区分不同类型的介质，并设置不同程度的应力敏感性。

考虑应力敏感效应时，储层内基质、裂缝的渗透率不再是一个常数，而是一个随压力变化的函数，即

$$k_a = k(p) \tag{4-2-13}$$

渗透率关于压力的函数形式通常采用指数形式：

$$k_a(p) = k_\infty e^{-\alpha(p-p_0)} \tag{4-2-14}$$

式中，k_∞ 为基质或裂缝的固有渗透率；p_0 为储层的原始地层压力；系数 α 可以通过对岩心实验数据进行拟合得到。

三、页岩气裂缝模拟方法

裂缝渗流数值模型的构建是页岩气流动数值模型构建中最重要的环节。本小节将介绍等效双孔模型、离散裂缝模型和嵌入式离散裂缝模型三种模型，实际工作中可以针对不同的算例选择最优的裂缝渗流模型。

(一)等效双孔模型

等效双孔模型是目前应用最广的裂缝数值模拟模型。等效双孔模型假设基质理想分布成一个个的小立方体，而每个立方体的周围被裂缝包裹(图 4-2-1)。双孔模型中每一个网格块包含两种孔隙度，即基质孔隙度和裂缝孔隙度。基质为气体的储集空间，而裂缝则为流体流动的主要通道。基质和裂缝中流体流动分别遵循前述的渗流控制方程。

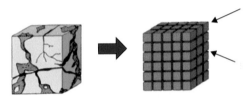

图 4-2-1 等效双孔模型示意图

裂缝与基质之间的传导率可以通过下述公式计算得到：

$$T_{\mathrm{mf}} = V\left(\frac{f_x k_x}{L_x^2} + \frac{f_y k_y}{L_y^2} + \frac{f_z k_z}{L_z^2}\right) \tag{4-2-15}$$

式中，V 为基质总体积；L_x、L_y 和 L_z 分别为 x、y、z 三个方向的裂缝间距；f_x、f_y、f_z(x、y、z 三个方向上的渗透率)通常可以取

$$f_x = f_y = f_z = \pi^2 \tag{4-2-16}$$

等效双孔模型是裂缝性储层的一种理想化近似。它模型简单，采用了结构化的网格，计算效率较高，模拟速度较快。但是它没有考虑裂缝的真实尺寸及分布形态。因此，采用等效双孔模型模拟存在误差，尤其是当裂缝尺度较大、对渗透影响较大时，误差较大。

(二)离散裂缝模型

随着测量技术的进步，目前已经具备根据地质、测井及地震等手段建立储层裂缝离散裂缝网络模型的能力。在此基础上发展起来的离散裂缝模型正引起工业界的重视。离散裂缝模型在离散裂缝网络模型建模的基础上，通过高分辨率非结构化网格沿着每一条裂缝剖分储层(图 4-2-2)。离散裂缝模型并不区分裂缝网格与基质网格。在模拟之前，模拟器需要建立可以描述各个网格连接关系及两个网格之间传导率的连接表。连接表前两列表示相连网格的编号，最后一列是这两个网格之间的传导率。模拟时，模

拟器只需要遍历连接表，即可构建雅可比矩阵。

图 4-2-2　离散裂缝模型示意图

在离散裂缝模型中，基质与基质(M-M)的传导率采用非结构控制体积有限差分法近似处理两点间的流动。

离散裂缝网格最大的优势是可以准确描述每一条裂缝的几何形态，从而精确模拟裂缝渗流。但是在实际操作中，离散裂缝模型网格遇到诸多困难。沿裂缝剖分非结构化网格一直以来都是计算几何研究的重要课题，剖分网格质量的好坏将决定计算的收敛性。真实算例裂缝分布极其复杂，采用基于非结构化网格的离散裂缝模型往往计算效率较低，难以适应大规模模型的应用。目前，市场上只有 Intersect 在和压裂模拟软件 Kinetix 耦合时可以采用离散裂缝模型。

(三)嵌入式离散裂缝模型

嵌入式离散裂缝模型(EDFM)将裂缝模拟为镶嵌在结构化网格中的四边形平板，如图 4-2-3 所示，基质网格仍采用结构网格，包括正交网格和角点网格。EDFM 能模拟非常复杂的裂缝，能保留裂缝的几何细节，又不会使基质网格变为非结构网格，结构网格索引起来更加方便。

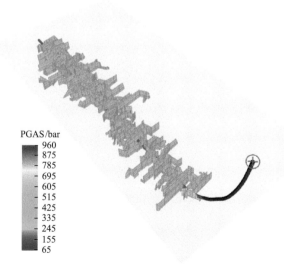

图 4-2-3　嵌入式离散裂缝模型

PGAS 为气相压力

EDFM 的网格剖分、传导率计算流程如下：

(1)筛选所有与裂缝片有接触的基质网格。

(2)生成裂缝平面与基质网格的交面，这些交面有可能是三角形、四边形、五边形、六边形。

(3)根据裂缝外形剪裁交面。

(4)计算基质网格-多边形交面的传导率。

(5)搜索裂缝内部多边形的连接，计算多边形之间的传导率。

(6)搜索裂缝与裂缝的连接：首先求出裂缝与裂缝的交线，然后在两个裂缝中分别找到交线穿过的多边形，计算共享交线的多边形之间的传导率。

为了验证嵌入式离散裂缝模型的精度和计算效率，本小节设计了一个对比算例。对比算例为页岩气多段压裂水平井单井模型，具体参数如表 4-2-1 所示。

表 4-2-1 对比算例模型参数设置

参数	参数值
模型尺寸/(m×m×m)	1000×500×300
基质渗透率/mD	$1×10^{-4}$
裂缝渗透率/mD	0.01
初始地层压力/MPa	38
含气饱和度/%	70
朗缪尔压力/MPa	6
朗缪尔体积/(m³/t)	2.5
水平井长/m	900
主裂缝半长/m	100
生产制度/(10⁴m³/d)	定产量生产 6.0

该模拟采用两套方案，即方案一采用离散裂缝模型模拟，方案二采用嵌入式离散裂缝模型模拟。方案一模型采用六棱柱网格剖分，因此该模型在纵向上看仍然如结构化网格一样分层。这样做的好处是，可以在六棱柱的非结构化网格中仍然可以设置成为双孔模型。为简便起见，无论是方案一还是方案二都只描述大尺度裂缝的几何形态，天然裂缝网络的形态均被等效至双孔模型中。

图 4-2-4 中对比了不同方案模拟 1000 天后压力分布情况。在水力裂缝周围，压力较其他区域下降更为明显，两种不同的方案在模拟压力模拟结果上也非常接近。

对比结果显示离散裂缝模型和嵌入式离散裂缝模型模拟精度非常接近，嵌入式离散裂缝模型可以准确模拟大尺度裂缝中的渗流。

对比两种方案的模拟效率，方案一需要 625210ms，而方案二仅需要 30893ms。采用嵌入式离散裂缝模型在不损失计算精度情况下，将模拟效率约 20 倍。离散裂缝模型在计算同一模型时所需的牛顿步和线性迭代步均远远高于嵌入式离散裂缝模型。离散

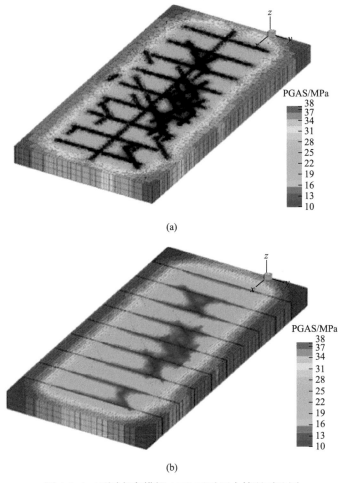

(a)

(b)

图 4-2-4 不同方案模拟 1000 天后压力情况对比图

(a)离散裂缝模型; (b)嵌入式离散裂缝模型

裂缝模型全气藏采用了非结构化网格剖分,非结构化网格质量的好坏往往决定了方程求解迭代收敛性。若非结构化网格质量不高将会导致收敛失败,这使得模拟器不得不采取减半时间步的措施。时间步、牛顿步以及线性迭代步多,最终导致模拟时间大幅度增长。该算例中的离散裂缝模拟并未对所有裂缝剖分非结构化网格,如果采用刻画每一条裂缝的离散裂缝网格模拟,计算效率将更低,计算时间更长。

本节对比验证了嵌入式离散裂缝模型的计算精度和计算效率。根据验证结果可知,嵌入式离散裂缝模型集合了离散裂缝模型和等效双孔模型的优势,在保证模拟精度的前提下大幅度提升了页岩气数值模拟的效率。

四、页岩压后缝网自动反演技术

页岩气开发需要借助水平钻井和多级压裂技术,准确认识压裂改造参数和剩余气分布是进行生产预测以及重复压裂和加密井等增产方案设计的关键。通常情况下,研究人员可以通过调整压后裂缝的主裂缝长度、次级裂缝分布范围、裂缝渗透率等关键参数使模拟结果与生产历史相对应，从而确定压后缝网的真实情况。近年来，国内外也专门针对页岩气多段压裂水平井开发的特征，形成了页岩压后缝网自动反演技术。页岩压后缝网自动反演技术由两部分组成：一是自动反演优化算法；二是压后缝网的表征算法。

（一）自动反演优化算法

反演优化可以看作是求解约束存在下，最小化模型预测值与真实观测之间误差的优化问题。常见的自动反演优化技术大多基于梯度的算法，计算梯度方法包括高斯牛顿法、共轭梯度法、拟牛顿法。基于梯度的算法只能给出单个解，无法用来做不确定性分析，且其为嵌入性算法，无法方便地与现有模拟器结合。为了克服上述缺点，近年来，集合卡尔曼滤波方法得到了广泛的研究与应用。

集合卡尔曼滤波方法是在卡尔曼滤波的基础上发展而来的，该方法借用了蒙特卡罗模拟的思想，同时更新所有实现的集合。集合卡尔曼滤波用样本的协方差代替卡尔曼滤波中的协方差矩阵，从而避免了卡尔曼滤波对协方差的更新和计算，因此集合卡尔曼滤波方法在处理大规模问题时较经典卡尔曼滤波更具优势。除此之外，集合卡尔曼滤波方法并未严格要求待校正模型是线性的，因而它可以一定程度上用以处理非线性模型的数据同化任务。

集合卡尔曼滤波方法第一步是要根据先验概率分布生成一组状态向量的初始实现：

$$S_0 = \left\{ S_{0,1}, S_{0,2}, \cdots, S_{0,N_s} \right\} \tag{4-2-17}$$

式中，N_s 为集合中实现的个数。

与卡尔曼滤波方法类似，集合卡尔曼滤波方法通常也分为预测步和同化步。

在预测步中，每个实现需要根据 $k-1$ 时刻同化后的状态向量预测估计 k 时刻的模型状态，即

$$S_{k,i}^f = f\left(S_{k-1,i}^a \right), \quad i = 1,2,\cdots,N_s \tag{4-2-18}$$

式中，$f(\cdot)$ 为数值模拟模型；上标 f 和 a 分别表示预测步和同化步。与卡尔曼滤波相比，集合卡尔曼滤波最大的不同是在集合卡尔曼滤波需要对集合内所有实现进行正演模拟。

在同化步中，对 k 时刻获得的观测数据进行数据同化。集合卡尔曼滤波方法中数据同化的公式与卡尔曼滤波类似：

$$S_{k,i}^a = S_{k,i}^f + K_k\left(d_{k,i} - GS_{k,i}^f \right), \quad i = 1,2,\cdots,N_s \tag{4-2-19}$$

式中，K 为卡尔曼增益；G 为从状态向量中提取观测量的算子。

这里，卡尔曼增益的计算方法与经典卡尔曼滤波方法中计算公式类似：

$$K_k = C_k^f G^T \left(G C_k^f G^T + C_{D,k} \right)^{-1} \tag{4-2-20}$$

所不同的是，式(4-2-20)中协方差矩阵C_k^f并不是直接显式计算得到，而是通过统计集合中所有实现得到：

$$C_k^f \approx \frac{1}{N_s-1}\sum_{i=1}^{N_s}\left\{\left[S_k^{f,i}-\left\langle S_k^f\right\rangle\right]\left[S_k^{f,i}-\left\langle S_k^f\right\rangle\right]^T\right\} \tag{4-2-21}$$

$$\left\langle S_k^f\right\rangle = \frac{1}{N_s}\sum_{i=1}^{N_s}S_{k,i}^f \tag{4-2-22}$$

(二)压后缝网的表征算法

采用嵌入式离散裂缝模型来表征压后裂缝网络内的大尺度裂缝。在压后缝网反演过程中，若直接将裂缝的几何坐标作为待拟合参数：一方面，无法做到参数调整仍然能保证几何坐标位于同一平面内；另一方面，每一条裂缝的几何坐标包括四个顶点的三维坐标。如果裂缝较多，将所有裂缝的几何坐标作为待拟合参数数量过多，会导致计算成本极速上升。这里提出一种新的裂缝表征方法：首先将生成虚拟微地震点，然后根据虚拟微地震点数据生产多尺度裂缝模型。现假设每个压裂段的虚拟微地震点分布在以L_a为长轴、L_b为短轴的椭圆形范围内，通过调整L_a和L_b，最终生成裂缝模型。除了虚拟微地震点的范围之外，还将裂缝的导流能力乘数设为待拟合参数，初始裂缝导流能力乘数设为$0.1\text{mD}\cdot\text{m}$。

图4-2-5展示的是页岩气生产历史拟合的基本步骤。

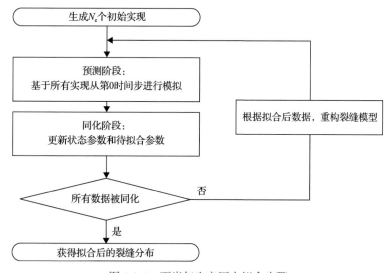

图4-2-5 页岩气生产历史拟合步骤

(1)初始阶段，首先生成N_e个初始实现。每个实现的待拟合参数为$\{L_{a1},L_{b1},M_{f1},\cdots,L_{aN_f},L_{bN_f},M_{fN_f}\}$，这里$N_f$是裂缝的段数。所有这些参数均设为高斯分布，根据这些参数即可生成虚拟微地震点，然后基于虚拟微地震点构建多尺度裂缝模型。

（2）预测阶段，每一个实现都基于同化之后得到的参数重构模型进行模拟。

（3）同化阶段，状态向量得以更新，根据更新之后的参数重构裂缝系统。

重复步骤（2）和步骤（3），直到所有数据同化完成。

（三）压后缝网自动反演效果

该方法应用于中国西南某实际页岩气田压裂水平井模型。如图 4-2-6 所示，研究区的大小为 1500m×2100m×40m，埋深约为 2550m；压裂水平井水平段长度为 1450m，共开展了 22 级水力压裂改造；网格建模将研究区离散为 150×210×5 个网格，在 x、y 和 z 方向上的网格大小分别为 10m×10m×8m；基质渗透率为 $5×10^{-4}$mD。模型还考虑了页岩气在基质中的吸附效应，通过 50 个目标储层的岩心实验样品，得到朗缪尔等温吸附曲线的参数。实验结果表明，朗缪尔体积和朗缪尔压力的平均值分别为 2.53m³/t 和 6.03MPa。模型基本参数如表 4-2-2 所示，表 4-2-3 则列出了各层的厚度和孔隙度。

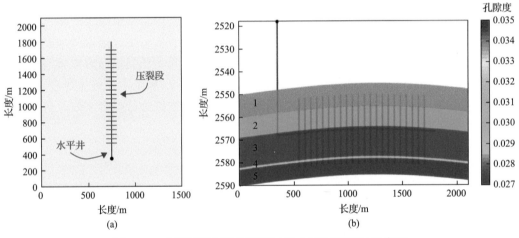

图 4-2-6 实际压裂水平井模型（a）及分层孔隙度（b）示意图

表 4-2-2 实际工区模型基本参数

参数	参数值
模型范围/(m×m×m)	1500×2100×40
网格数/个	约 15 万（150×210×5）
水平井长度/m	1450
基质渗透率/mD	$5×10^{-4}$
井底流压/MPa	2
地层温度/℃	85
朗缪尔体积/(m³/t)	2.53
朗缪尔压力/MPa	6.03

表 4-2-3 分层厚度与孔隙度属性

层	厚度/m	孔隙度
1	10	0.034
2	9	0.028
3	13	0.027
4	1	0.029
5	7	0.027

在水力压裂过程中，数据的采集、处理与分析由地球物理工程师完成。通过微地震技术监测微地震事件发生的时间、位置以及能量强度，以此确定裂缝网络的空间范围。在压裂的全过程中，共监测到了 704 个微地震事件(图 4-2-7)，微地震事件点的分布大致描绘了压裂改造区覆盖的区域，微地震点与井筒的平均距离约为 200m，最大距离超过 350m。

对于该模型，选定初始地层压力 p_0、事件区域半长 l_{ms}、微地震监测灵敏度 r_{ms}、压裂主缝和次缝的渗透率 k_{pf} 和 k_{sf} 视为需要修改的不确定参数。表 4-2-4 中总结了待反演参数的初始猜测值。其中，由于微地震事件监测数据点总共只有 704 个，不足以反映裂缝网络的真实复杂程度，可以推测有些微地震事件没有被监测到。通常情况下，微地震数据的质量越高，通过对微地震数据进行解释得到的压裂缝网络的

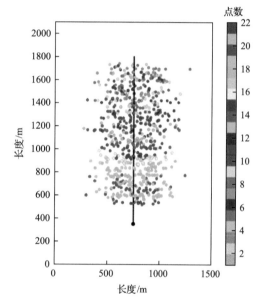

图 4-2-7 不同压裂段的微地震监测数据点的分布情况

可靠性就越高。相反，如果存在较多遗漏的微地震事件或无效的微地震数据，则由微地震数据得到的压裂缝网络的不确定性就会增加。因此，初始微地震监测灵敏度 r_{ms} 取正值。

表 4-2-4 实际工区模型拟合前参数的初始猜测的统计矩

参数	分布类型	平均值	标准差
初始地层压力 p_0/MPa	高斯分布	38	5
事件区域半长 l_{ms}/m	高斯分布	150	50
微地震监测灵敏度 r_{ms}	高斯分布	3	1
主缝渗透率 k_{pf}/mD	高斯分布	1000	400
次缝渗透率 k_{sf}/mD	高斯分布	10	5

使用第一年的 10 个井底流压数据作为历史拟合的观测值，其他 5 个数据则用于验证历史拟合模型的预测结果。更新后的计算结果与观测数据的符合率有了明显的提高：平均相对误差从拟合前的 30.8% 降低到了拟合后的 7.5%。在预测阶段，更新后的计算结果与观测数据的符合率同样提升明显：平均相对误差从拟合前的 63.7% 降低到了拟合后的 11.2%。与初始集合相比，预测的不确定性明显降低。

反演得到的微地震有效区域和压裂缝网如图 4-2-8 所示。同时，表 4-2-5 列出了反演参数的后验统计矩，可以看出，在迭代了 11 个轮次之后，所有的反演参数都收敛了。l_{ms} 的后验均值为 129.93m，这意味着有效裂缝的长度约为微震数据重建的裂缝长度的 $1/3 \sim 1/2$。另一方面，r_{ms} 的后验值为 3.59，这证明了最初的猜测，即存在大量的由压裂激发的微地震事件没有反映在监测数据中。

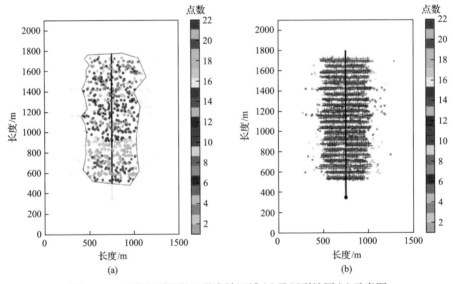

图 4-2-8　反演得到的微地震有效区域(a)及压裂缝网(b)示意图

表 4-2-5　实际工区模型拟合后参数的后验统计矩

参数	后验平均值	后验标准差
初始地层压力 p_0/MPa	38.66	0.44
事件区域半长 l_{ms}/m	129.93	12.75
微地震监测灵敏度 r_{ms}	3.59	0.73
主缝渗透率 k_{pf}/mD	1476.50	197.96
次缝渗透率 k_{sf}/mD	9.82	2.89

五、数值模拟软件 COMPASS 的研发

经过调研发现，目前国内在应用的油藏数值模拟软件主要有 Eclipse/Intersect 系列、CMG、NEXUS 等以美国为代表的西方国家的软件，和少量的俄罗斯的 tNavigator。数

值模拟软件自主化程度低，"卡脖子"现象较为突出。

为突破国外数值模拟软件在我国油气田开发市场中的垄断，形成突破"卡脖子"利器。近年来，国内各石油高校和企业研究院均投入大量研发力量攻关数值模拟软件研发，取得了一定的成果。其中较为著名的有中国石油勘探开发研究院研发的 HiSim、北京大学研发的 UNCONG、特雷西能源科技股份有限公司研发的 SIMBA 等。这些软件都在一定范围内投入了实际应用。在此背景下，中国石化石油勘探开发研究院也加快了数值模拟软件的自主研发步伐。经过五年的攻关，研发完成具有自主知识产权的油气藏数值模拟软件 COMPASS。COMPASS 软件是一款以页岩油气开发模拟为主要特色的数值模拟软件，它具有黑油模型和组分模型两大功能模块，可以完全兼容主流地质建模软件 Petrel 的地质模型，适用于页岩油气、致密油气、常规油气等不同类型的油气藏。经过对比算例分析，COMPASS 软件在计算精度和计算效率上能够达到甚至超越国外同类产品的水平。基于国内外学术成果充分调研，COMPASS 软件攻关形成了以下两大优势特点：一是充分考虑页岩储层多尺度孔隙介质中复杂渗流机理；二是除构建等效连续介质模型之外，大规模使用了嵌入式离散裂缝模拟压后裂缝网络内的渗流，从而更加精确地刻画压后裂缝网络的非均匀分布。

（一）COMPASS 软件的整理架构设计

COMPASS 软件完全运用 C++语言在 Windows 操作系统下搭建。软件采用了"分层模块化"的设计思路，即各功能模块相对独立，可独立执行特定任务，部分通用组件标准化接口，实现在各模块间通用。

COMPASS 软件共分为三大系统，即计算系统、数据系统和界面系统。计算系统是 COMPASS 软件的功能核心，在计算系统内，软件将完成数值模型构建、计算求解等工作。数据系统在 COMPASS 软件中起着信息中枢作用，在模拟过程中所有的数据都将在数据系统中统一保存，供给其他系统自由调用。COMPASS 软件界面系统（图 4-2-9）需要完成模型的参数读入、数据前处理、模拟结果显示等功能。为了更方便地适用于页岩气开发数值模拟，COMPASS 软件构建了多段压裂水平井设计系统，可以交互式地设计水平井井轨迹、构建水力裂缝和天然裂缝的嵌入式离散裂缝模型，导入压裂模拟软件 Fracman 及 Mangrove 模拟结果并自动转换为嵌入式离散裂缝（图 4-2-10）。除此以外，COMPASS 软件的界面系统也设计了与常用的地质建模软件 Petrel 的数据接口，允许操作者可以直接将数据导入 Petrel 构建的完整地质模型。COMPASS 软件最新版本可以导入数千万级别的网格模型，且能流畅显示。

（二）COMPASS 软件的计算求解

COMPASS 软件的控制方程体系遵循页岩气渗流控制方程体系。控制方程体系通过有限体积全隐式数值离散形成非线性方程组体系。非线性方程组一般通过牛顿-拉弗森（Newton-Raphson）迭代来求解。假设控制方程体系经过离散后的数值模型为 $f(x)=0$，$x=[x_1,x_2,\cdots,x_n]$为待求解变量，包括压力、饱和度和摩尔分数，则方程的牛顿-拉弗森迭

代格式为

$$\begin{bmatrix} x_{1(k+1)} \\ x_{2(k+1)} \\ \vdots \\ x_{n(k+1)} \end{bmatrix} = \begin{bmatrix} x_{1(k)} \\ x_{2(k)} \\ \vdots \\ x_{n(k)} \end{bmatrix} - \Big[f'\big(x_{(k)}\big) \Big]^{-1} \begin{bmatrix} f_1\big(x_{1(k)},x_{2(k)},\cdots,x_{n(k)}\big) \\ f_2\big(x_{1(k)},x_{2(k)},\cdots,x_{n(k)}\big) \\ \vdots \\ f_n\big(x_{1(k)},x_{2(k)},\cdots,x_{n(k)}\big) \end{bmatrix} \tag{4-2-23}$$

式中，$[f'(x_{(k)})]$ 为非线性方程组的雅克比矩阵；k 为牛顿-拉弗森迭代步数。

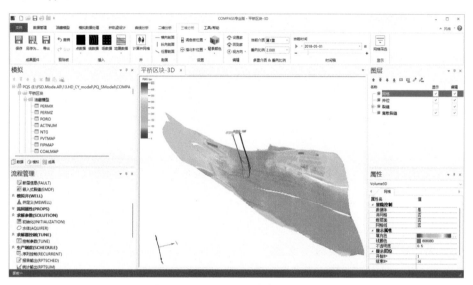

图 4-2-9　COMPASS 软件界面系统

图 4-2-10　导入压裂模拟软件模拟裂缝

迭代直至余误差收敛，即

$$\left\| \begin{array}{c} f_1\left(x_{1(k)}, x_{2(k)}, \cdots, x_{n(k)}\right) \\ f_2\left(x_{1(k)}, x_{2(k)}, \cdots, x_{n(k)}\right) \\ \vdots \\ f_n\left(x_{1(k)}, x_{2(k)}, \cdots, x_{n(k)}\right) \end{array} \right\| < \varepsilon \tag{4-2-24}$$

在每一个牛顿-拉弗森迭代步内求解稀疏矩阵线性方程组。线性方程组的求解是数值模拟中最耗时的部分，大量研究集中在这一领域。传统的线性求解方法在数值模型规模大于百万网格之后会出现失效，并不适用于油气藏数值模拟。以广义最小残量法（GMRES）及双共轭梯度稳定法（BiCGSTAB）为代表的 Krylov 子空间方法，配合不完全 LU 分解（ILU）等预条件方法在求解大型稀疏矩阵线性方程组方面具有较为显著的优势，目前被广泛应用到商业数值模拟软件中。为了进一步提升线性方程组求解效率，近年来约束压力余量法（CPR）应用到油气藏数值模拟软件中来，包括斯伦贝谢公司的 Intersect 等新一代数值模拟软件都采用了 CPR 的求解方案。COMPASS 软件也采用了 CPR 求解方案，其基本思路如图 4-2-11 所示：第一步，从雅克比矩阵中解耦出压力方程，采用聚集代数多重网格法（AGMG）进行求解。AGMG 是比利时布鲁塞尔自由大学开发的专门针对压力方程误差频率低，在空间中变化平缓的特点开发的开源预条件方法，以"粗化—求解—插值"循环的形式在不同尺度的网格单元上快速移除局部误差。第二步，求解压力方程之后，单独采用高斯消去法求解井方程，由于井方程相对数量有限，采用高斯消去法可以较好地求解。第三步，将压力求解结果回代原方程，采用 ILU 配合 GMRES 移除饱和度和摩尔分数的误差。CPR 求解方案将油气藏数值模拟方程中不同类型的方程分门别类，分别采用当前世界最优的求解方法针对性求解，因此有效提升了数值模拟的求解效率。除此以外，为了进一步提升计算效率，COMPASS 软件还采用了共享内存式并行技术（open multi-processing，OpenMP）对求解步骤中的求解压力矩阵、ILU 分解、GMRES 部分进行了并行。表 4-2-6 展示的是 COMPASS 软件在百万级网格黑油模型标准算例 SPE10 中的计算效率（测试环境：CPU Core E5-2630 V4 20 核，2.2GHz；内存 64GB）。经过测试，保证计算精度情况下，COMPASS 软件在求解 SPE10 时单核计算效率显著高于 Eclipse，与斯伦贝谢新一代数值模拟器 Intersect 相当。在多核计算机上 COMPASS 软件也具有较高的并行加速比。

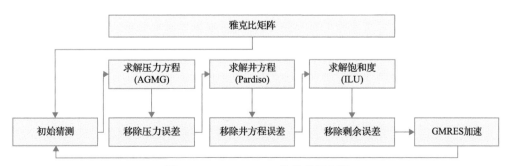

图 4-2-11　COMPASS 软件求解方案

表 4-2-6　COMPASS 软件与各商业模拟软件 SPE10 计算耗时对比

模拟软件	单核运算时间/h	四核运算时间/h
COMPASS	0.882	0.34
Eclipse 2018	6.05	2.9
Intersect 2019	1.25	0.35

（三）COMPASS 软件的特色功能简介

为了更好地解决页岩气开发的实际问题，COMPASS 软件在研发过程中对页岩气开发数值模型进行优化，增加了部分不同于常规商业数值模拟软件的特色功能。COMPASS 软件和主流商业模拟软件功能对比如表 4-2-7 所示。

表 4-2-7　COMPASS 软件与各商业模拟软功能对比

软件功能		CMG/Eclipse	tNavigator/Intersect	COMPASS
基础模型	黑油模型	√	√	√
	组分模型	√	√	√
	热采模型	√	√	×
非线性流动	高速非达西模型	√	√	√
	时变启动压力梯度	×	×	√
	非瞬时吸附模型	×	×	√
	多层吸附模型	×	×	√
	多组分吸附模型	√	×	√
	克努森扩散	×	×	√
裂缝模型	双孔模型(DP)	√	√	√
	多重介质(MINC)模型	√	×	√
	离散裂缝模型(DFM)	×	√	√
	嵌入式离散裂缝模型(EDFM)	×	×	√
井模型	井筒流动模型	×	×	√

注：√表示有，×表示无。

时变启动压力梯度、非瞬时吸附、多层吸附模型、多组分吸附模型及多重介质模型等页岩气渗流机理模型的加入使 COMPASS 软件的控制方程体系可以更加准确地描述页岩气地下渗流实际情况。COMPASS 软件可以根据不同介质的占比构建多重介质模型，并以连接表形式对各种介质的控制方程进行守恒耦合，从而实现在不同类型的介质中体现不同渗流机理的目的。

大量采用嵌入式离散裂缝模型来刻画压后裂缝网络是 COMPASS 软件区别于其他商业模拟软件的重要特点。为了更好地发挥嵌入式离散裂缝的作用，COMPASS 软件对经典的嵌入式离散裂缝模型进行了改进。其改进主要表现在以下几点：一是实现了双孔/多孔介质和嵌入式离散裂缝的耦合。在开展数值模拟时，压裂改造区域内大量的微裂缝通过双孔或多孔模型进行等效处理，而水力裂缝则采用嵌入式离散裂缝处理。这样既可以以较高的计算速度表征微裂缝的宏观效应，也可以准确地表征对渗流影响较大水力裂缝的特征。二是基于无限导流假设构建了第二代嵌入式离散裂缝模型，计算速度较第一代快两倍以上。三是根据水力裂缝非均匀特点，构建了非均匀嵌入式离散裂缝（图4-2-12），裂缝不再是矩形，而是更接近实际情况的半椭圆形，且裂缝内部可以考虑由于支撑剂运移造成的物性非均质分布。四是构建了分级 SRV 构建方法。压后改造缝网内储层的改造程度并不均匀，一般以大尺度水力裂缝为中心呈辐射状显著降低。COMPASS 软件可以根据嵌入式离散裂缝与基质的位置关系，自动划分多级 SRV，如图4-2-13所示，距离嵌入式离散裂缝较近的绿色区域和较远的红色区域分属两级 SRV，可以赋予不同的渗透率、含水饱和度等参数，从而更加准确地描述压裂改造区内改造程度的非均质性。

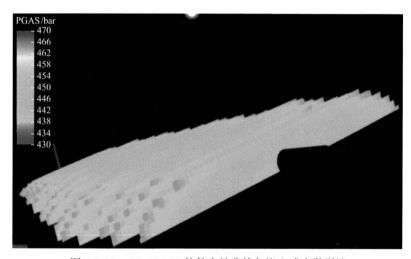

图 4-2-12　COMPASS 软件中的非均匀嵌入式离散裂缝

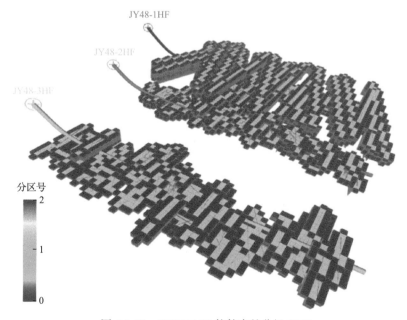

图 4-2-13　COMPASS 软件中的分级 SRV

（四）COMPASS 软件在页岩气概念模型中应用

本概念模型为页岩气开发概念模型,如图4-2-14(a)所示模型尺寸为1700m×600m× 40m,共划分 170×60×5 个网格。模型中部有一个 1500m 长的水平井。该水平井共压裂 70 簇水力裂缝,水力裂缝导流能力为 5～10mD·m,裂缝半长为 75～150m,缝高平均为 30m。模型中共计分布 1000 条天然裂缝[图 4-2-14(b)],平均缝长为 25m,平均导流能力为 2mD·m。天然裂缝走向基本为北西-南东向,与东方向夹角介于 0°～20°。储层基质渗透率为 1×10^{-5}mD。概念模型中所有裂缝均采用嵌入式离散裂缝进行模拟。吸附气解吸符合朗缪尔等温吸附曲线,朗缪尔压力 6.0MPa,朗缪尔体积 2.5m³/t。模型初始时刻全场压力为 38.0MPa,初始含气饱和度为 0.6,W1 井以定井底压力 1.5MPa 生产。

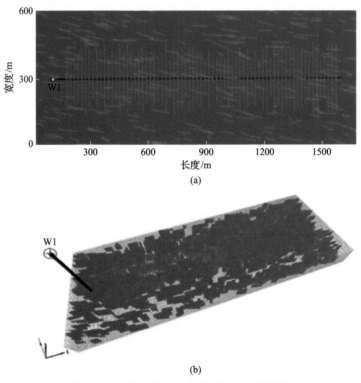

图 4-2-14　概念模型示意图(蓝色为裂缝片)

首先研究克努森扩散效应对气井产能的影响。图 4-2-15(a)和图 4-2-15(b)分别展示的是不考虑克努森扩散效应和考虑克努森扩散(克努森扩散系数 $a = 0$MPa², $b = 5$MPa)模拟 9000 天后最终的压力分布。由图中模拟结果可见, 在 9000 天末水力裂缝及与其沟通的天然裂缝构成的压后裂缝网络是其他渗流的主要通道。在裂缝周围,由于气体采出导致压力显著下降。嵌入式离散裂缝模型能够准确地刻画模型内的裂缝分布,从而准确模拟出最终剩余气的非均匀分布。比较模拟结果,考虑克努森扩散效应导致压裂改造区域的最终压力更低,说明考虑克努森扩散效应导致了表观渗透率增加,模拟获得的采收率更高。在本例中,考虑克努森扩散效应导致 9000 天的累计产量约增加 $2 \times 10^7 m^3$,因此,在页岩气的模拟中考虑克努森扩散效应的影响是有必要的,这也与之前的许多研究成果得到的结论一致。

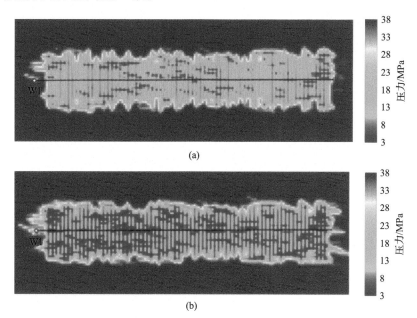

图 4-2-15　不考虑克努森扩散效应(a)和考虑克努森扩散效应(b)的 9000 天末压力分布图

采用组分标记方法计算产气量中吸附气占比,不考虑克努森扩散效应吸附气在累计产量中占比 12.6%,而考虑克努森扩散效应该比例上升至 13.6%。可见,考虑克努森扩散效应导致压裂改造区域的最终压力更低,吸附气的解吸量也随之上升。

(五)COMPASS 软件在页岩气实际模型中应用

该实际模型为四川盆地某页岩气生产平台 A。井分层数据,结合地质解释的小层的平均厚度建立了建立 a 到 i 号小层顶底构造面,建立了地质体,工区面积 6.44km²,纵向上平均总厚度 94.8m,其中下部平均厚度 54.1m,上部平均厚度 60.7m。

构造模型由断层模型和层面模型两部分构成,是地层分布格架的具体表现。A 井组平台断层不发育,构造建模采用 Petrel 建模软件,模型共 115×100×16(18.4 万个网格)。根据井的穿行轨迹建立模型中的井模型。A 平台孔隙度大部分处于 3%至 7%之间,采用序贯高斯插值,分别建立孔隙度分布随机模型。水平渗透率整个井区均为 5×10^{-5}mD,垂直渗透率为平面渗透率的二十分之一。储层原始地层压力为 a～d 号小层 38MPa,e～h 号小层为 33MPa。储层温度为 85℃。储层内气体吸附符合等温吸附曲线,朗缪尔压力为 6.5MPa,朗缪尔体积为 2.5m³/t。

该平台三口水平井分别是 A-1HF 井、A-2HF 井和 A-3HF 井,长度分别为 1500m、1300m 和 1250m。微地震是监测裂缝展布的重要手段。如图 4-2-16 所示,微地震事件分布在井周围 250m 范围之内。A-2HF 井和 A-3HF 井微地震事件存在重合区域。纵向上，微地震事件分布均匀，在各个小层中均有分布。

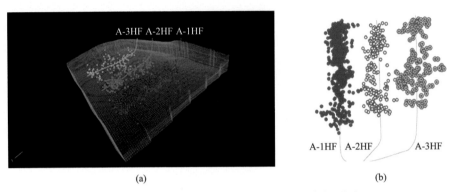

(a)   (b)

图 4-2-16 A 平台微地震事件(由各色原点代表)分布

根据微地震的分布，COMPASS 软件可以自动构建 A 平台的压后裂缝模型(图 4-2-17)，三口井分别拥有裂缝 736 条、520 条、350 条。由于微地震仅仅显示响应裂缝，实际返排后裂缝将发生闭合，实际有效裂缝半长将远远小于响应裂缝半长。统计发现，缝长分布范围为 50～200m，缝高分布比较加均匀，缝长小于 10m、10～20m、20～30m、大于 30m 的比例分别为 34%、24%、24%、18%。主裂缝渗透率平均值 1000mD，次级裂缝渗透率平均值为 500mD。

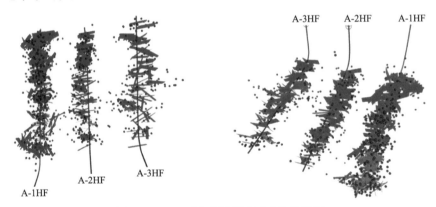

图 4-2-17 A 平台根据微地震重构的裂缝

蓝色为裂缝片，红色为微地震事件点

通过调整主裂缝导流能力、裂缝范围及与裂缝相连的基质渗透率等参数开展拟合，采用定产气量拟合井底流压。三口井拟合时间从开井至 2015 年 6 月 20 日。在 A-1HF 拟合过程中发现，在 2012 年 11 月至 2013 年 1 月期间模拟结果下降明显与井口折算流压差距较大，推测为邻近井压裂产生干扰所致。因此在 2012 年 11 月 1 日将与裂缝相连的基质渗透率提升至 8×10^{-5}mD，调整之后拟合效果明显变好。同样，在 2015 年 5 月份也有一次较为明显的压力补充，将与该井裂缝相连的储层渗透率提升至 2×10^{-4}mD。

拟合结束时，分析各层的储量动用情况。图 4-2-18 展示的是 A 井不同小层当前压力分布。由图中可知，下部储层储量动用较上部储层好。平面上，A-1HF 井和 A-2HF 井之间存在 100～200m 的难动用区，目前①～⑤小层井间储量动用率约为 50%，未动用储量超 2.0×10^{8}m^3，A-2HF 井和 A-3HF 井间存在 150～350m 的难动用区，目前①～⑤小层井间储量动用率为 35%，未动用储量超 2.5×10^{8}m^3。井控范围内采出程度①～⑤小层 25%。纵向上，主要动用的是①～④小层，三口井①～④小层井控储量动用率分别为 55%、44%、40%。三口井⑤小层井控储量动用率分别为 35%、30%、10%，A-2HF 井和 A-3HF 井在⑤小层动用明显减少，上部气层基本未动用。在拟合之后的模型基础上开展产能预测，30 年末 A-1HF 井、A-2HF 井和 A-3HF 井的累计产量分别为 2.04×10^{8}m^3、1.54×10^{8}m^3、1.30×10^{8}m^3。按 600m 井距计算，30 年整体采出程度为 19.47%。

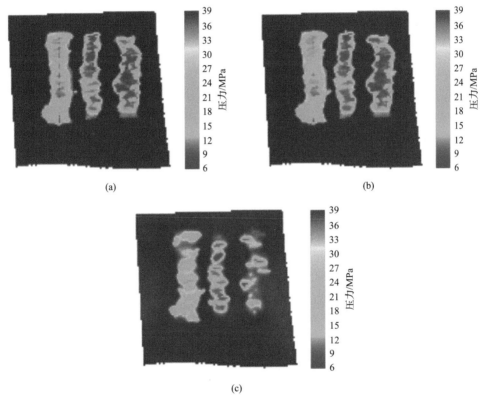

图 4-2-18　拟合结束时各层压力分布
(a)①小层；(b)③小层；(c)⑤小层

综上所述，页岩气数值模拟一般是在井台地质及动态资料、分析化验、测试及试采资料分析基础上，首先，建立压前三维地质模型，在此基础上，根据动态分析初步确定缝网分布及属性，基于嵌入式离散裂缝模型建立压后三维数值模拟模型。然后，通过历史拟合确定各井的裂缝分布校正模型参数。最后，在获得校正的数值模拟模型上开展储量动用状况、剩余气分布评价及开发影响因素研究，评估多"甜点"层水平井立体开发的效果。页岩气数值模拟研究具体工作流程如图 4-2-19 所示。

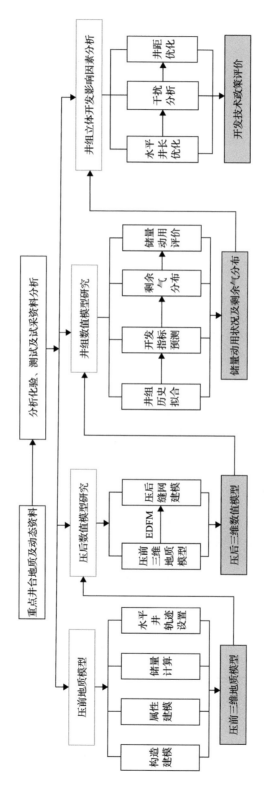

图4-2-19 页岩气数值模拟研究工作流程

第三节 建模数模一体化评价技术

一、页岩气建模数模一体化特殊性及技术难点

针对页岩气开发模拟技术,国外斯伦贝谢和加拿大 CMG 均已开发最新软件在国外油气田进行了应用。随着涪陵页岩气田开发不断深入,国内对页岩气地质模型的描述精度和开发方案都提出了更高的要求。页岩气建模和数模的难点主要在于多学科、多专业协同融合,针对区块复杂构造,开展地震、测井精细描述,结合压裂工艺、生产动态,多次迭代实现构造、属性、裂缝建模并开展一体化生产模拟,从而实现三维立体开发页岩气建模与数模的一体化。具体来看,其技术难点主要体现在以下两个方面:

第一,有别于常规气藏,页岩气藏需通过大规模人工水力压裂造出复杂缝网,建立气体流动通道,才能实现效益开发。通过水力压裂裂缝扩展模拟来定量表征人造缝网的空间分布,对优化水平井布井、优化水力压裂设计、准确进行页岩气藏数值模拟与产能预测等具有重要意义。水平井压裂缝网扩展受页岩品质、天然裂缝、三向应力等多重因素控制,而压后人工缝网形态多样、扩展路径复杂,利用微地震等监测手段只能对缝网改造的范围进行定性和基本定量描述,如何精细刻画压后缝网扩展特征及内部结构成为亟须解决的关键难题。

第二,随着开发时间延长,涪陵页岩气田产量自然递减加快。为实现气田更长时间稳产,气田通过立体开发进一步提高采收率是一条行之有效的主要途径。立体开发首先要解决储量动用状况定量评价的问题。早期对焦石坝区块储量动用情况,只有"动用不充分"这一定性描述,一次井网压裂缝网走向、剩余储量分布情况等均无清晰描述,调整井部署依据不够充分。

二、页岩气建模数模一体化国内外研究进展

页岩气田开发过程中,涵盖从地球物理储层反演与预测、构造及地质建模、地质力学建模、水力压裂建模到数值模拟的全气田尺度、全方位、全过程的一体化建模及数模,北美很少有相关案例。尤其是非常规油气藏全油气田数值模拟,迄今尚未看到北美公开报道的案例。Suarez-Rivera 等[23]较早在盆地级别开展从地球物理到地质力学一体化三维建模工作,但总体上北美对地球物理资料综合运用的案例相对较少。究其原因,可能与北美页岩油气主要产区地质条件较好有关,区内拥有大量的井资料,能够以井资料为主建立较可靠的三维构造及地质模型。Liang 等[24]很好地展示了如何以1100 口直井测井资料为基础,建立高分辨率三维构造及地质模型、地质力学模型;在此基础上,仅在典型平台开展"地质力学、水力压裂和油气藏动态全耦合"参数研究及敏感性分析。该案例是北美公开发表、为数不多的气田尺度三维一体化建模实例。

页岩气建模数模一体化技术难点主要在压后缝网精细模拟。早在 1963 年,关于天然裂缝和人工压裂裂缝的相互作用问题,Lamont 和 Jessen[25]对 6 种不同种类的岩体在

不同的天然裂缝和人工裂缝逼近角下成功实验 70 次，研究结果认为水力裂缝的延伸受天然裂缝的影响，主要由周围应力场的最小压应力控制，能穿越天然裂缝应力弱面，最终垂直于最小压应力。Warpinski 和 Teufel[26]采用真三轴实验，系统研究了地质非连续体对水力裂缝的影响，研究结果认为在低水平应力差和低逼近角情况下，水力裂缝的延伸不会穿过天然裂缝，只有在高应力差和逼近角大于 60°的情况下，水力裂缝才会穿过天然裂缝；在高应力差和逼近角小于 30°时，水力裂缝的延伸被天然裂缝阻止。Beugelsdijk 等[27]、Pater 和 Beugelsdijk[28]对包含天然裂缝的岩石块体利用三轴水力压裂实验进行了水力裂缝的扩展问题研究，研究结果与 Warpinski 和 Teufel[26]室内实验研究结果一致，认为注入高排量和高黏度的压裂液更容易使水力裂缝穿透天然裂缝进行扩展，并且指出在裂缝性地层的压裂中几乎不会产生单一平面且关于井眼对称的双翼垂直裂缝。陈勉等[29]曾用大尺度真三轴实验系统进行岩样水力压裂实验，研究了地应力、水平主应力差、断裂韧性、缝内净压力、天然裂缝、逼近角、天然裂缝界面摩擦系数、节理等相关因素对压裂裂缝扩展的影响。近年来，付海峰等[30]基于声波监测技术开展了超大尺寸水力压裂裂缝扩展实验，研究指出实验与现场中裂缝延伸净压力受控因素不同，认为实验中应适当降低岩样断裂韧性，提高流体黏性。付海峰等[30]又选择不同天然裂缝、地应力分布的海相页岩岩样，利用大物理模拟实验系统进行了水力裂缝形态及复杂程度研究，分析了岩性、水平地应力差、流体黏度对裂缝形态的影响。衡帅等[31]通过采用由真三轴岩土工程模型试验机、压裂泵压伺服控制系统、Disp 声发射定位系统和工业 CT 扫描技术，建立了一套室内页岩水力压裂大型物理模拟试验方法，获得了页岩试样压裂后水力裂缝的延伸规律与空间形态，并初步揭示了页岩水力压裂缝网的形成机理。张士诚等[32]对页岩露头样品开展了大尺寸真三轴压裂模拟试验，试验后利用岩心开展高能物理 CT 扫描，研究了排量、地应力、天然裂缝和沉积层理、压裂液黏度等对页岩压裂缝网复杂度的影响。

三、页岩气建模数模一体化评价技术

页岩气藏属于"人造气藏"，受限于早期地质认识和工艺技术局限性等因素，焦石坝区块一次井网采收率低，层间、层内和井间均存在大量未动用储量。为明确涪陵页岩气田剩余气分布特征，须攻关建模数模一体化技术，从段间、单井、井组尺度拓展到整个气田尺度全面分析，打造"透明气藏"。

前期涪陵页岩气田地质模型、压裂缝网模型与数值模拟没有互通，数值模拟主要通过建立概念地质模型和简单双翼缝开展生产井组的动态模拟。近年来，依托于斯伦贝谢、中国石化自主产权数值模拟软件 COMPASS 之间模型的格式互通，实现了地质模型、压裂缝网模型与数值模拟软件的无障碍导入。

页岩气建模数模一体化围绕提高采收率核心问题，以深化页岩气藏认识为关键，从三维构造建模、属性建模、地质力学建模等方面，提高压前地质模型精度；基于压前地应力模型，结合压裂施工参数、泵注程序等，开展页岩气井水力压裂缝网模拟。

在数值模拟软件中，通过地质模型与压后缝网模型的耦合，基于嵌入式离散裂缝模拟方法，开展气井生产数据的历史拟合，从而进行地层压力数值模拟与开发指标预测，技术流程见图 4-3-1。针对页岩气井压前关键地质属性参数建模难、压后人工缝网三维空间模拟难、多尺度介质流固耦合数值模拟难三个难点，攻关形成了三项关键技术，即页岩气压前天然裂缝与地应力建模技术、基于压裂施工过程模拟的压后缝网一次反演技术与基于页岩气流动机理的压后缝网二次反演技术。

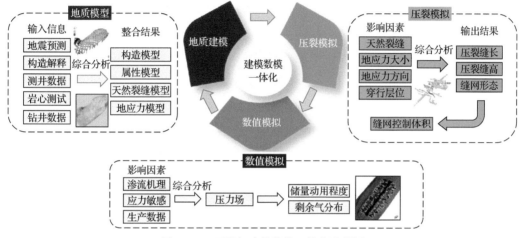

图 4-3-1　页岩气建模数模一体化流程图

(一)压前天然裂缝、地应力建模技术

天然裂缝和地应力是影响人工缝网扩展的关键地质因素。页岩层理缝特别发育，类型尺度多样；同时纵向应力各向异性较强，沿水平段局部应力大小及方向变化剧烈，需要精细描述、精准建模。相关压前天然裂缝、地应力建模技术部分在本章第一节中已做详细说明。

(二)基于压裂施工过程模拟的压后缝网一次反演技术

水力压裂裂缝扩展模拟研究一直是水力压裂领域研究的重点问题。油田水力压裂概念及理论模型始于 20 世纪 50 年代。早期，国外学者在传统弹性力学理论基础上建立了大量二维裂缝扩展经典模型，如 Penny 模型、PKN 模型和 KGD 模型等。二维模型的局限性在于裂缝高度固定，且缝内流体沿长度方向一维流动。为了模拟裂缝纵向延伸的过程，国内外学者提出了一系列拟三维(P3D)模型。P3D 模型实现了对裂缝延伸过程中缝高变化的模拟，但是依然遵循 PKN 或 KGD 等二维模型的假设，裂缝内流体仍然为一维流动，仅在裂缝长度大于高度时适用。为了解决这一问题，国内外学者利用数值方法建立了一系列刻画全三维水力压裂裂缝延伸的理论模型，适用于各种地层条件，能够更真实地模拟水力压裂物理过程。其中常用的数值模拟方法有：有限元方法、扩展有限元方法、离散元方法、边界元方法、相场法等。随着国内外学者的不断研究和改进，水力压裂裂缝扩展模型经历了从低维度到高维度，从单一裂缝到多条裂缝以致裂缝网络的发展过程，考虑到天然裂缝、应力阴影等影响，确定水力裂缝与水力裂缝扩展模型也越来越接近于真实地层中裂缝形态。

目前国内外开发的水力压裂数值模拟软件较多，主流的、广泛应用的水力压裂数值模拟软件主要有 Kinetix、Gohfer、FracMan 等。其模拟结果能够简单有效地与储层数值模拟软件结合，从而可以通过页岩气产量历史拟合验证水力压裂数值模拟生成的裂缝网络特征准确性，同时压后应力分布特征的研究也越来越多，对加密井设计与评价、立体开发井网部署、二次压裂等具有重要意义。进行水力压裂数值模拟需要大量的输入数据，除了基础地质模型（主要包括岩石力学模型、天然裂缝模型、属性模型等），还需要输入水平井压裂相关的数据，主要有完井分段射孔参数、压裂液、支撑剂、施工泵注程序与压力数据等。

完井分段射孔数据主要包含水平井的分段位置、分段射孔位置、射孔孔径等；压裂液数据需要定义使用的每种压裂液类型以及每种压裂液的流变性能参数、地层漏失系数等；支撑剂数据需要定义使用的支撑剂类型以及每种支撑剂的性能参数等；泵注程序数据依据实际压裂施工的秒点数据，粗化成分阶段的泵注程序表，包含施工排量、分阶段压裂液类型、分阶段液量、分阶段支撑剂类型、分阶段加砂浓度等；微地震数据主要包括微地震数据点的位置坐标与振幅能级。

通过开展大量压裂模拟实验，明确了影响压后裂缝形态与施工压力曲线的关键参数（图 4-3-2），其中地质参数为地应力、基质渗透率、天然裂缝网络，工程参数为液体滤失系数、压裂液流变性能、流体管柱摩阻。综合微地震监测、产气剖面测试、生产动态数据等对水力裂缝几何形态进行约束和校正，在属性模型、天然裂缝网络模型的基础上，结合微地震监测结果定义缝高上限，通过不断调整应力环境、支撑剂/液体摩阻、滤失系数等参数，进行压裂施工曲线拟合，提高压裂缝网模拟的准确性。

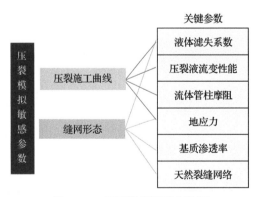

图 4-3-2　压裂模拟敏感参数图

以焦页×F井为例，进行水力压裂一次迭代模拟，在压力曲线拟合的基础上，通过不断调整应力环境、支撑剂/液体摩阻、滤失系数等参数，进行压裂施工曲线拟合，使模拟压力曲线与实际施工曲线吻合度达到87%。

(三)基于页岩气流动机理的压后缝网二次反演技术

基于页岩气解吸、基质非稳态扩散、应力敏感因素等流动机理,将页岩储层划分为基质-次级裂缝-水力主裂缝嵌套的多重介质,建立渗流控制方程表征多尺度介质耦合流动。基于嵌入式离散裂缝模拟方法、裂缝片网格自适应剖分技术及 CPR 矩阵求解快速算法的页岩气数值模拟软件 COMPASS,实现了多尺度孔缝流动快速精确模拟。充分发挥 COMPASS 数值模拟软件不丢失压裂缝网信息、计算速度快的优势,以逐段新老井压裂干扰、微地震监测、产气剖面等动态监测资料为约束,基于产量、压力等参数历史拟合,对压后缝网展布进行二次迭代精确反演。生产关键参数拟合精度大于 90%,实现了页岩人工缝网三维空间定量化精细刻画。

(四)建模数模一体化技术规范标准

首先是优选地质建模软件。针对页岩气水平井地质建模难等难题,主要使用 Petrel 软件开展地质建模,利用 Petrel 软件强大的构造建模技术、高精度三维网格化技术、确定性和随机性沉积相模型建立技术、科学的岩石物理建模技术、先进的三维计算机可视化技术,完成地震解释、构造建模、岩相建模、油藏属性建模。

其次是优选压裂模拟软件。压裂裂缝尺寸模拟横跨毫米到百米几个数量级,要实现较为准确的三维尺寸模拟,优选 Petrel 软件和 Gohfer 软件的 PL3D 裂缝扩展模型开展压裂模拟。

最后是优选数值模拟软件。针对页岩气渗流机理和模拟计算速率等难题,优选 COMPASS 软件作为"主打"数值模拟软件,COMPASS 软件作为中国石化自主产权软件,涵盖多种数学模型,采用嵌入式离散裂缝,充分考虑页岩气渗流机理,可有效完成地质模型与压裂模型耦合,页岩气模拟功能较主流商业模拟器更加全面,可用于干气、湿气、凝析气多种页岩气藏模拟,计算速率快。

(五)应用情况

自 20 世纪 70 年代开始,国内外相继发表了大量研究剩余油气分布的文章,总体来看,剩余油的研究起步要早于剩余气。在剩余油的研究中,含油饱和度是一个很重要的参数,美国于 1975 年成立了剩余油饱和度委员会。随着计算机技术的发展,国际上各大石油服务公司相继开发出一些软件,如测井数据软件、地层测试数据软件等,这些软件为剩余油气的研究提供了新的技术支持。

目前,对剩余气研究方法主要有精细构造研究法、沉积微相研究法、小层储量评价法、动态监测法、采出量估算法、随机建模法和数值模拟法等[33-36]。

1)微构造研究法

对于进入开发中后期的气顶,在构造格局已基本认识清楚的基础上,构造研究的重点是影响到剩余气分布的微小断层及微起伏构造。

2）沉积微相研究法

通过沉积微相研究，确定砂体的展布与连通性，研究储层非均质性，弄清沉积微相对储层剩余气分布的控制作用。

3）井区储量评价法

对各井区进行储量评价，确定各井区原始储量分布，进一步认清细小单元内的储量动用状况。

4）动态监测法

利用气顶生产状况、压力变化、开发测井等动态资料建立单井及气藏生产数据库，监测气顶和油环生产状况，对剩余气分布范围进行预测，评价剩余气储量。

5）采出量估算法

通过计量气顶气量、气窜气量和未计量采气量估算，对气顶采出气量进行评价，估算剩余气地质储量。

6）数值模拟法

数值模拟技术能综合反映开发过程中油气藏诸多动态特征的变化过程，是一种十分有效的剩余气研究手段。

目前采用构造、沉积微相、小层储量评价等方法来研究剩余气的较多。低渗和特低渗、无明显边、底水的浅层干气气藏虽然在开采过程中往往地层压力下降不均衡，但气藏不同区域的含气饱和度却相差不大，用含气饱和度无法准确描述气藏剩余气的分布状况。因此，对于衰竭式开采的气藏，通常用开采过程中目前地层压力的分布来定性描述这类气藏的剩余气分布。王昔彬等[37]根据真实气体的状态方程和可采储量的定义，建立了可采储量采出程度与地层压力之间的函数关系，利用全气藏测压或者数值模拟的方法可以得到气藏的压力分布，将开采过程中的地层压力分布转化为可采储量采出程度的分布，实现了剩余气分布的定量描述。

页岩气是蕴藏于页岩层可供开采的天然气资源，中国的页岩气可采储量较大。页岩气的形成和富集有着自身独特的特点，往往分布在盆地内厚度较大、分布广的页岩烃源岩地层中。与常规天然气相比，页岩气分布范围广、厚度大，其开发具有开采寿命长和生产周期长的优点，这使得页岩气井能够长期地以稳定的速率产气。但页岩气开发难度大，开采成本高，因此对页岩气藏描述及提高采收率技术的研究显得更有意义。根据国内外实践表明，多段水平井水力压裂是开发页岩气藏的重要手段，因此压裂气井合理井距的确定是十分重要的，而且开发调整方案的部署正确与否也直接影响到页岩气藏开发经济效益。如何有针对性地确定剩余气分布规律，并制订合理的调整方案，目前相关研究较少。

根据涪陵页岩气田目前的开发历史和现状，研究形成了"动态分析法+建模数模一体化"的页岩气剩余储量评价技术。在气藏精细描述基础之上，采用高精度历史拟合和后处理技术，综合应用数值模拟和气藏工程研究方法，建立了焦石坝区块的三维地质模型和数值模型，精准描述了剩余气的平面和纵向分布特征，为下一步剩余气挖潜指明了方向。

页岩气分层储量动用状况评价的主要技术思路见图4-3-3。基于压后缝网精细描述模型，根据缝长、缝高分布情况明确焦石坝区块分区分层储量动用状况，对焦石坝分层剩余储量分布进行了精确刻画，通过建模数模一体化技术可清楚描述每一层、每一口井储量动用情况，为提高采收率精准施策提供了支撑，有效指导焦石坝区块两层、三层开发调整的顺利实施。

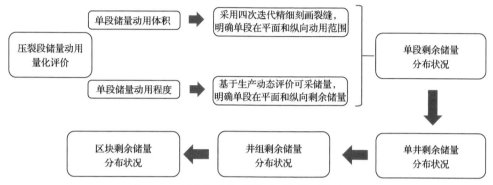

图 4-3-3　页岩气分层储量动用状况评价流程图

目前涪陵页岩气田焦石坝、江东、平桥、白马、红星与复兴区块重点井组均已完成地质建模；焦石坝、江东与平桥区块开发调整井区已完成数值模拟；基于建模数模一体化技术已完成焦石坝区块分层分段储量动用状况评价，绘制分层剩余气储量丰度图，为立体开发技术政策的制定提供了重要依据。

参 考 文 献

[1] 龙胜祥, 张永庆, 李菊红, 等. 页岩气藏综合地质建模技术[J]. 天然气工业, 2019, 39(3): 47-55.

[2] 商晓飞, 龙胜祥, 段太忠. 页岩气藏裂缝表征与建模技术应用现状及发展趋势[J]. 天然气地球科学, 2021, 32(2): 215-232.

[3] 乔辉, 贾爱林, 位云生. 页岩气水平井地质信息解析与三维构造建模[J]. 西南石油大学学报: 自然科学版, 2018, 40(1): 78-88.

[4] 丁文龙, 曾维特, 王濡岳, 等. 页岩储层构造应力场模拟与裂缝分布预测方法及应用[J]. 地学前缘, 2016, 23(2): 63-74.

[5] 赵春段, 张介辉, 蒋佩, 等. 页岩气地质工程一体化过程中的多尺度裂缝建模及其应用[J]. 石油物探, 2022, 61(4): 719-732.

[6] 黄小娟, 李治平, 周光亮, 等. 裂缝性致密砂岩储层裂缝孔隙度建模——以四川盆地平落坝构造须家河组二段储层为例[J]. 石油学报, 2017, 38(5): 570-577.

[7] 董少群, 曾联波, Xu C S, 等. 储层裂缝随机建模方法研究进展[J]. 石油地球物理勘探, 2018, 53(3): 625-641.

[8] 商晓飞, 段太忠, 包汉勇, 等. 基于裂缝相表征的页岩气藏天然裂缝新模型——以涪陵页岩气田焦石坝区块为例[J]. 天然气工业, 2023, 43(6): 44-56.

[9] 汪虎, 何治亮, 张永贵, 等. 四川盆地海相页岩储层微裂缝类型及其对储层物性影响[J]. 石油与天然气地质, 2019, 40(1): 41-49.

[10] 郭旭升, 胡东风, 魏祥峰, 等. 四川盆地焦石坝地区页岩裂缝发育主控因素及对产能的影响[J]. 石油与天然气地质, 2016, 37(6): 799-808.

[11] Yu H, Xu H, Fan J, et al. Transport of shale gas in microporous/nanoporous media: Molecular to pore-scale simulations[J]. Energy & Fuels, 2020, 35(2): 911-943.

[12] Hu B, Wang J. A lattice Boltzmann simulation on the gas flow in fractal organic matter of shale gas reservoirs[J]. Journal of

Petroleum Science and Engineering, 2022, 210: 110048.

[13] Chen L, Zhang L, Kang Q, et al. Nanoscale simulation of shale transport properties using the lattice Boltzmann method: Permeability and diffusivity[J]. Scientific Reports, 2015, 5(1): 8089.

[14] Wang J, Kang Q, Chen L, et al. Pore-scale lattice Boltzmann simulation of micro-gaseous flow considering surface diffusion effect[J]. International Journal of Coal Geology, 2017, 169: 62-73.

[15] Holt J K, Park H G, Wang Y, et al. Fast mass transport through sub-2-nanometer carbon nanotubes[J]. Science, 2006, 312(5776): 1034-1037.

[16] Wang S, Javadpour F, Feng Q. Fast mass transport of oil and supercritical carbon dioxide through organic nanopores in shale[J]. Fuel, 2016, 181: 741-758.

[17] Kannam K S, Todd B D, Hansen J S, et al. Slip length of water on graphene: Limitations of non-equilibrium molecular dynamics simulations[J]. The Journal of Chemical Physics, 2012, 136(2): 024705.

[18] Falk K, Sedlmeier F, Joly L, et al. Molecular origin of fast water transport in carbon nanotube membranes: Superlubricity versus curvature dependent friction[J]. Nano Letters, 2010, 10(10): 4067-4073.

[19] Bhatia S K, Nicholson D. Friction based modeling of multicomponent transport at the nanoscale[J]. The Journal of Chemical Physics, 2008, 129(16): 164709.

[20] Thyagarajan R, Sholl D S. Molecular simulations of CH_4 and CO_2 diffusion in rigid nanoporous amorphous materials[J]. The Journal of Physical Chemistry C, 2022, 126(19): 8530-8538.

[21] Tang G H, Tao W Q, He Y L. Gas slippage effect on microscale porous flow using the lattice Boltzmann method[J]. Physical Review E, 2005, 72(5): 056301.

[22] Deissler R G. Diffusion approximation for thermal radiation in gases with jump boundary condition[J]. Journal of Heat Transfer, 1964, 86(2): 240-245.

[23] Suarez-Rivera R, Handwerger D, Herrera A R, et al. Development of a heterogeneous earth model in unconventional reservoirs for early assessment of reservoir potential[C]//47th U.S.Rock Mechanics/Geomechanics Symposium, San Francisco, 2013.

[24] Liang B S, Khan S, Puspita S D, et al. Improving unconventional reservoir factory model development by an integrated workflow with earth model, hydraulic fracturing, reservoir simulation and uncertainty analysis[C]//SPE/AAPG/SEG Unconventional Resources Technology Conference, San Antonio, 2016.

[25] Lamont N, Jessen F W. The effects of existing fractures in rock on the extension of hydraulic fracture[J]. Journal of Petroleum Technology, 1963, 15(2): 203-209.

[26] Warpinski N R, Teufel L W. Influence of geologic discontinuities on hydraulic fracture propagation[J]. Journal of Canadian Petroleum Technology, 1984, 39(2): 209-220.

[27] Beugelsdijk L J L, Pater C J D, Sato K.Experimental hydraulic fracture propagation in a multi-fractured medium[C]//SPE Asia Pacific Conference on Integrated Modelling for Asset Management, Yokohama, 2000.

[28] Pater C J D, Beugelsdijk L J L. Experiments and numerical simulation of hydraulic fracturing in naturally fractured rock [C]//Alska Rock 2005, U.S. Symosium on Rock Mechanics Symposium, Anchorage, Alaska, 2005.

[29] 陈勉, 庞飞, 金衍. 大尺寸真三轴水力压裂模拟与分析[J]. 岩石力学与工程学报, 2000, 19(增刊): 868-872.

[30] 付海峰, 崔明月, 邹憬, 等. 基于声波监测技术的长庆砂岩裂缝扩展实验[J]. 东北石油大学学报, 2013, 37(2): 96-101.

[31] 衡帅, 杨春和, 曾义金, 等. 页岩水力压裂裂缝形态的试验研究[J]. 岩土工程学报, 2014, 36(7): 1243-1251.

[32] 张士诚, 郭天魁, 周彤, 等. 天然页岩压裂裂缝扩展机理试验[J]. 石油学报, 2014, 35(3): 496-503.

[33] 王乐之, 毕建霞, 靳秀菊, 等. 东濮凹陷砂岩气顶气藏剩余气分布规律研究[J]. 断块油田, 2002, (6): 55-57, 92.

[34] 卜淘, 李忠平, 詹国卫, 等. 川西坳陷低渗砂岩气藏剩余气类型及分布研究[J]. 天然气工业, 2003, (S1): 2, 13-15.

[35] 姬江. 丘东气田西山窑组剩余气分布规律研究[D]. 西安: 西安石油大学, 2014.

[36] 黄小亮, 陈启文, 周科, 等. 苏 36-11 致密砂岩气藏的剩余气分布特征研究[J]. 重庆科技学院学报(自然科学版), 2020, 22(1): 16-19.

[37] 王昔彬, 刘传喜, 郑祥克, 等. 低渗特低渗气藏剩余气分布的描述[J]. 石油与天然气地质, 2003, (4): 401-403, 416.

第五章 页岩气立体开发技术政策优化技术

与经济性相匹配的开发技术政策优化是页岩气立体开发的核心。页岩气立体开发是在多维空间改造形成"人工油气藏",开发技术政策制定时,需突出人工缝网和设计井网协同优化,将有效压裂缝网由单井的局部尺度拓展到多井开发的全局尺度,建立立体开发经济技术政策优化体系,实现页岩气储量动用率、采收率、收益率的最大化[1]。

本章整体围绕立体开发经济技术政策体系、立体开发调整模式展开,详细论述了立体开发技术政策优化的做法,涪陵页岩气田在井网重构技术研究的基础上,结合工艺适应性、地面情况和经济性,经过多轮次优化,建立了国内首个页岩气立体开发模式。

第一节 立体开发经济技术政策体系

一、立体开发分层标准体系

物质基础、应力隔层、纵向裂缝是页岩气立体开发层系划分的关键参数。在页岩剩余气精细表征基础上,厘清纵向应力差和天然裂缝发育程度对储量动用的控制机理,以效益开发为目标,建立了以"资源+应力+天然裂缝"为主要指标的分层效益组合体划分标准体系,明确焦石坝区块不同类型的立体开发效益组合模式。

通过开展页岩层内人工裂缝纵向扩展的系列试验,揭示不同纵向应力差异条件下人工裂缝纵向扩展规律,明确不同小层间应力差是压后人工缝网纵向扩展的主控因素。模拟结果显示,当纵向应力差大于 5MPa 时,模拟半缝高为 10～15m;当纵向应力差为 3～5MPa 时,模拟半缝高为 15～20m;当纵向应力差小于 3MPa 时,模拟半缝高大于 25m。

结合区域小层厚度特征,明确当纵向应力差大于 5MPa,裂缝向上突破难度较大,纵向上易形成应力隔挡。据此制订了基于纵向应力差的开发分层方案,当纵向应力差大于 5MPa 时,压后人工裂缝缝高小于 30m,在涪陵页岩气田可进行三层立体开发。

通过开展不同裂缝发育密集程度下人工缝网形态敏感性数值模拟,结果表明在纵向天然裂缝片状密集发育区,人工缝网改造体形态为"纺锤体"[图 5-1-1(b)],纵向动用程度高;在纵向天然裂缝不发育区,人工缝网改造体形态为"陀螺体"[图 5-1-1(e)],纵向动用程度较低,具备多层立体开发的基础。

开展单井投资与可采储量相关性分析,按照目前工艺改造条件下,单井 4000 万元投资测算,单井经济极限可采储量需达到 $0.6 \times 10^8 m^3$。据此计算不同井控面积、不同采收率条件下储量丰度经济极限阈值,制订基于纵向资源丰度的开发分层方案,在井控面积 $0.4 km^2$、$0.5 km^2$、$0.6 km^2$ 条件下,采收率要分别达到 30%、40%、50%,对应的储量丰度最小界限为 $5 \times 10^8 m^3/km^2$、$3 \times 10^8 m^3/km^2$、$2 \times 10^8 m^3/km^2$。

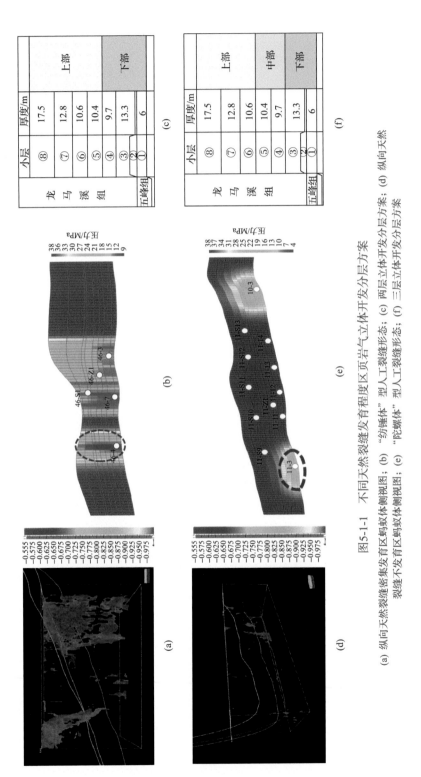

图5-1-1 不同天然裂缝发育程度区页岩气立体开发分层方案

(a) 纵向天然裂缝密集发育区蚂蚁体侧视图;(b) "纺锤体"型人工裂缝形态;(c) 两层立体开发分层方案;(d) 纵向天然裂缝不发育区蚂蚁体侧视图;(e) "陀螺体"型人工裂缝形态;(f) 三层立体开发分层方案

综合考虑物质基础、应力特征、天然裂缝特征等因素，建立了立体开发分层标准体系，明确涪陵页岩气田不同类型单套页岩效益分层开发技术界限，建立了立体开发效益组合模式(表 5-1-1)。

表 5-1-1 不同地质条件下立体开发分层标准划分表

开发模式	分层开发示意	评价标准			
		储层厚度	资源丰度	应力特征	纵向裂缝特征
两层立体开发	 上部井　一次井网井　下部加密井	储层厚度为压裂缝高的 2~3 倍	资源丰度结算结果满足两层经济评价要求	纵向应力差小于 5MPa	发育
三层立体开发	 上部井　一次井网井　下部加密井　中部井	储层厚度大于裂缝高的 3 倍	资源丰度结算结果满足三层经济评价要求	纵向应力差大于 5MPa	不发育

二、立体开发井网井距优化设计

页岩气井网设计的核心是匹配好井网井距与体积压裂的关系，通过设置合理的井网井距，显著提高平面和纵向地质储量动用程度的同时，避免相邻井的互相串通[2-4]。涪陵页岩气田的立体开发井网井距优化，是在下部气层井网加密的基础上，通过微地震监测、示踪剂监测、试井等多项资料综合评估压后缝网的分布特征，逐步探索建立的。

(一)下部气层加密井网井距优化

焦石坝区块下部气层加密评价井微地震监测显示，压裂半缝长平均 100~200m。在此基础上开展了距离老井 200m、300m、400m 井距加密试验，试验井组压裂期间压力反应变化表明，加密井压裂过程中，一次井网老井关井井口压力发生变化，其中井距 200m 的井组井口压力响应明显比井距 400m 的井组井口压力变化大，说明 200m 井距可能偏小。大数据分析结果表明，距老井 300m 井距的加密井压裂，对邻近老井生产影响基本以正面为主，91%老井为正面影响，老井单井可采储量平均增加 $0.23 \times 10^8 \text{m}^3$。焦石坝区块一次井网 600m 井距，综合评价后优选加密井在一次井网中间部署，井距为距一次井网老井 300m。

(二)上部气层井网井距优化

上部气层评价井微地震监测结果显示，单井改造半缝长平均 110～135m，在此基础上分别开展了 200m、300m、400m 井距试验。通过选取两口同期投产的上部气层井进行井间干扰试验，两口井井距 300m，压力数据变化表明两口井干扰情况不明显，同时两口井生产对下部气层老井生产也未产生负面影响，表明上部气层平面 300m 井距整体适应开发需求。

上部气层评价井纵向裂缝监测结果表明，纵向压裂缝高呈非均匀分布，上部气层和下部气层的压裂缝网间存在压裂缝难以波及区域。如在上下部气层平面投影中间位置部署上部气层井，平面投影距离 150m，压裂缝网可以波及整个纵向储层，实现储层纵向储量动用最大化。因此上部气层井井距优化为：同层井距 300m，与下部气层投影井距 150m(图 5-1-2)。

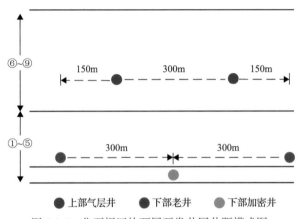

图 5-1-2 焦石坝区块两层开发井网井距模式图

(三)三层立体开发井网井距优化

在上部、下部两层开发调整的基础上，精细刻画剩余气分布特征，建立了三层立体开发模式，即上部、中部、下部三层整体动用模式。该模式以储量动用状况为基础，以效益开发为目标，以开发动态分析为手段，综合利用"微地震监测+示踪剂监测+干扰试井+压力恢复试井"等多项资料，确定井间连通程度，同时基于井网井距敏感性数值模拟，评价不同模式下井组单井累计产气量，明确最优立体开发空间配置。

涪陵页岩气田焦石坝区块分为三层进行立体开发，中部气层同层平面井距 250～300m，与下部气层井投影距离 100m，与上部气层投影井距 75m，纵向上按照 M 型井网模式部署。

三、长水平段精准靶向轨迹设计

地质-工程耦合"甜点"层是立体开发水平井轨迹穿行的黄金靶窗，既要考虑页岩的含气性，又要兼顾储层可压性。地质"甜点"中找工程"甜点"，以实现压裂改造缝网改造体积(SRV)最大化的目标。

(一)穿行层位设计技术研究

基于不同剩余气分布形态,立足现有井网,配套主导工艺,形成"三维精细刻画落实'甜区',动态储量动用锁定'甜段',迭代数值模拟瞄准'甜窗'"的不同类型剩余气长水平段靶向轨迹设计技术。

1. 三维精细刻画落实"甜区"

建立以 COMPASS 为核心的数值模拟软件,逐段分析不同穿行层位新老井压裂干扰,利用动态监测资料共同约束,基于压裂分段单元的储量动用定量评价方法,精细刻画剩余气分布形态与丰度,落实剩余气"甜区"。

1)下部气层穿行层位

地质评价认为,下部气层以Ⅰ类页岩气层为主,其中,以①~③小层最优。平面上由北向南下部气层页岩品质、含气性、可压性整体变化不大。

焦石坝区块投产井①~③小层穿行比例和穿行长度与单井测试产量呈正相关(图 5-1-3),且穿行层位距五峰组越近产量越高,说明目前优选的穿行层段①~③小层适应性较好,因此确定下部加密井穿行层位①~③小层,根据相邻一次井网老井错层穿行。

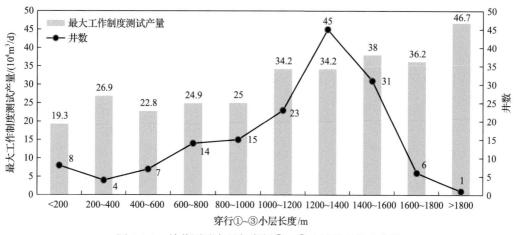

图 5-1-3 单井测试产量与穿行①~③小层长度关系曲线

2)上部气层穿行层位优选

地质参数静态评价表明,上部气层以Ⅱ类气层为主,其中⑧小层页岩下部的有机碳、孔隙度、含气性等相对较好,⑦小层次之。

工程压裂施工难度评价认为,⑦小层可改造性最优,纵向储量动用更充分;上部气层⑥~⑨小层存在应力界面与次级隔板,以⑤小层顶为界,上部⑥小层、⑦小层与下部⑤小层存在明显的应力隔板;⑧小层应力值相对于⑦小层较低,形成次级隔板(图 5-1-4)。通过对比上部气层井压裂过程中的破裂压力和停泵压力,上部气层⑧小层施工难度高于⑦小层,其中⑧小层下部施工难度最大,⑦小层、⑧小层界面处施工难度较小(图 5-1-5)。

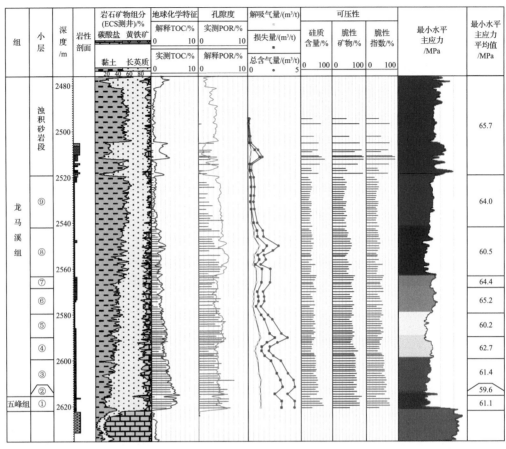

图 5-1-4 焦页 A 井水平地质-工程"甜点"优选

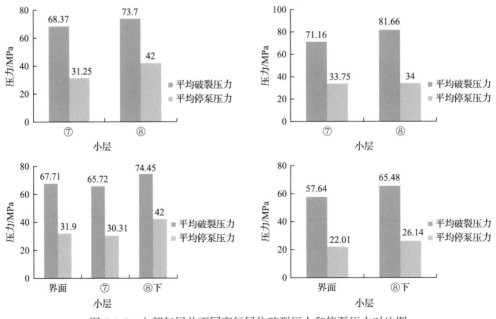

图 5-1-5 上部气层井不同穿行层位破裂压力和停泵压力对比图

压裂施工表明，水平段穿行⑧小层下部施工难度大，⑧小层下部为低应力层，向⑦小层、⑨高应力层压裂延伸困难，主要动用⑧小层和⑦小层中上部，动用储量有限；水平段穿行⑦小层有利于压裂改造，压裂缝从高应力层向上下延伸容易，可有效动用⑥小层、⑦小层、⑧小层储量，储量动用程度高。

上部气层井微地震监测结果表明，⑦小层可改造性最优，储量动用更充分。穿行⑧小层裂缝向上延伸高度10～30m（⑧小层顶部以下），向下延伸高度15～25m（⑦小层底部以上）；穿行⑦小层压裂裂缝向上延伸高度15～25m（⑧小层顶部以下），向下延伸高度30～35m（⑥小层底部以上），也证明穿行⑦小层改造体积更大，纵向储量动用更充分。

产气剖面测试结果表明，距⑦小层顶之下6m产气贡献率高，⑦小层上部为上部气层井最优穿行层位。

综合地质参数静态、压裂施工难易程度、微地震监测及产气剖面测试评价认为，⑦小层顶之下6m为上部气层井水平段最优穿行层位。压裂缝从高应力层向上、下延伸容易，改造体积大，可有效沟通⑥小层、⑦小层、⑧小层，纵向储量动用更充分。

3）中部气层穿行层位

中部气层的开发是在下部、上部气层开发之后进行的。综合考虑页岩品质、含气性、可压性等参数，认为④小层上部为地质"甜点"段，为中部气层最优穿行层段，但在④小层、⑤小层已部分动用条件下，具体穿行层位受到已开发井穿行层位影响，还需要结合老井适当调整。

2. 动态储量动用锁定"甜段"

建立"矿场试验—动态监测—动态分析"流程化的储量动用评价技术，明确穿行不同小层压裂缝纵向、平面展布特征，结合纵横向应力变化响应和实施井网情况，动态评价储量动用状况，锁定穿行"甜点"段。

一次井网水平井生产后，井周缘水平应力差增加，形成"高水平应力差屏障"，增大加密井压裂时复杂缝的形成难度（图5-1-6）。不同穿行层位矿场试验证实，实施错层穿行可有效避开屏障，保证改造效果，产气剖面结果表明加密井与老井同层穿行的层

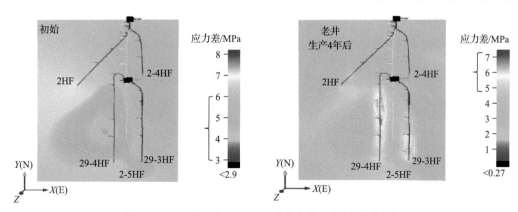

图5-1-6　老井生产4年后水平应力差变化（数值模拟）

段产气贡献率明显低于错层穿行的层段(图 5-1-7);加密井归一化可采储量与错层率正相关性较好(图 5-1-8)。

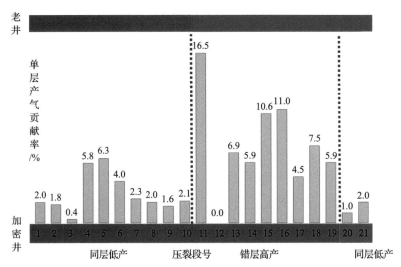

图 5-1-7 加密井不同穿行层位产气剖面测试结果图

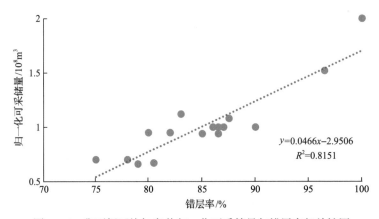

图 5-1-8 焦石坝区块加密井归一化可采储量与错层率相关性图

3. 迭代数值模拟瞄准"甜窗"

在生产历史精确拟合的基础上,开展不同穿行层位敏感性分析,以井组可采储量最大化为目标,结合老井穿行层位,确定最优穿行靶窗。

基于不同老井穿行层位对中部动用的差异,根据目前已实施井网状况,开展典型井组的数值模拟。目前焦石坝区块已开发的上下部气层主要存在两种井网模式:上部(穿行⑦小层)+下部(穿行③小层)、上部(穿行⑦小层)+下部(穿行①小层)。为了分析不同穿行层位对中部井产能的影响,以焦页 5D 井组为例,在生产历史精确拟合的基础上,开展数值模拟分析,井组模拟包括两口一期老井,一口加密井,四口不同穿行层位的中部气层方案井。老井历史拟合精度 90%,在此基础上设计加密井在分别穿行①小层和③小层后,预测焦页 5D 井组目前的压力分布。数值模拟结果表明,一次井网老井穿行③小层时，中部气层井穿行⑤小层下部可获得更高的累计产量，一次井网老井穿行①小层时，中部气层井穿行④小层、⑤小层差异不大。

(二)页岩剩余气井网重构技术

明确页岩气井压裂后的缝长、缝高是井网井距优化的关键[5-8]。经过攻关，形成了基于剩余气分布的立体开发井网重构技术，其核心是以储量动用状况为基础，通过效益开发明确井网布局；以开发动态分析为手段，通过井间干扰明确井网密度；以井网井距敏感性数值模拟为优化方法，评价不同模式下井组可采储量，明确最优立体开发空间配置。

1. 剩余气分布特征明确井网布局

效益评价剩余储量：按照单井钻采投资4500万元，对应经济极限可采储量为$6600\times10^4m^3$，可满足8%的内部收益率。在不同采收率条件下，不同经济极限可采储量对应不同的最小储量丰度。当采收率为35%时，储量丰度大于$2.8\times10^8m^3/km^2$可实现效益开发；当采收率为40%时，储量丰度大于$2.4\times10^8m^3/km^2$可实现效益开发；当采收率为45%时，储量丰度大于$2.0\times10^8m^3/km^2$可实现效益开发(图5-1-9)。

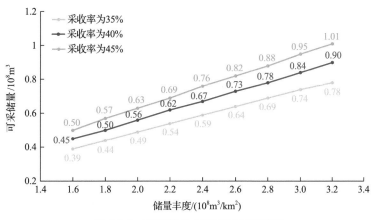

图 5-1-9 不同储量丰度下的可采储量

中部气层评价井可采储量预测结果表明，可采储量与剩余储量丰度存在较好相关性，井区剩余储量丰度越高，部署井可采储量越高。

根据剩余储量分布进行开发区分级，内部收益率大于12%的区域评价为可以高效开发区，内部收益率为8%~12%的区域为可以达到经济开发区，内部收益率为4%~8%的区域为次经济开发区，内部收益率小于4%的区域为低效益开发区。

井网布局方式按照在高效开发区域中可部署2000m水平段气井进行部署。

2. 开发形态分析明确井网密度

以储量动用状况为基础、空间配置关系为关键，开展井距试验，按照钻井、试气、生产三个阶段，以动态监测和动态分析为手段，评价井间干扰程度，同时基于井网井距敏感性数值模拟，评价不同模式下井组可采储量，明确最优立体开发空间配置（图 5-1-10）。

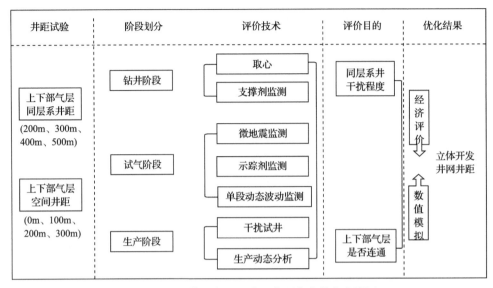

图 5-1-10　立体开发调整井网井距优化技术路线图

1）钻井阶段

钻井阶段，在老井周缘钻探取心井，观察是否见老井压裂支撑剂，同时开展分层开发新井钻井过程中漏失观察和岩屑样品分析。

2）试气阶段

试气阶段，一方面通过微地震监测，评价新井压裂半缝长与老井井距关系；另一方面，通过监测新井压裂期间老井关井压力，评价新老井空间距离与压力干扰关系。

3）生产阶段

生产阶段，通过产气剖面测试，评价产气贡献率与储量动用程度匹配关系；通过干扰试井评价新老井连通情况；通过生产动态分析，评价不同空间井距生产干扰。

3. 数值模拟评价优化井网井距

为了分析不同井距对中部气层产能的影响，以焦页 5E 井组为例，开展数值模拟分析，井组模拟包括三口加密井、两口上部气层井和两口待部署中部气层井，焦页 5E 井组井历史拟合精度为 85.2%～96.7%。

开展四种模式部署方式生产预测：模式一为部署中部气层井与下部老井空间井距 75m，与同层系井平面井距 300m；模式二为部署中部气层井与下部老井空间井距 150m，与同层系井平面井距 300m；模式三为部署中部气层井与下部老井空间井距 75m，与同层系井平面井距 200m；模式四为部署中部气层井与下部老井空间井距 150m，与同层系井平面井距 200m。

数值模拟结果表明，在立体开发有利区内，中部气层按照"与老井空间井距 150m，平面井距 300m"的模式二部署可实现井组产能最大化（图 5-1-11）。

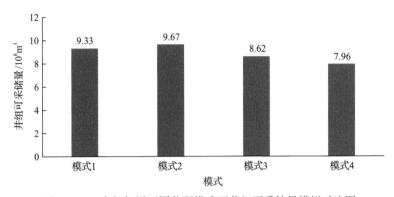

图 5-1-11 中部气层不同井距模式下井组可采储量模拟对比图

第二节 立体开发调整模式

页岩气低孔超低渗的特征决定了只有人工裂缝及压力波及区域的页岩气才能被有效采出，储量动用率相对较低。涪陵页岩气田焦石坝区块一次井网采收率为 12.6%，储量动用率为 30.2%，具有大幅提高采收率和储量动用率的空间。采用立体开发方式，优化井网井距，是提高页岩气储量动用率和采收率的重要途径[9-12]。

根据井网重构技术，结合工艺适应性、地面情况和经济性，经过多轮次优化，建立了国内首个页岩气立体开发调整模式：在构造较为简单的焦石坝区块，开展三层立体开发调整；在构造较为复杂的江东区块、平桥区块，以及白马常压区实施两层立体开发调整。

一、一次井网开发模式

焦石坝区块开发初期，主要采用"1500m 水平段、600m 井距、山地丛式交叉布井，穿行①~③小层"的模式，对一套 89m 页岩进行开发(图 5-2-1)。2016~2017 年，涪陵页岩气田产量保持在 $50 \times 10^8 m^3$ 以上稳产两年，一次井网实际生产效果好于预期。

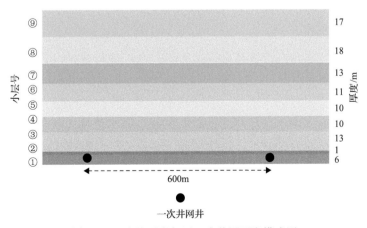

图 5-2-1 涪陵页岩气田一次井网开发模式图

二、两层立体开发模式

基于地质-工程一体化综合分析,建立了焦石坝区块两层立体开发模式(图 5-2-2)。平面上采用加密井进一步完善下部井网,纵向上部署上部气层井动用上部气层储量。其中,上部气层井穿行控制在⑦小层顶之下 6m,加密井穿行以①小层为主,结合相邻老井的穿行层位错层调整。同一层系水平井井距控制在 300m 左右,上下部气层投影井距 150m 左右。水平井方位均沿垂直最大主应力方向——南北向部署,水平段长度以 2000m 为主,结合地面平台适当调整。布井方式采用交叉布井+单向布井结合,尽可能利用老平台。

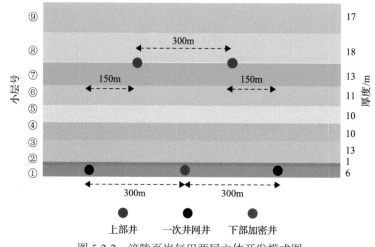

图 5-2-2　涪陵页岩气田两层立体开发模式图

以焦石坝区块北部为例,该区域一期老井为 600m 井距,穿行层位以①～③小层为主,气井生产效果好、产能高。对该区域井网井距进行优化后,加密井与一期老井井距为 300m,穿行层位为①～③小层,并尽量与一期老井错层穿行;上部气层井同层井距为 300m,与下部气层井距 150m,穿行层位以⑦～⑧小层为主。

三、三层立体开发模式

为进一步探索焦石坝区块提高采收率方向,基于建模数模一体化攻关,明确了焦石坝区块剩余气井间、层间、段簇间三种类型,为三层立体开发提供了支撑。

以剩余气精细分布模式为指导,通过开展三层立体开发试验,评价井实施情况与剩余气展布特征吻合,剩余储量丰度越高的区域实施评价井效果越好,进一步证实了焦石坝区块中部气层可分层开发,优化形成了中部气层开发技术政策,建立了三层立体开发模式。

1. 穿行层位

地质研究表明,④小层上部页岩原生品质与含气性最优,为最佳穿行层段;但在

④小层、⑤小层已部分动用条件下，具体穿行层位受到调整井网上下部气层穿行层位影响，数值模拟结果表明，相邻老井穿行③小层时，中部气层井穿行⑤下可获得更高的累产。

2. 井网井距

基于评价井动态监测资料、压裂试气对老井的干扰情况，确定中部气层与老井平面合理井距应尽量大于 75m。为分析不同井距对中部气层产能的影响，以典型井组为例，在生产历史拟合的基础上，开展数值模拟分析，井组模型包括 2 口一期老井，2 口上部气层井和 1 口加密井。模拟中部气层井与下部老井井距分别为 75m、100m、125m、150m 条件下的井组可采储量，结果表明，"中部气层与下部老井平面距离 100m，与上部气层投影井距 50m"部署可实现井组产能最大化。

3. 中部气层开发技术政策

穿行层位以④小层上部和⑤小层下部为主，结合下部老井穿行层位适当调整；水平井方位垂直最大主应力方向，正南北向布井；中部气层同层井距 250～300m、与下部老井平面距离 75～100m，与上部气层投影井距 50m，纵向上按照 M 型井网模式部署(图 5-2-3)。

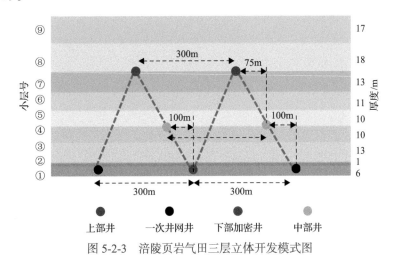

图 5-2-3　涪陵页岩气田三层立体开发模式图

四、四层立体开发模式探索

涪陵页岩气田已在焦石坝区块成功实现三层立体开发，基于目前已试气中部气层井效果差异，立体开发是否可以向四层延伸，如何制订四层立体开发评价井选井原则还有待进一步论证。

下一步拟通过基础地质静态评价参数与井网类型、人工裂缝改造范围(压裂干扰)、目前压力场等参数动态精准评价，明确涪陵页岩气田四层立体开发选井标准，择机在焦石坝区块部署四层立体开发评价井。

参 考 文 献

[1] 孙焕泉, 蔡勋育, 胡德高, 等. 页岩气立体开发理论技术与实践——以四川盆地涪陵页岩气田为例[J]. 石油勘探与开发, 2023, 50 (3): 573-584.

[2] 周小金, 杨洪志, 范宇, 等. 川南页岩气水平井井间干扰影响因素分析[J]. 中国石油勘探, 2021, 26 (2): 103-112.

[3] 陈京元, 位云生, 王军磊, 等. 页岩气井间干扰分析及井距优化[J]. 天然气地球科学, 2021, 32 (7): 932-940.

[4] 王军磊, 贾爱林, 位云生, 等. 基于复杂缝网模拟的页岩气水平井立体开发效果评价新方法——以四川盆地南部地区龙马溪组页岩气为例[J]. 天然气工业, 2022, 42 (8): 175-189.

[5] 位云生, 王军磊, 齐亚东, 等. 页岩气井网井距优化[J]. 天然气工业, 2018, 38 (4): 129-137.

[6] 房大志, 钱劲, 梅俊伟, 等. 南川区块平桥背斜页岩气开发层系划分及合理井距优化研究[J]. 油气藏评价与开发, 2021, 11 (2): 78-84.

[7] 周德华, 戴城, 方思冬, 等. 基于嵌入式离散裂缝模型的页岩气水平井立体开发优化设计[J]. 油气地质与采收率, 2022, 29 (3): 113-120.

[8] 王俊超, 李嘉成, 陈希, 等. 准噶尔盆地吉木萨尔凹陷二叠系芦草沟组页岩油立体井网整体压裂设计技术研究与实践[J]. 石油科技论坛, 2022, 41 (2): 62-68.

[9] 何勇, 黄小青, 王建君, 等. 昭通国家级页岩气示范区太阳区块浅层页岩气的立体开发[J]. 天然气工业, 2021, 41 (S1): 138-144.

[10] 端祥刚, 吴建发, 张晓伟, 等. 四川盆地海相页岩气提高采收率研究进展与关键问题[J]. 石油学报, 2022, 43 (8): 1185-1200.

[11] 周安富, 谢伟, 邱峋晰, 等. 泸州区块龙一$_1^4$小层页岩气勘探开发潜力[J]. 特种油气藏, 2022, 29 (6): 20-28.

[12] 郭旭升, 胡德高, 舒志国, 等. 重庆涪陵国家级页岩气示范区勘探开发建设进展与展望[J]. 天然气工业, 2022, 42 (8): 14-23.

第六章 页岩气立体开发工程工艺技术

低成本工程配套技术是页岩气立体开发成功的保障。相比一次井网，立体开发调整"平台井数更多、水平段更长、井网更密集"，效益建产面临极大挑战，降低钻完井费用、集成应用低成本配套成为实现剩余储量经济有效动用的重要支撑。页岩气立体开发过程中，钻井工艺、井身结构优化、学习型曲线等一系列持续提速降本工程工艺技术攻关、组合推广和应用，是提高立体开发产建收益率的坚实保障。同时，一次井网开采后应力-压力场复杂多变、井间层间段间剩余气分布类型多样，压裂造缝如何与空间上缝长缝高、储层改造体积展布、储层纵向上非均质性、平面上地质条件差异等相匹配，也对压裂改造提出了更高要求。

本章主要围绕密织井网井眼轨迹精准控制钻井技术、精准控缝压裂与实时调控技术、立体开发配套采气技术、立体开发动态监测技术展开，详细介绍了立体开发工程工艺优化的思路、做法以及在涪陵气田的实践效果。

第一节 密织井网井眼轨迹精准控制钻井技术

立体开发模式下多轮次布井，页岩气平台井数增多、井网密度加大、同层井距缩小，对钻井"更快、更准、更安全"相关要求更高，通过对老区压后钻井地质特征再认识，开展地质-工程一体化设计、提速降本配套技术等优化升级，形成了立体开发下密织井网靶向设计、绕障防碰、精准控制、井身结构瘦身和水基钻井液等系列技术，解决了密织井网下立体开发井防碰、提速、降本等技术难题。

一、密织井网井眼轨道防碰设计技术

基于三维空间避让模型，结合地质-工程"甜点"，形成了考虑压裂干扰的新钻井绕障防碰设计方法，实施效果表明，立体开发井与一次井网交叉条件下高效安全成井难题得到解决，在平台井数(由 6 个平台上升至 16 个)和水平段长度均翻倍增加情况下，269 口新井与 480 口老井实现了"零"碰撞，优质储层钻遇率达到 98%以上。

(一)防碰绕障总体思路

结合立体开发井网下压裂区地层力学特性，提出了压裂区绕障思路：①钻井轨道应避开已压裂井，同时井口生产压力下降不超过 10MPa 的复杂裂缝区(裂缝半长+80m)；②与同一铅垂面上的已压裂井轨道距离大于缝高距离(约 50m)；③两口先后实施的邻井，A 靶点距另一口井 B 靶点或 A 靶点，空间避让 50m×80m，进行三维空间绕障设计；④尽可能避免相邻井压裂和钻井同步施工[1-3]。

压裂区加密井绕障防碰流程如图 6-1-1 所示。

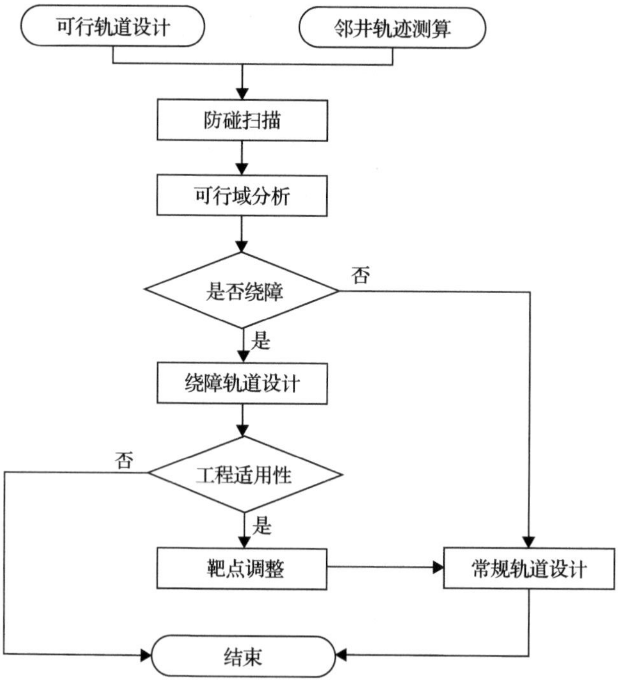

图 6-1-1 压裂区加密井绕障防碰流程示意图

(二)密织井网井眼轨道防碰绕障设计流程

调整井密织井网井眼轨道防碰绕障设计包含：障碍物的形态描述、绕障井轨道的水平投影图设计、垂直剖面图设计和绕障井轨道计算，具体计算过程如下所述[4-8]。

1)障碍物的描述模型

考虑到井眼轨迹的测量、计算误差及安全绕障距离，工程上常把已钻井的障碍域抽象为空间曲圆台。该空间曲圆台的轴线就是已钻井的实钻轨迹，在任意位置上垂直于曲圆台轴线的障碍或横截面都是圆形，如图 6-1-2 所示。

通常，随着井深的增加，所要求的绕障距离应越来越大。如果给定已钻井井口和井底处的绕障距离分别为 $R_{g,h}$ 和 $R_{g,f}$，则任意井深处的绕障距离为

$$R_g^0 = R_{g,h} + \frac{L}{L_f}\left(R_{g,f} - R_{g,h}\right) \tag{6-1-1}$$

式中，L 为已钻井的井深，m；L_f 为已钻完井的井深点，m；R_g^0 为绕障距离，m；下标 g 表示绕障中心点，h 表示已钻井的井口点，f 表示已钻井的井底点。

2)水平投影设计

绕障井设计的已知数据主要有：①侧钻点参数，包括井深 L_b、井斜角 α_b、方位角 ϕ_b、垂深 H_b、水平位移 V_b 和平移方位 φ_b 等。②靶点位置，包括垂深 H_t、水平位移 V_t

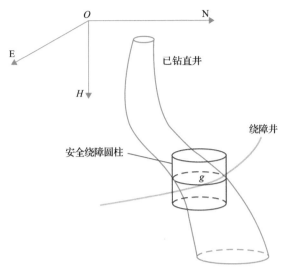

图 6-1-2　绕障井轨道设计的安全圆柱

和平移方位 φ_t。③铅直圆柱障碍域的中心点位置，包括垂深 H_g、水平位移 V_g、平移方位 φ_g 及半径 R_g。其中，R_g 除了包含障碍物的控制范围之外，还要附加一定的安全绕障距离。还需要说明，绕障中心点不一定是障碍物的几何形心，而是绕障圆柱的中心。④剖面设计参数，包括水平投影图上的扭方位半径 R_m，垂直剖面图上的剖面形式及参数，如造斜率等。

在水平投影图上采用单圆弧绕障，主要用于侧钻方位线 bc 与障碍域相离而从侧钻点 b 到靶点 t 的平移方位线与障碍域相交的情况，如图 6-1-3 所示。

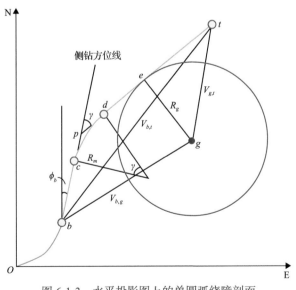

图 6-1-3　水平投影图上的单圆弧绕障剖面

首先，根据已知数据计算出侧钻点、靶点和绕障中心点之间的相对位置。靶点相对于侧钻点的水平位移和平移方位分别为

$$\begin{cases} V_{b,t} = \sqrt{\left(V_t \cos\varphi_t - V_b \cos\varphi_b\right)^2 + \left(V_t \sin\varphi_t - V_b \sin\varphi_b\right)^2} \\ \tan\varphi_{b,t} = \dfrac{V_t \sin\varphi_t - V_b \sin\varphi_b}{V_t \cos\varphi_t - V_b \cos\varphi_b} \end{cases} \quad (6\text{-}1\text{-}2)$$

可计算出绕障中心点相对于侧钻点及靶点相对于绕障中心点的水平位移和平移方位 $(V_{b,g}，\varphi_{b,g})$ 和 $(V_{g,t}，V_{g,t})$。

在水平投影图上合理的绕行方向主要取决于靶点位于侧钻方位线的左侧还是右侧。因为左旋绕障时减方位，右旋绕障时增方位，所以可用曲率半径的正负号来标识绕行方向。为此，令

$$q_m = \text{sgn}(\varphi_t - \varphi_b) \quad (6\text{-}1\text{-}3)$$

当 $q_m=1$ 时，进行左旋设计；当 $q_m=0$ 时，进行稳方位设计；当 $q_m=-1$ 时，进行右旋设计。同时，根据 q_m 分别选取 R_m 和 R_g 的正负号。

如图 6-1-3 所示，过靶点 t 做障碍圆的切线，交侧钻方位线于 p。以 R_m 为半径画圆，使其分别与侧钻方位线 bp 和切线 pt 相切于 c 和 d。于是，在水平投影图上稳方位 bc、扭方位段 cd 和稳方位段 dt 就构成了侧钻绕障井轨道，它们的段长分别为

$$\begin{cases} \Delta S_1 = \dfrac{\sin(\gamma - \varphi_t + \phi_b)}{\sin\gamma} V_{b,t} - R_m \tan\dfrac{\gamma}{2} \\ \Delta S_2 = \dfrac{\pi}{180} R_m \gamma \\ \Delta S_3 = \dfrac{\sin(\varphi_t - \phi_b)}{\sin\gamma} V_{b,t} - R_m \tan\dfrac{\gamma}{2} \end{cases} \quad (6\text{-}1\text{-}4)$$

其中，

$$\gamma = \varphi_{g,t} + \arcsin\left(\dfrac{R_g}{V_{g,t}}\right) - \phi_b$$

如果计算出的 $\Delta S_1 < 0$，则应选取 $\Delta S_1 \geqslant 0$，此时稳方位段不会与障碍圆相切。若选取 $\Delta S_1 = 0$，则只用一个扭方位段和一个稳方位段即可实现绕障设计。如果 $\Delta S_3 < \sqrt{V_{g,t}^2 - R_g^2}$，则说明扭方位段与障碍圆相交。此时，可以将 c 点沿侧钻方位线前移，即增大 ΔS_1 值。其中，最小的 ΔS_1 应使二者相切，此时：

$$\Delta S_{1,\min} = V_{b,g} \cos(\varphi_{b,g} - \phi_b) - \sqrt{(R_m - R_g)^2 - \left[V_{b,g}\sin(\varphi_{b,g} - \phi_b) - R_m\right]^2} \quad (6\text{-}1\text{-}5)$$

通过上述的判别和取值方法，就可以保证水平投影图上的设计轨道与障碍圆相切或相离，避免相交。

3）垂直剖面图设计

在进行侧钻井的垂直剖面图设计之前，需要先求得从侧钻点到靶点的垂深差和水平长度这两个基础数据。在主井眼上通过插值方法可得到侧钻点的垂深，而在水平投

影图设中可得到从侧钻点到靶点的水平长度：

$$\begin{cases} H_{b,t} = H_t - H_b \\ S_{b,t} = \sum_{i=1}^{m} \Delta S_i \end{cases} \qquad (6\text{-}1\text{-}6)$$

式中，m 为水平投影图上井身剖面的井段数；$H_{b,t}$ 为从侧钻点到靶点的垂深差；H_t 为靶点垂深；H_b 为侧钻点垂深；$S_{b,t}$ 为侧钻点到靶点的水平长度。

当选择剖面形式之后，可以用常规的二维井眼轨道设计方法来设计侧钻绕障井的垂直剖面图。目前，定向井和水平井主要采用三段式和五段式的井身剖面，其中常规定向井和水平井井身剖面中的第一个圆弧段总是增斜段，而侧钻井井身剖面中的每个圆弧段既可能是增斜段也可能是降斜段。为了使设计方法具有普适性，可定义增斜段的曲率半径为正值、降斜段的曲率半径为负值，从而可以利用曲率半径的正负号来标识增斜段和降斜段，可得到垂直剖面图上通用的侧钻井井身剖面，如图 6-1-4 所示。

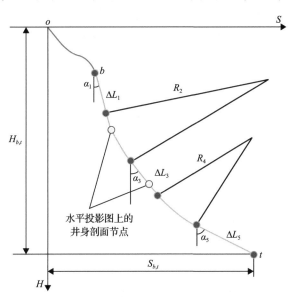

图 6-1-4 三维侧钻井的通用垂直剖面

b 为侧钻点；t 为靶点；α 为井斜角；ΔL 为井深差；R 为半径

在设计侧钻井的垂直剖面图时，应使用从侧钻点到靶点的水平长度 $S_{b,t}$，而不是它们之间的水平位移。于是，在垂直剖面图上第二个稳斜段的井斜角和段长分别为

$$\begin{cases} \tan\dfrac{\alpha_3}{2} = \dfrac{H_o - \left(H_o^2 + S_o^2 - R_o^2\right)^{1/2}}{R_o - S_o} \\ \Delta L_3 = \left(H_o^2 + S_o^2 - R_o^2\right)^{1/2} \end{cases} \qquad (6\text{-}1\text{-}7)$$

式中，H_o 为第二稳斜段对应起点与终点垂差；S_o 为第二稳斜段起点到终点水平长度；R_o 为第一造斜段曲率半径与第二造斜段曲率半径差值。三者公式为

$$\begin{cases} H_o = H_{b,t} - \Delta L_1 \sin\alpha_1 - \Delta L_5 \cos\alpha_5 + R_2 \sin\alpha_1 - R_4 \sin\alpha_5 \\ S_o = S_{b,t} - \Delta L_1 \sin\alpha_1 - \Delta L_5 \cos\alpha_5 + R_2 \sin\alpha_1 - R_4 \sin\alpha_5 \\ R_o = R_2 - R_4 \end{cases} \quad (6\text{-}1\text{-}8)$$

(三)绕障轨道设计与计算

尽管障碍物模型是已钻直井,但实钻轨迹仍是一条三维曲线,且绕障距离沿井深变化。因此,需要在绕障井与已钻井之间进行迭代计算,以保证在已钻井上所选取的绕障位置与绕障井在水平投影图和垂直剖面图上的设计结果相吻合。

利用上述绕障轨道设计方法,对焦页 6A 井进行了绕障轨道设计,绕障后的轨道如表 6-1-1 所示。

表 6-1-1　焦页 6A 井绕障轨道初步设计

测深/m	井斜/(°)	方位/(°)	垂深/m	南北/m	东西/m	狗腿度/[(°)/30m]	备注
0	0	0	0	0	0	0	
700	0.5	230	699.99	−1.96	−2.34	0.021	直井段防碰
1500	1.5	230	1499.86	−10.94	−13.04	0.037	
2000	20	90	1990.29	−15.19	68.39	1.27	压裂区绕障
2471.24	62.73	199.16	2368.94	−242.63	82	4.5	
2818.34	62.73	199.16	2527.98	−534.06	−19.27	0	
3034.04	89.35	180	2580	−737.9	−51.6	4.5	
6034.23	89.35	180	2614	−3737.9	−51.6	0	

采用常规绕障设计方法对焦页 6A 井进行了轨道设计,设计绕障造斜点为 2000m,设计初始绕障方位角为 90°(以最快远离原轨道),设计最优绕障井斜角为 20°,绕障轨道的井深增加到 6034.23m,与邻井的最近防碰距离由 31.3m 调整为 81.2m。

与邻井的最近防碰绕障距离可满足施工要求,但该井身剖面的工程适用性有待进一步分析,为此,对上述绕障轨道进行了工程适用性分析,主要从摩阻、滑动井段工作量、钻进周期等方面进行了分析研究,分析结果如表 6-1-2 所示。分析结果表明:绕障轨道的工程实践难度高、钻井效率低,影响钻进周期。

表 6-1-2　焦页 6A 井绕障轨道工程适用性分析

类型	摩阻/kN	井深/m	扭方位值/(°)	滑动井段(预测)/m	钻进周期(预测)/天
原始设计	140	5832	50	233	14.4
绕障轨道	190	6034	120	352	17.5
差异	+50	+202	+70	+121	+3.1

分析了不同靶点轴移和平移距离与钻井工程参数间的关系,评价了靶点调整后井眼轨道的工程适用性,分析结果如表 6-1-3 所示。结果表明:靶点调整后,轨道井深增加小于 100m,扭方位量增大小于 20°,摩阻增加小于 40kN,整体对轨道的工程实现影

响较小。因此，对压裂区加密井的绕障轨道给出的技术建议为：在地质条件允许的情况下，以微调靶点为主，以绕障轨道设计为辅。

表 6-1-3 靶点调整对工程参数的关系统计

工程参数	基准	不同靶点平移距离下的参数			不同靶点轴移距离下的参数		
		50m	100m	150m	50m	100m	150m
井深/m	4295.0	4296.0	4300.0	4306.0	4319.3	4346.1	4375.3
稳斜角/(°)	27.0	27.4	27.8	28.4	30.8	34.1	37.1
扭方位量/(°)	0.0	6.1	12.1	17.9	0.0	0.0	0.0
摩阻/kN	122	128	143	157	131	142	154

二、精准控制技术

(一)标志层(点)围绕法

利用旋转导向或者近钻头先进仪器，根据细分层标准，确定目的层顶板、底板标志点 B1、B2，围绕主标志点 B0(图 6-1-5)，复合钻进或微调井斜，保证井轨迹在主标志点附近穿行，达到提高钻井速度、控制钻井轨迹平滑的目的，保证水平段在优质页岩层段穿行。

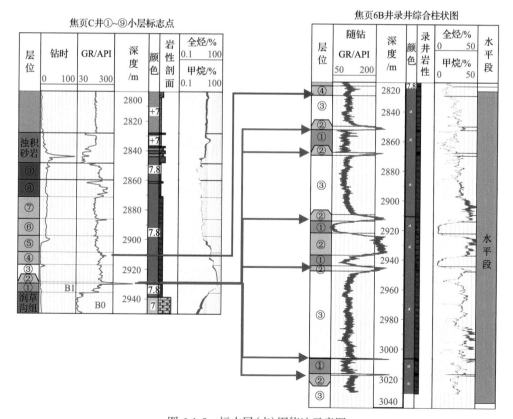

图 6-1-5 标志层(点)围绕法示意图

焦石坝地区,水平井定向调整共分为两大类:常规定向仪器(LWD),近钻头、旋转导向定向工具。先进工艺具有特定的优势,定向简便,易操作,可控程度高,但成本也较高,但主要定向工具依赖常规仪器设备。在此前提下,要实现钻井提速提效,只能提前优化导向思路,结合地震资料,提前修正下一步导向方向,从技术改进着手,江东区焦页6B井、焦页6C井两井以技术推动钻井"提速提效"具有一定代表性。

焦页6B井、焦页6C井"标志层(点)围绕法",提前制订"③小层中伽马高尖控制法":在③小层中上中部普遍小高尖,控制轨迹在高尖下部1~4m穿行(即小③层中部);若判断靠近或出现②小层,及时调整井斜与地层夹角,使之上切地层,回切地层到小高尖就可以确定层位,缓慢调平,再控制轨迹在高尖下部1~4m穿行(图6-1-6)。

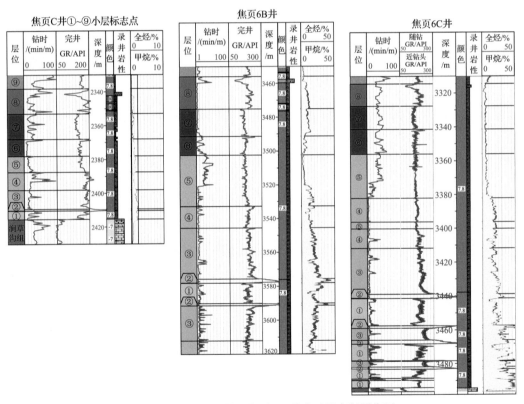

图 6-1-6　焦页 6B 井、焦页 6C 井水平段穿行层位图

通过制订地质导向技术方案,焦页6B井、焦页6C井三开实现一趟钻快速钻井指标。焦页6C井水平段一趟钻施工周期11天,焦页6B井水平段一趟钻施工周期11天,与使用先进工艺周期基本相当,在使用常规仪器的前提下,大大缩短了三开周期,为"提速提效"做好了充分的技术支撑,达到了"降本增效"目的。

(二)多靶框定点着陆导向技术

多靶框着陆,即为同一水平段,指定区域内穿行不同层位,需要定点着陆,定段穿层(图6-1-7),穿行要求高,针对这一难题攻关形成了多靶框定点着陆导向技术。

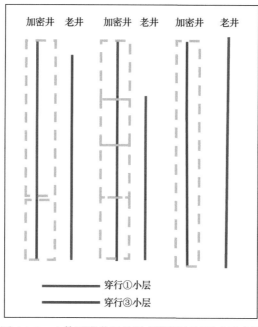

图 6-1-7　立体开发井目的层多靶框穿行要求示意图

　　水平段多靶框定点着陆导向技术关键在于控制好水平段穿行层位及井斜，计算好切入目的层需求段长（图 6-1-8），段长计算方法见式（6-1-9），完成导向—精准导向—精度导向的逐步升级。靶点着陆由③小层下切至①小层时，穿行层位控制在③小层底之上 2～3m，井段提前 50～80m 控制井斜与地层产状夹角 2°～3°下切，待下切入①小层后结合工程钻井情况是否需要定向增斜，及时调整平稳光滑穿行所需层位；靶点着陆由①小层上切至③小层时，穿行层位控制在①小层 c 段，由于观音桥段难穿行，钻井工程在该段稳斜困难，故井段需要提前 100m 左右控制井斜与地层产状夹角 3°～4°上切，待上切入②小层后及时定向降斜 1°后，结合工程钻井情况确定是否需要连续定向降斜，及时调整平稳光滑穿行所需层位（表 6-1-4）。

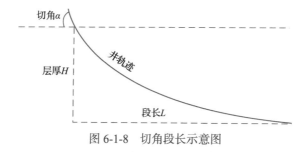

图 6-1-8　切角段长示意图

表 6-1-4　多靶框定点着陆导向技术表

靶点着陆要求	穿行层位要求	井段需求/m	切角要求/(°)
③小层到①小层	③小层下段	50～80	2～3
①小层到③小层	①小层 c 段	100	3～4

$$L = H/\tan\alpha \qquad (6\text{-}1\text{-}9)$$

式中，L 为需要段长，m；H 为当前层位与目标层位垂厚，m；α 为当前井轨迹轴线与地层产状之间的夹角，(°)。

焦页 6A 井位于焦石坝主体区，设计水平段 3000m，其靶窗范围：根据邻井生产及轨迹穿行情况(图 6-1-9)，设计穿行层位龙马溪组(③小层底)、五峰组(①小层)；穿行轨迹水平段穿行①小层中部，A 靶在①~③小层中部入靶。窗内穿行率：A—C 靶①~③小层中部穿行率大于 80%，C—B 靶①小层穿行率大于 80%。

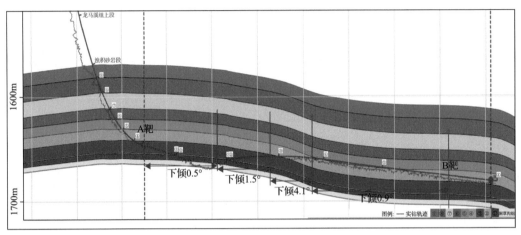

图 6-1-9 焦页 6A 井轨迹穿行图

钻前预调整：在⑥小层顶、④小层顶判断地层产状与靶点垂深，若设计准确，正常在③小层中下入靶，稳斜 90.3°钻进，留约 0.5°下切角，预计 700m 至 C 靶附近缓慢进入①小层，随钻判断在①小层中上的"上尖 3"(即第 3 个 GR 高尖)附近，寻找高显示、低钻时段，调整控制轨迹与地层平行，钻完水平段。

随钻判断地层产状与靶点垂深，与设计有偏差，入靶前则缓慢或加大增斜，在井斜角为 89°~90°时于③小层中上入靶，稳斜钻进，调整下切角 0.5°~1°，下切约 700m 至 C 靶附近缓慢进入①小层，随钻判断在①小层中上，寻找高显示、低钻时段，控制轨迹与地层平行钻完水平段。

三、钻井配套提速降本技术

随着涪陵页岩气田焦石坝、江东等页岩气主力区产量逐渐下降，气田"稳产、高产"压力剧增。"Φ215.9mm 井眼+Φ139.7mm 套管"完井的常规井身结构及相关钻井技术提速降本面临瓶颈，不能满足焦石坝立体开发下剩余气的动用需要。

井身结构优化"瘦身"是当前国内外页岩油气开发降低钻井成本的重要手段与方向，国内外均开展相关探索、试验，部分区块已开展应用，国外以美国 Haynesville、加拿大都沃内(Duvernay)等区块为代表，形成了 Φ171.5mm 井眼+Φ114.3mm/127mm 套管的长水平井的"瘦身"井身结构；国内中国石油四川长宁-威远、中国石化威荣等页岩气区块，从 2019 年开始均开展不同方式的页岩气水平井井身结构"瘦身"探索实验[9-12]。

结合国内外页岩油气水平井井身结构优化进展，依据涪陵区域钻井地质特征，2020年涪陵页岩气田开展了井身结构"瘦身"降本攻关与试验。

(一)井身结构优化"瘦身"

井身结构"瘦身"即为各开次套管、井眼尺寸按照技术可行的原则相比常规尺寸进行不同比例的缩小。

通过建模、计算方法优化等措施，结合涪陵区域地质特征，基于满足压裂改造要求开展逆向设计，提出了 Ⅰ 型(水平段 171.5mm 井眼)与 Ⅱ 型(水平段 190.5mm 井眼)两种"瘦身"型井身结构，相比常规井身结构钻井成本、能耗分别降低 15%、20%以上，为立体开发条件下剩余气有效持续动用创造了条件，扩大了地质储量有效动用效益边界。

1. 井身结构"瘦身"设计流程构建

通过建模分析，页岩气水平井埋深、破裂压力系数(p_f)、水平段长(L)是开展"瘦身"的三个前提条件；其次按照压裂工艺、泵压、生产套管、水平段井眼、水平段钻杆的逆向思路，围绕"安全、经济、工业配套"开展水平段井眼与套管设计；最后按照自下而上的顺序，完成各开次必封点选择以及井眼和套管设计，最终构建井身结构"瘦身"设计方法(图 6-1-10)。

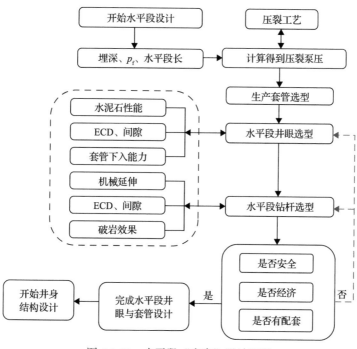

图 6-1-10 水平段"瘦身"设计流程

ECD 为当量循环密度

2. "瘦身"井身结构适应性评价

考虑压裂改造要求，3500m 以浅页岩气水平井完井套管采用 Φ114.3mm 套管，水平段井眼可采用 Φ165.1mm/171.5mm 井眼，同时结合安全钻井与固井环空间隙要求，以及现有套管、钻头等配套工具尺寸进行各开次钻头与套管尺寸设计，形成了 I 型井身"瘦身"结构（表 6-1-5）。

表 6-1-5　"导管+三开" I 型井身"瘦身"结构数据表

开次	地层层位	钻头尺寸/mm	套管外径/mm	环空间隙/mm	备注
导管	嘉陵江组	473.1	406.4	33.35	建立井口
一开	嘉陵江组	346.1	273.1	36.5	封嘉陵江组及上部漏层
二开	龙马溪组	250.8	193.7	28.5	封小河坝组/韩家店组及以上易漏、易垮层
三开	龙马溪组	165.1/171.5	114.3	28.6	前期考虑钻头配套采用 165.1mm 井眼

考虑压裂改造要求，3500m 以深页岩气水平井完井套管采用 Φ139.7mm 套管，考虑固井环空间隙与尺寸配套，水平段井眼采用 Φ190.5mm 井眼，同时结合安全钻井与固井环空间隙要求，以及现有套管、钻头等配套工具尺寸进行各开次钻头与套管尺寸设计，形成了 II 型井身"瘦身"结构（表 6-1-6）。

表 6-1-6　"双导管+三开" II 型井身"瘦身"结构数据表

开次	地层层位	钻头尺寸/mm	套管外径/mm	环空间隙/mm	备注
导管 1	须家河组	660.4	508.0	76.2	建立井口
导管 2	雷口坡组	473.1	406.4	33.35	封雷口坡组不稳定地层
一开	嘉陵江组	374.7	298.5	38.10	封嘉陵江组及上部漏层
二开	龙马溪组	269.9	219.1	25.4	封小河坝组/韩家店组及以上易漏、易垮层
三开	龙马溪组	190.5	139.7	25.4	产套

3. 现场应用

2022 年 6 月起，涪陵页岩气田全面推广"瘦身"井身结构，合计部署 145 口"瘦身"井；截至 2022 年 12 月底，开钻 45 口，完钻 25 口，实施效果良好，已完钻井固井质量合格率 100%、优质率 80%，已经完成 8 口井压裂施工。I 型"瘦身"、II 型"瘦身"第二轮平均机械钻速相比 2020 年常规水平井平均机械钻速分别提高 55.3%、19.04%，相比同平台提速 20% 以上。"瘦身" I 型第二轮平均钻井周期相比 2020 年常规水平井钻井周期缩短 35.36%。

1）焦页 6D 平台 I 型"瘦身"井

以焦页 6D 平台井为例，焦页 6D-8 井实钻井身结构见表 6-1-7，焦页 6D-9HF 井全井机械钻速 15.87m/h，相比同平台常规指标最高井焦页 6D-6 井提高 35%，相比同平台瘦身井焦页 6D-8 井提高 18%(表 6-1-8)。

表 6-1-7 焦页 6D-8 井实钻井身结构数据

开次	钻头尺寸/mm	井段/m	套管外径/mm	套管下深/m	备注
一开	346.1	0～403	273.1	401.77	封嘉陵江组
二开	250.8	403～2792	193.7	2789.29	封小河坝组及以上易漏、易垮层
三开	165.1	2792～5490	114.3	5481.24	

表 6-1-8 焦页 6D 平台已完钻井机械参数统计表

参数	完钻时间									平均值
	2016/06	2016/06	2017/05	2018/02	2018/04	2020/08	2020/09	2022/04	2022/07	
井号	6D-1	6D-2	6D-3	6D-4	6D-5	6D-6	6D-7	6D-8	6D-9	
导管机械钻速/(m/h)	6.78	6.78	6.28	5.55	6.83	—	—	—	—	
一开机械钻速/(m/h)	13.18	10.24	26.45	12.81	16.14	11.54	10.41	20.15	15.46	15.15
二开机械钻速/(m/h)	10.44	8.01	6.27	6.06	9.03	10.34	10.33	15.35	15.76	10.17
三开机械钻速/(m/h)	6.22	6.89	6.72	7.1	6.93	13.18	9.69	11.47	16.03	9.39
全井机械钻速/(m/h)	8.27	7.67	6.93	6.81	8.39	11.68	10.03	13.36	15.87	9.89

焦页 6D 平台瘦身井实施情况来看,二开 Φ250.8mm 井眼相比 Φ311.2mm 井眼在各层段下提速效果明显,特别是在龙潭组、茅口组等难钻地层提速 50%～80%;三开井段 Φ171.5mm 井眼相比 Φ215.9mm 井眼在使用 Φ101.6mm 钻杆条件下机械钻速有所提高,证明通过井眼尺寸"瘦身",上部大尺寸井眼提速明显、水平段"瘦身"后机械钻速仍有所提高。

2)焦页 6E 平台Ⅱ型"瘦身"井

以焦页 6E 平台井为例,焦页 6E-7 井实钻井身结构见表 6-1-9,焦页 6E-7 井全井机械钻速 12.53m/h,相比同平台常规指标最高井焦页 6E-6 井提高 60.23%(表 6-1-10)。

表 6-1-9 焦页 6E-7 井实钻井身结构数据

开次	钻头尺寸/mm	井段/m	套管外径/mm	套管下深/m	备注
导管	609.6	0～56	473.1	56	
一开	374.7	56～503	298.4	502.61	封嘉陵江组
二开	269.9	503～2537	219.1	2535.82	封小河坝组及以上易漏、易垮层
三开	190.5	2537～4528	139.7	4519.00	

表 6-1-10 焦页 6E 平台已完钻井机械参数统计表

参数	井号							平均值
	6E-1	6E-2	6E-3	6E-4	6E-5	6E-6	6E-7	
导管机械钻速/(m/h)	1.12	0.57	1.18	1.77	2.90	3.26	6.22	2.19
一开机械钻速/(m/h)	11.33	3.59	6.83	27.08	30.06	29.67	22.92	17.78
二开机械钻速/(m/h)	4.84	2.44	2.98	6.63	4.94	7.17	12.87	5.82
三开机械钻速/(m/h)	6.06	6.04	6.19	3.77	4.37	7.29	11.39	6.18
全井段机械钻速/(m/h)	5.41	3.39	4.19	5.34	5.05	7.82	12.53	6.01

(二)页岩气水基钻井液

涪陵气田前期,页岩气井水平段钻探均采用油基钻井液体系,伴随立体开发调整推进,剩余气有效动用以及绿色环保等方面对钻井液体系提出了更高要求,亟须开发一种适合涪陵海相页岩地层的绿色环保钻井液体系。

从非常规油气钻探情况分析,水基钻井液将会逐步取代油基钻井液并成为页岩气钻井液的发展新方向。针对国内现有水基钻井液抑制能力较差,极易引起页岩地层中黏土矿物的膨胀导致井壁失稳,造成钻具组合的损失、井漏和部分井眼或完井的损失等问题,研发了具有增强抑制能力的水基抑制剂,构建了满足页岩水平段钻进的水基钻井液体系。

1. 页岩地层长水平段水基钻井液体系

采用具有强抑制性能的抑制剂,解决黏土矿物水化膨胀带来的膨胀压力问题;用强封堵技术,解决微裂缝和层理所带来的孔隙压力传递导致的井壁稳定问题;从润滑剂的合成入手,采用吸附和成膜相结合的方式达到润滑的目的,使水基钻井液的润滑性能无限接近于油基钻井液体系,满足降低摩阻和扭矩要求。

室内通过对钻井液页岩抑制剂、增黏剂、降失水剂、封堵剂、润滑剂等处理剂进行了优选,以满足钻井液体系老化后的各项性能,最终开发了一套适用于页岩地层的水基钻井液体系 ND。

2. 体系抗温性能评价

ND 水基钻井液体系在不同热滚温度下性能,室内在 50℃测试流变性能,其性能如表 6-1-11 所示。该体系具有良好的流变性,API 中压滤失量(FLAPI)小于 2mL,在热滚温度低于 120℃时具有较好的 HTHP 滤失量(FLHTHP),高温高压滤失量小于 7mL。

3. 不同密度体系性能评价

ND 水基钻井液体系在不同密度下性能,室内在 50℃测试流变性能。其性能如表 6-1-12 所示。ND 页岩水基钻井液具有良好的流变性,API 中压滤失量小于等于 2mL,高温高压滤失量小于等于 7mL,体系在不同密度下均具有良好的流变及滤失性。

表 6-1-11　ND 水基钻井液体系抗温性能

温度/℃	条件	AV/(mPa·s)	PV/(mPa·s)	YP/Pa	φ_6/φ_3	YP/PV	FLAPI/mL	FLHTHP/mL
50	滚前	32.5	23	9.5	4/2	0.41		
80	滚后	40	27	13	7/5	0.48	1.5	3.6
100	滚后	40	26	14	7/5	0.54	1.5	5
110	滚后	37	26	11	5/4	0.42	1.5	5.2
120	滚后	36	25	11	6/5	0.44	1.4	6.6
130	滚后	35	25	10	5/4	0.40	2	8.4

注：AV 为表观黏度；PV 为塑性黏度；YP 为动切力；FLAPI 为室温中压条件下的滤失量；FLHTHP 为高温高压条件下的滤失量。

表 6-1-12　不同密度下体系性能

密度/(g/cm³)	条件	AV/(mPa·s)	PV/(mPa·s)	YP/Pa	φ_6/φ_3	YP/PV	FLAPI/mL	FLHTHP/mL
1.3	滚前	29.5	22	7.5	3/2	0.34	—	—
	滚后	35	23	12	6/4	0.52	2.0	6.6
1.4	滚前	34	23	11	4/3	0.48	—	—
	滚后	37.5	27	10.5	8/7	0.39	1.6	7
1.5	滚前	35	25	10	4/2	0.40	—	—
	滚后	40	27	13	6/5	0.48	1.8	5.2
1.6	滚前	38	26	12	4/3	0.46	—	—
	滚后	44	30	14	7/5	0.47	1.6	6.0
1.7	滚前	39.5	27	12.5	5/4	0.46	—	—
	滚后	45	31	14	8/6	0.45	1.2	5.8

注：φ_6 表示旋转黏度计转速为 6 时的读数；φ_3 表示旋转黏度计转速为 3 时的读数。

4. 抑制性评价

1) 回收实验

100℃下滚动 16h，测定体系的滚动回收率，如表 6-1-13 所示。

表 6-1-13　测定体系的滚动回收率

岩样	钻井液体系	回收率/%
露头土	清水	3.10
	ND1	98.97
现场页岩	清水	98.72
	ND1	99.84

注：ND1 为一种钻井液体系。

从实验结果看出，露头土回收率高达 90%以上，显示出高性能水基钻井液良好的抑制性；将龙马溪岩心研磨成 6~10 目大小的颗粒进行滚动分散实验，发现其在清水中和钻井液中不分散，回收率高达 98%。

2）防膨实验

由防膨实验可得出体系防膨率如表 6-1-14 所示，体系对膨润土的抑制性如图 6-1-11 所示。

表 6-1-14 体系防膨率

体系	膨胀率/%
清水	62
NDl	9.9

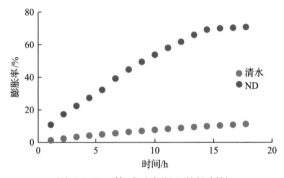

图 6-1-11 体系对膨润土的抑制性

ND 体系 8h 膨胀量为 9.9%，具有较好的抑制性。

5. 润滑性评价

室内采用测试仪器代号为 EP 的极压润滑仪测试了高性能水基体系的润滑性能，并对比了其他体系的润滑性能，评价认为 ND 体系的润滑性能已经接近油基钻井液体系，远好于普通的清水和 3%膨润土浆（表 6-1-15）。

表 6-1-15 体系润滑性

体系	EP 摩擦系数
清水	0.34
3%膨润土浆	0.62
油基钻井液	0.08
ND	0.06

页岩钻井过程中，由于存在应力垮塌而导致井壁失稳，要求钻井液要具有较好的防塌性能。室内采用不同粒径的刚性颗粒进行架桥作用，再采用可变形的沥青粉及成膜封堵剂挤入裂缝及层理间，增加封堵及黏结效果，进一步降低钻井液及滤液侵入地层，防止地层垮塌。室内采用无渗透封堵仪对 ND 体系的封堵性及漏失性能进行了评价（表 6-1-16）。

表 6-1-16 ND 钻井液体系的封堵性能

实验方法	压力/MPa	温度	漏失量
无渗透填砂	0.7	室温	0(侵入 1.0cm)
PPT	3.5	100℃	8.0mL(泥饼 2mm)

注：PPT 为一种封堵实验。

实验室采用无渗透仪进行了填砂管封堵性能实验，填砂目数选择为 60~80 目。同时采用了 PPT 封堵实验仪进行了高温高压封堵实验。

该体系具有极佳的封堵性能，在普通砂床上，侵入深度仅为 1cm，在高温高压 PPT 实验上，滤失量仅为 8mL，具有较好的封堵性能，另外采用页岩制备的岩心进行了封堵实验，滤失量仅为 0.2mL，滤失量更小，说明 ND 在页岩中具有非常好的封堵性能。

6. 体系的回收

为了降低成本提高环保，对完钻后钻井液的回收利用进行了室内模拟实验。室内主要采用离心机对钻井液进行适当处理，离心处理条件为离心速度 2000r/min 下离心 20min。ND 钻井液体系的封堵性能如表 6-1-17 所示。

表 6-1-17 ND 钻井液体系的封堵性能

体系	固含量/%
空白浆	18
40%钻屑侵污后	31
40%钻屑侵污后离心处理	10

实验结果反映，体系本身含油率较低，且固含量较低；40%现场钻屑侵污后固含量高达 30%，与现场完钻泥浆固含量接近，通过离心处理后固含量可降低至 10%左右，体系通过离心处理可有效降低井浆固含量，现场可以回收完钻旧浆，再通过离心处理，最大限度回收利用旧浆，节省成本。

综合评价，研制的 ND 体系具有较好的流变性能和滤失性能，其高温高压滤失量低于 6mL，并且具有较好的封堵性能，能够进一步阻止钻井液滤液向井壁深处传递压力，从而达到稳定井壁的效果；水基钻井液体系具有较强的抑制性能，能有效地阻止页岩的分散；水基钻井液体系具有较好的润滑性能，能够满足页岩气水平井对于摩阻和扭矩的要求；另外，其具有较好的流变稳定能力，在经过四次页岩钻屑污染后，其流变性依然保持稳定，说明该体系有利于现场的使用与维护；ND 水基钻井液体系应用成功，说明该体系可以满足现场页岩气井水平段钻进需要。

7. 现场应用

ND 体系在 13 口井三开水平段进行了应用，其中焦页 6F 井水平段 2530m，创国内页岩气水基钻井液应用水平段最长纪录，ND 水基钻井液体系在多口井的成功应用，说明该体系可以满足现场页岩气井水平段钻进需要。

第二节　精准控缝压裂与实时调控技术

涪陵焦石坝区块一次井网开采后应力-压力场复杂多变、井间层间和段簇间剩余气分布类型多样，压裂造缝如何与空间上缝长缝高展布、储层纵向上非均质性、平面上构造埋深地质条件差异等相匹配，压裂改造需由"体积压裂"向"精准控缝压裂"转变，其核心在于工艺参数精细设计、现场感知实时调整。

近年来，北美非常规钻完井技术以追求最大化裂缝表面积、最大程度改善井筒与储层连通性为目标，通过加长水平段，更高的裂缝密度、高砂量和液量来实现[13]。其主要思路是以密切割+高砂量+近井地带充分改造，形成多缝、短缝(簇间复杂缝网)，以滑溜水+细砂有助于提升产量(近井地带形成复杂缝网，并提供支撑)。上述做法的普遍推广表明，在大部分情况下大规模复杂缝网往往只能借助于人工密切割获得，以形成有效持续的 SRV[14-16]。压裂设计参数主要是采用短压裂段(45～60m)、高段数(40～50 段)、多簇数(5～10 簇)、缩短压裂簇间距(7～12m)、高压裂排量[17,18]。国外在提高段内射孔簇效率方面主要有以下三种方法：一是限流射孔+极限限流射孔，通过限制孔眼数目和孔径，控制孔眼磨阻，实现均匀起裂；二是段内裂缝转向设计，采用可降解式暂堵转向剂，近井地带转向剂+远端转向剂；三是采用短段+短簇间距+段内少簇(单段向单点压裂趋近)，以提高段内射孔簇效率[19]。

北美页岩区块进入加密井开发阶段后，常面临加密井(子井)压裂设计等诸多难题，表现为邻井裂缝窜通，地层亏空造成原地应力大小和方向发生变化等方面[20,21]。因此，对于多井立体开发平台压裂改造更侧重关注子母井间干扰和压裂缝网可控。斯伦贝谢公司针对 Eagle Ford 区块井采用高级集成模拟工作流，开展老井开采对原地应力大小和方向的影响研究[22]。该工作流首先在 Eagle Ford 页岩储层的直井导眼井测井基础上建立三维结构地质模型；然后利用三维地震资料解释建立离散裂缝网络，采用非常规裂缝模型模拟母井的压裂施工及生产 400 天；最后，采用基于地质力学有限元模型计算原地应力在空间和时间上的变化，从而为压裂参数设计提供依据。同时，应用远端转向技术抑制子井裂缝向母井周围的衰竭区扩展，对比应用前后的生产效果，子井产量提高了 12%。

随着压裂井生产的延续，初次压裂的裂缝会逐渐闭合而失去作用，油气井产量也会随之下降，为了使这些井保持稳产甚至增产，作业者会采用重复压裂技术[23,24]。自2000 年以来，美国共进行了约 600 口页岩油气水平井的重复压裂作业，所采用的工艺可以分为三大类，即裂缝转向、连续油管和机械封隔。这些页岩油气井的重复压裂作业主要在 Bakken、Barnett、Eagle Ford、Marcellus、Haynesville 和 Woodford 等几个页岩区进行，所选的多是已有 5 年左右生产历史、目前产量水平较低或已准备废弃甚至已废弃的老井，其中以 Bakken 和 Barnett 页岩区最多。从整体效果分析，重复压裂可以显著提高页岩油气井的产量和单井可采储量[25,26]。重复压裂后的初始产量平均可达到初次压裂初始产量的 90%左右，单井首年产量递减率也有小幅下降，从初次压裂的 64%降至 56%，单井可采储量可提高 30%～50%。虽然重复压裂对页岩油气井生产的改善效果很明显，但总体而言，重复压裂技术还处在发展阶段，伍德麦肯兹（Wood Mackenzie）、IHS 等分析机构以及大部分的美国页岩油气公司均认为，页岩油气井重复压裂技术仍处于早期阶段，至少在短期内还需要进行攻关研究。

在立体开发调整井技术可采储量降低、建井成本控制和常规压裂技术相对低效共同约束下，不同于前期实施井改造工艺思路，立体开发阶段需以井组剩余气资源经济有效动用为目标，转变改造理念：以密切割增大储层接触面积、多场动态演化规律、多层差异化设计为核心方法，开展井间、层间、段簇间三个层次的剩余气挖掘精准压裂设计和现场实施，进而实现新井—老井、上部—中部—下部气层、多簇裂缝间的工艺参数协同优化[27]。

一、井间剩余气挖掘精准压裂技术

通过"空间三维+时间维度"的四维动态地应力分析模拟，认识到母井生产带来的压力-应力场变化对新压井缝网具有抑制和劣化作用，为此基于复杂压力-应力场认识及剩余气分布模式，开展了井间剩余气挖掘精准压裂工艺研究。

（一）影响井间剩余气改造效果的"三大效应"分析

涪陵页岩气立体开发调整的生产实践与北美页岩气立体开发经验相似，均反映出母井的生产会形成一个压力沉降区，导致原地应力场改变。新的应力状态会影响加密井的水力裂缝铺置。母井旁边的加密井的水力裂缝会沿最小阻力路径生长，通常会进入母井周围的衰竭区，进而影响加密井改造效果[28]。总体而言，存在"三大效应"制约改造效果的提升。

1）"低压力系数"效应

加密井施工、测试数据综合反映，地层压力系数降低明显，甚至可能已接近常压页岩气井。焦页 6G 井微注测试表明（图 6-2-1），地层破裂后，泵注中压力持续下降，下降幅度大，地层滤失量大，储层压力系数明显降低，地层亏空明显。加密井开井压

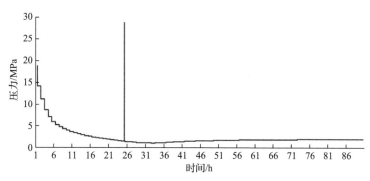

图 6-2-1 焦页 6G 井微注测试曲线

力、停泵压力、施工压力普遍出现降低情况，焦页 6H 井井开井压力较邻井低 7.3～12.7MPa，停泵压力较邻井低 5.7～7.4MPa（图 6-2-2）。

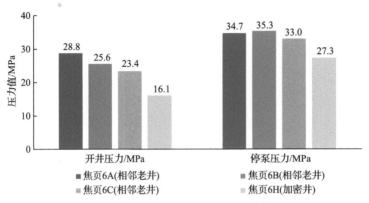

图 6-2-2　加密井与邻井的压力参数

2）"应力-改变"效应

研究表明，页岩储层有效应力变化量约为孔压变化量的 2/3，与经典油藏地质力学理论相近；焦石坝多个井组动态最大水平有效应力变化量＞最小水平有效应力，有利于形成复杂缝的基本力学条件消失。

由于地应力改变，导致施工曲线与相邻老井存在差异。新井施工砂地比提升容易，曲线多为平稳型；相邻老井则砂地比提升困难，砂地比受限，曲线多为上升型。

3）"老缝诱导"＋"衰竭诱导"效应

从加密井视角分析，老井人工缝近似"天然裂缝"，诱导效应强。老井累计产量高，周围形成低压区，加密井压裂液易流向低压衰竭区，大量液体由造缝液体变为老井能量补充液体，降低了对加密井区域的改造强度。焦页 6A 井的微地震事件显示（图 6-2-3），第 2～20 段微地震事件及能量显示为左强右弱，左侧老井焦页 6M 井累计产气量比右侧老井焦页 6N 井高，左侧焦页 6M 井周围形成较强低压区。压裂缝明显受距离更近的焦页 6M 井裂缝的影响更强烈。

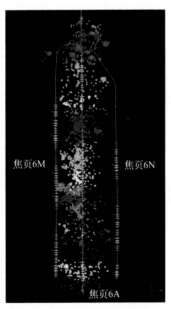

图 6-2-3　焦页 6A 井微地震事件分布图

(二)下部加密井裂缝扩展研究

以水力/天然裂缝网络嵌入后的地质模型为基础，以生产动态参数为初始及边界条件，分别建立目标井附近区域页岩气藏渗流模型、动态地质力学模型以及三维页岩气储层水力压裂模型，研究加密井水力压裂裂缝扩展情况。

1）压裂后及生产过程中地应力演变

根据上述有限元地应力模型构建方法及建立的地质网格属性模型，进行模型应力初始化，即地层初始地应力平衡优化，使地质模型中地应力属性差值结果符合应力理论计算平衡结果。

利用有限元软件进行四维动态地应力变化分析。在体积压裂过程中，两向应力差对压裂改造裂缝展布情况具有重要的影响。图 6-2-4 为储层初始水平两向主应力差和动态计算后得到的生产后水平两向应力差分布情况。

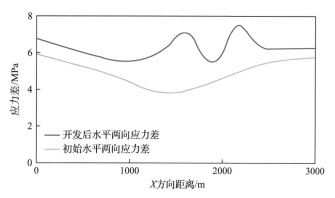

图 6-2-4　开采前后水平两向应力差对比

通过对比初始、生产后模拟结果，可以发现随着气井生产，储层水平最大、最小水平主应力均降低，但水平最小主应力降低幅度更大。与初始两向应力差相比，生产后生产井附近水平应力差升高，加密井处水平应力差仅略微升高。

2）加密井裂缝扩展模拟

加密井裂缝模拟结果反映，由于邻井生产导致地应力大小和方向发生变化，使水力裂缝方向发生变化。井间裂缝网络扩展模拟结果如图 6-2-5 所示，加密井水力扩展数量与邻井相近，裂缝大多集中在井筒周围。母井在裂缝形态展布上与加密井有明显不

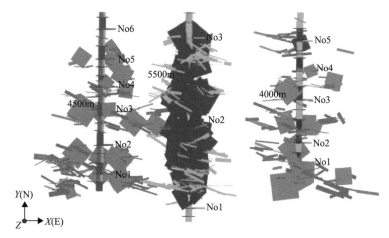

图 6-2-5　井间裂缝网络扩展模拟结果

No1～No6 均为压裂段号

同，层理缝与构造缝展布分布较为均匀，不受位置区域影响，裂缝远端与井筒附近分布并无太大差别。

（三）下部加密井压裂工艺优化

建立了以簇密度及簇改造强度精细设计、强化远端暂堵转向为核心的工艺参数优化方法，配套"响应时间、斜率变化、上升幅度、停泵后压力变化"四个参数识别防压裂冲击调控技术，有效应对未动用区非均匀分布、两向应力差增大、老井亏空诱导影响等难题。

1. 分段分簇压裂设计

围绕提高裂缝控储程度、最大程度提高采收率，采用三项核心技术：一是高密布缝参数设计与优化，在段内实现基质到裂缝的渗流距离更短，渗流阻力更小；二是多簇裂缝延伸精准控制技术，在横向上沿水平井筒有效裂缝条数更多，覆盖程度更高；三是新老井裂缝参数协同优化设计技术，将平面上裂缝展布、改造强度与井间储量全动用相匹配。在此基础上，开展了多簇裂缝投球暂堵工艺数值模拟研究。

1)多簇裂缝同步扩展数学模型

基本假设：①各压裂裂缝为垂直于最小水平主应力的横向裂缝；②岩石是均质、各向同性的线弹性体；③不考虑压裂液压缩性；④假设所有簇裂缝均起裂。

2)基本方程

（1）裂缝内流体流动方程。

$$\frac{\partial p}{\partial x} = -\frac{64}{\pi}\frac{q\mu}{w^3 H} \tag{6-2-1}$$

式中，p 为缝内压力；x 为缝内位置；q 为缝内流量；μ 为压裂液黏度；w 为裂缝宽度；H 为裂缝高度。

（2）连续性方程。

裂缝内：

$$-\frac{dq}{dx} = \int_0^L \frac{2HC_L}{\sqrt{t-\tau(x)}}dx + \frac{dw}{dt} \tag{6-2-2}$$

式中，L 为缝长；C_L 为滤失系数；t 为压裂施工时间；$\tau(x)$ 为裂缝扩展到 x 处所需要的时间。

井筒内：

$$Q_{in} = \sum_{i=1}^n Q_i \tag{6-2-3}$$

式中，Q_{in} 为入口流量；Q_i 为各裂缝的进液流量。

（3）裂缝宽度方程。

裂缝宽度为

$$w = \frac{2H(1-v^2)p_{\text{net}}}{E} \tag{6-2-4}$$

式中，v 为泊松比；p_{net} 为缝内净压力；E 为杨氏模量。

在水平井分段压裂过程中，形成的人工裂缝会在周围产生诱导应力场，影响到相邻裂缝的延伸扩展。为此，引入缝间干扰因子来近似表示应力干扰强度，为

$$\frac{w_{\text{e}}}{w_{\text{e}}(0)} = 1 - \frac{1}{2}\Psi_\xi \tag{6-2-5}$$

$$\frac{w_i}{w_i(0)} = 1 - \Psi_\xi \tag{6-2-6}$$

式中，w_{e} 和 w_i 分别为外侧和内侧的裂缝宽度；$w_{\text{e}}(0)$ 和 $w_i(0)$ 分别为外侧和内侧的裂缝初始宽度；Ψ_ξ 为缝间干扰因子。

（4）井筒内压力分布。

沿程摩阻方程：

$$\Delta p = 2f\frac{\rho v^2 L}{d}(1 - R_{\text{降阻}}) \tag{6-2-7}$$

式中，Δp 为沿程摩阻；ρ 为压裂液密度；$R_{\text{降阻}}$ 为降阻率；v 为井筒内平均流速；d 为井筒内平均直径；f 为摩阻系数。

井口压力：

$$p_{\text{井口}} = p_{\text{净压力}} + \sigma_{\min} + \Delta p + p_{\text{孔}} \tag{6-2-8}$$

式中，$\sigma_{\min}$ 为最小水平主应力；$p_{\text{孔}}$ 为孔眼摩阻。

（5）孔眼摩阻。

孔眼摩阻为

$$p_{\text{孔}} = \frac{8\rho Q_i^2}{\pi^2 n_{\text{孔}}^2 C d_{\text{孔}}^4} \tag{6-2-9}$$

式中，$d_{\text{孔}}$ 为射孔孔眼直径；$n_{\text{孔}}$ 为射孔孔眼孔数。

3）求解方法

采用迭代数值解法建立数值计算模型，首先假设一个多缝流量的分布，并计算该条件下的缝内压力分布，然后根据全井筒连续性方程及井口压力一致的原则，反复迭

代，调整多缝流量的分布，直到满足要求的精度，并进入下一个时间步的计算。根据数值模型分析水平井分段压裂条件下多簇裂缝扩展的影响因素，相关敏感性因素参数取值见表 6-2-1。

表 6-2-1　相关敏感性因素参数表

计算参数	数值	计算参数	数值
弹性模量/GPa	23.3	压裂液黏度/cP	1
泊松比	0.22	储层高度/m	30
压裂液排量/(m³/min)	16	孔眼直径/mm	14
簇数	10	簇间距/m	15

注：1cP=1mPa·s。

(1)孔眼数。

孔眼数对多簇裂缝扩展的影响规律如图 6-2-6 和图 6-2-7 所示，随孔眼数的增加，多簇裂缝长度及进液的均匀性减弱。因此，在施工压力允许的前提下，可考虑减小射孔密度来提高多簇裂缝扩展的均匀性。

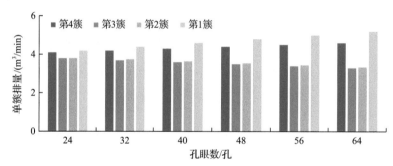

图 6-2-6　孔眼数对单簇排量的影响规律

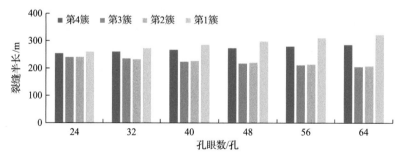

图 6-2-7　孔眼数对裂缝半长的影响规律

(2)簇数。

随着簇数的增加，多簇裂缝长度及进液的均匀性增强(图 6-2-8、图 6-2-9)，在施工压力允许的前提下，可考虑结合地质条件，适当增加簇数来提高多簇裂缝扩展的均匀性。

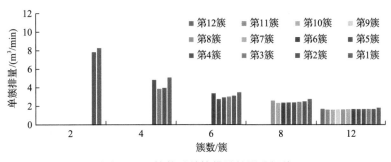

图 6-2-8 簇数对单簇排量的影响规律

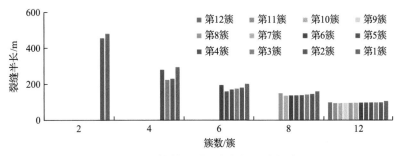

图 6-2-9 簇数对裂缝半长的影响规律

（3）簇间距。

随着簇间距的增加，多簇裂缝长度及进液的均匀性增强（图 6-2-10、图 6-2-11）。由于簇间距的增大，缝间应力干扰减小，裂缝扩展时所受的应力遮挡作用降低。

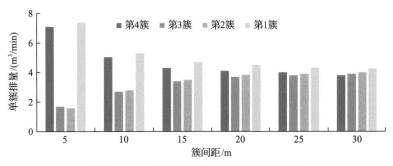

图 6-2-10 簇间距对单簇排量的影响规律

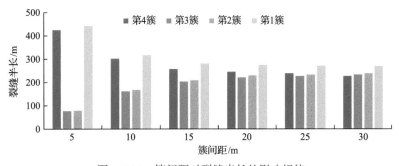

图 6-2-11 簇间距对裂缝半长的影响规律

（4）排量。

不同射孔簇数排量与净压力关系模拟计算如表 6-2-2 所示，为充分开启天然裂缝，促进裂缝复杂化，需尽可能提高排量，提高缝内净压力。采用大排量施工提高缝内净压力有利于形成复杂裂缝网络，当单段 4 簇射孔排量大于 12m³/min 时，缝内净压力大于 8.5MPa（涪陵区块天然裂缝开启的最低净压力为 8.5MPa），可同时满足开启天然裂缝、实现裂缝转向的要求。

表 6-2-2　不同射孔簇数排量与净压力关系表

排量/(m³/min)	不同射孔簇数下的净压力/MPa				
	6簇	5簇	4簇	3簇	2簇
10	5.3	6.0	6.9	8.5	10.2
12	6.5	7.6	8.8	10.8	12.9
14	7.2	8.5	10.9	13.9	16.2
16	9.8	12.3	13.1	16.2	19.9

2. 多簇裂缝均衡扩展工艺优化

1）复合转向工艺优化

暂堵转向技术能有效提高射孔孔眼开启效率，促进多簇裂缝均衡扩展[29]。根据产出剖面测试 60%出气率统计结果，暂堵球用量按理论为孔眼数的 40%～60%设计，既能保证封堵效果，又可避免过多投球导致施工困难。考虑孔眼冲蚀、堵球惯性力、孔眼对堵球的吸引力、堵球脱离孔眼的力等因素，射孔为孔径 9.5mm 时优选 13.5mm 的暂堵球。

模拟显示（图6-2-12），固液两相流中，大颗粒暂堵球在井筒内将发生运移沉降，高排量时暂堵球易被携带至下一簇射孔位置堵塞孔眼，为使暂堵球尽量封堵前端孔眼，降低暂堵球往远端运移的概率，小排量（8～10m³/min）送球可保证暂堵球有效封堵近端孔眼。

图 6-2-12　暂堵球井筒内运动规律

2）基于饱充填、强支撑的铺砂程序优化

随着页岩气开发逐步深入，国内外普遍认识到要获得更高的产量，需要建立更大的用液规模以及提高支撑剂用量。为此，借鉴国外 Eagle Ford 页岩连续加砂方式[30]，对比段塞式加砂，研究了不同砂浓度、不同铺置方式对导流能力的影响。

室内裂缝导流能力实验结果反映，见图 6-2-13，铺置浓度小于 2.5kg/m²，闭合压力大于 50MPa 时导流能力快速下降。在相同铺砂浓度下，段塞式加砂在闭合压力超过 32MPa 时，导流能力明显低于连续加砂，见图 6-2-14。采用高强度连续加砂方式施工，不仅可以提高平均砂比，还可以节约液体用量，在缝长剖面上形成更加连续的铺砂形态。

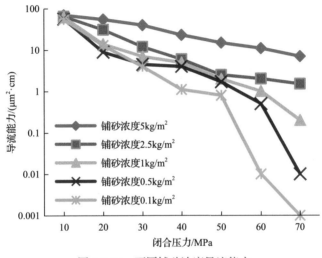

图 6-2-13 不同铺砂浓度导流能力

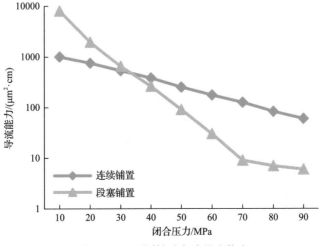

图 6-2-14 不同铺砂方式导流能力

　　根据不同泵注工艺模式下裂缝参数模拟及液固两相流计算分析方法，开展了连续加砂模式下沙丘运移形态模拟研究(图 6-2-15)。结果显示，采用 2～3 簇射孔，裂缝延伸较为顺利，缝长明显，采用段塞式加砂利于提高支撑剂铺置长度，同时压力波动可促进分支缝的诱导开启和填充。采用连续加砂模式会在主缝内形成较为明显的填充，实现缝内支撑剂连续沟通，进而提高裂缝系统综合导流能力，基于此提出了以用液强度、加砂强度为核心，控液提砂为目标的规模优化设计新思路。结合室内分析和压后效果综合评估结果，优化用液强度 22～25m³/m，提升加砂强度大于 1.5t/m，幅度提高约一倍。现场实践表明，连续加砂施工安全有效，能够满足涪陵气田大规模施工，缝内高效填充导流的需要，进一步提升了压裂试气效果。

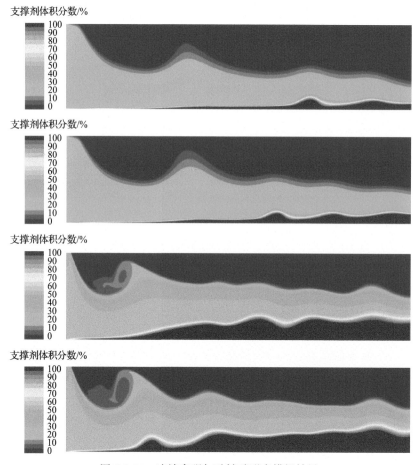

图 6-2-15　连续高强加砂铺砂形态模拟结果

3. 防压裂冲击调控技术

　　针对页岩气压裂裂缝形态复杂多变、效果实时评估及分析尚无系统方法等问题，构建了水平井施工动态诊断和压后评估技术，实现了压裂现场"实时分析、提前预判、及时调整"。通过压力响应形态分析，如图 6-2-16 所示，依据上涨压力、响应时间、主斜率、压力下降时间四个指标，可分为弹性介质响应、混合响应、直接冲击三种类型。

根据不同冲击类型,建立了实时干预纠偏调整对策(表6-2-3),实现了从单层改造到"改造体"整体受效的转变。

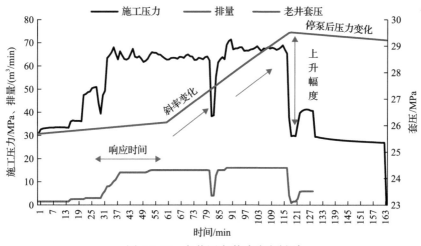

图 6-2-16　老井压力激动响应判别

表 6-2-3　压裂冲击类型及调整对策

压力响应	定量参数	压裂调整对策
弹性介质响应	响应压力 0.007~0.07MPa	当段施工继续提排量、增加施工液量,至出现混合响应停止施工;若同类规模里连续两段出现低强度响应时,则加大施工规模
混合响应	响应压力 0.07~0.7MPa,主斜率小于 0.001MPa/min	达到设计液量结束施工
直接冲击	响应压力 0.7~7MPa,主斜率 0.001~0.1MPa/min	降低施工排量、暂堵转向,若压力爬升幅度保持,则停止施工

二、层间剩余气挖掘精准压裂技术

涪陵页岩气五峰组—龙马溪组纵向非均质性较强,同时上部、中部、下部多井立体开发平台储层空间关系复杂。为此,基于储层可压性评价及纵向压力-应力场变化研究,开展了层间剩余气挖掘精准压裂技术研究。

(一)纵向孔隙压力及地应力动态变化规律研究

地应力数值模拟显示,井筒附近孔隙压力和最小水平主地应力有明显降低,水平应力差明显上升。页岩储层渗透率低,一般压力波及范围较小,裂缝波及范围之外的储层孔隙压力和最小水平主应力下降程度较小,水平应力差变化不明显。

1. 孔隙压力变化

数值模拟结果表明,经过老井开采,上部、中部、下部储层孔隙压力均会发生不同程度变化,下部小层变化幅度大于中部和上部,如表 6-2-4 所示。老井焦页 6P 井开采 67 个月后,上部(⑨小层、⑧小层、⑦小层、⑥小层)孔隙压力下降至 7.91～19.01MPa;中部(④小层和⑤小层)孔隙压力下降 29.63～30.73MPa,当前孔隙压力为 6.07～7.17MPa;下部(③小层、②小层、①小层)孔隙压力下降 30.98～31.20MPa,当前孔隙压力为 5.60～5.82MPa。

表 6-2-4 焦页 6P 井压后孔隙压力、地应力场变化

层位	孔隙压力变化/MPa		最小水平主应力/MPa		水平应力差/MPa	
	当前值	下降值	当前值	下降值	当前值	上升值
上部	7.91～19.01	17.79～28.89	32.80～41.90	7.2～16.3	8.5～10.2	0.1～1.8
中部	6.07～7.17	29.63～30.73	32.14～33.60	15.0～16.4	11.9～14.3	3.5～5.9
下部	5.60～5.82	30.98～31.20	33.60～35.30	13.8～15.5	13.9～15.2	5.5～6.8

2. 地应力变化

焦页 6P 井开采 67 个月后,上部(⑨小层、⑧小层、⑦小层、⑥小层)井周最小水平主应力下降 7.2～16.3MPa,水平应力差上升 0.1～1.8MPa;中部(④小层和⑤小层)井周最小水平主应力下降 15.0～16.4MPa,水平应力差上升 3.5～5.9MPa;下部(③小层、②小层、①小层)井周最小水平主应力下降 13.8～15.5MPa,水平应力差上升 5.5～6.8MPa。

3. 波及影响分析

主裂缝平面为切面(改造区域长-高平面)沿着缝长和缝高方向,孔隙压力和地应力降低幅度逐渐减小,压裂段压后开采孔隙压力与地应力波及范围主要集中在前期压裂段改造区域附近。焦页 6P 井水平方向孔隙压力和最小水平主应力波及范围如图 6-2-17 所示;焦页 6P 井纵向孔隙压力及应力变化如图 6-2-18 所示。

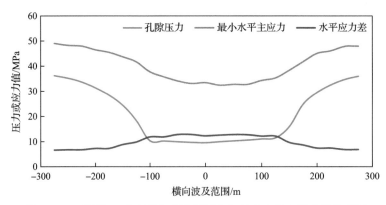

图 6-2-17 焦页 6P 井水平方向孔隙压力和最小水平主应力波及范围

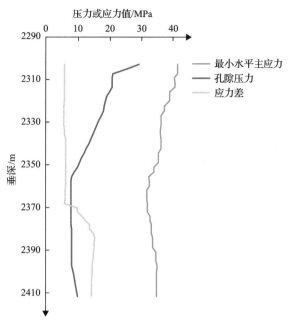

图 6-2-18 焦页 6P 井纵向孔隙压力及应力变化图

(二)上部和中部调整井成缝机理研究

1. 上部气层页岩破坏及裂缝延伸规律研究

1)单轴压缩实验破碎形态

⑧小层、⑨小层岩心单轴抗压强度相对偏低,单轴破坏以沿层理面的竖向劈裂破坏为主,由试验破裂方式判断,层理面为弱黏结;⑦小层岩心单轴抗压强度相对较高,试样破裂仅有一条主破裂面;⑥小层岩心单轴抗压强度相对较高,以沿层理面的竖向劈裂破坏为主,如图 6-2-19 所示。

2)岩石破裂模式

对于层理发育的页岩地层,依据莫尔-库仑(Mohr-Coulomb)强度准则可知(图 6-2-20),页岩层理的破坏方式主要有两种(图 6-2-21)。

判断方式:当 $\beta_1 \leqslant \beta \leqslant \beta_2$ 时,破坏方式为沿层理面剪切破坏;当 $\beta \leqslant \beta_1$ 或 $\beta > \beta_2$ 时,破坏方式为切割层理面剪切破坏。

依据⑥~⑨小层岩石力学实验参数 $\sigma_1 = 57.3\text{MPa}$、$\sigma_3 = 50.0\text{MPa}$、$c_i = 10\text{MPa}$、$\varphi_i = 20.2°$,求得 $\beta_1 = 49.7°$、$\beta_2 = 52.4°$。主体区地层倾角 $\beta = 15°\sim30°$,由此判定⑥~⑨小层主要为切割层理面剪切破坏。天然裂缝张性扩展缝内

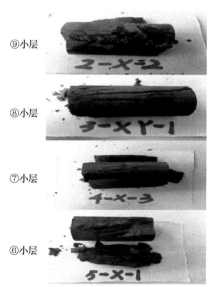

图 6-2-19 上部气层各小层页岩破碎形态

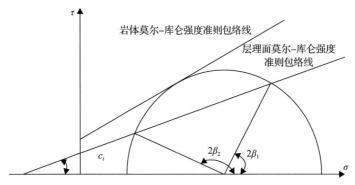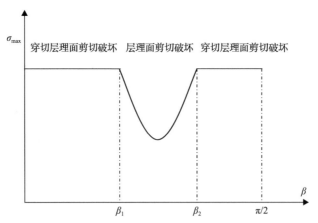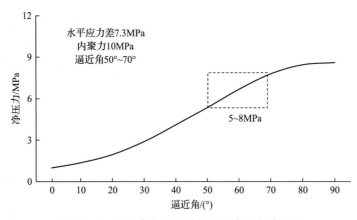

图 6-2-20 岩体莫尔-库仑强度准则包络线示意图

τ 为剪切面上的剪应力；σ 为正应力；c 为内聚力；β 为层理面倾角

图 6-2-21 裂缝剪切滑移示意图

净压力 5～8MPa(图 6-2-22)，剪切扩展缝内净压力 8～12MPa，张性破裂较容易发生，高净压力条件下两种扩展模式能同时发生(图 6-2-23)。

图 6-2-22 逼近角与张性破坏所需净压力关系图

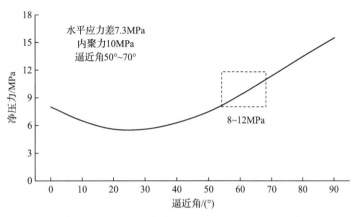

图 6-2-23 逼近角与剪切破裂所需净压力关系图

2. 中部气层页岩破坏及裂缝延伸规律研究

1）水压物理模拟试验

涪陵焦石坝区块龙马溪组的⑤小层，层理缝发育，较③小层发育程度弱，层理胶结强度中等，发育少量高角度缝，应力差异系数为 0.14，脆性指数为 49.26%～55.76%。室内真三轴水力压裂物理模拟结果表明（图 6-2-24），压裂裂缝首先沿最大水平主应力方向发生纵向破裂，主要产生偏离最大主应力方向发生张性破裂，遇到高角度天然裂缝后，人工裂缝转向沿高角度天然裂缝扩展，形成高角度缝与人工裂缝交错的复杂裂缝。一定数量的层理面产生剪切滑移的作用较弱，横向波及范围较③小层小，缝高扩展较③小层大。

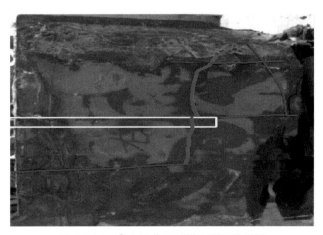

图 6-2-24 ⑤小层典型试样压裂后效果图

水力压裂物理模拟泵压曲线如图 6-2-25 所示，页岩试样压裂过程中泵压在达到峰值压力前后均存在压力波动，分析可能与在压开压裂岩石本体之前压开了层理、天然裂缝等脆弱面有关，水力裂缝压裂岩石时消耗能量较高，开启天然裂缝所需的能量较低。由于试样层理分布密度及力学性质等影响，后期压力波动有限，相比③小层试样，在层理系统分布密度减小且胶结强度较高的情况下，水力裂缝在沟通多条较小尺度的天然裂缝后呈径向网状缝形态，张开层理的趋势较弱，发生转向概率较低，水力裂缝延伸过程中实现诱导缝分支的概率降低，裂缝的复杂程度也相对降低。

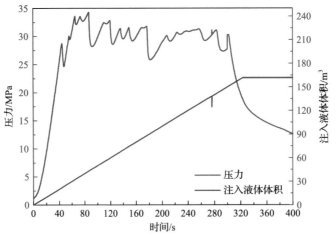

图 6-2-25　⑤小层典型试样水力压裂物理模拟泵压曲线

2）裂缝形态数值模拟

中部气层井附近储层地应力随着老井生产而发生变化，裂缝扩展过程中具有不对称性，如图 6-2-26 所示。由于靠近老井一侧（右侧）水平应力差不断增大，井筒向老井方向扩张缝缝长较长。同时靠近老井一侧地应力整体较低，裂缝更易破裂向前扩展，使得靠近老井一侧整体改造范围更大，且东侧扩展至老井改造区附近时沟通老井改造裂缝，中部气层井缝内压差增大，压裂液倾向于向老井一侧流动，限制了井筒另一侧（左侧）扩展，老井导致纵向压力屏障形成，限制中部气层井的缝高扩展。

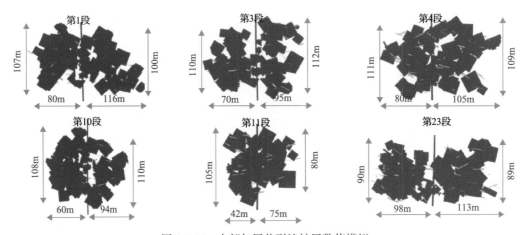

图 6-2-26　中部气层井裂缝扩展数值模拟

（三）上部和中部压裂工艺优化

基于垂向距离、穿行层位、曲率、老井累采四要素压前评价，创新了匹配不同类型剩余气"充分改造、精细改造、适度改造"分类差异化设计技术，配套缝间缝内双暂堵优化、阶梯变排量控缝高、压力墙保护系列方法，有效应对了中部和上部储层空间关系复杂、储层塑性增强、纵向缝高控制等难题。

1. 分类差异化设计

基于设计井区内老井缝网模型，明确沿井轨迹方向剩余储量分布状况，考虑剩余气形态差异将储量动用划分为单侧动用、双侧动用和未动用三种类型，综合穿行层位、井网井距、空间距离等对立体开发调整井进行综合分段。在地质-工程综合分段基础上，结合设计井沿井轨迹方向剩余气分布、井周地应力场动态变化特征，以细密切割+限流促缝+暂堵控缝为主体思路，以产能预测、经济评价为约束，通过变工艺参数(簇数、排量、规模等)缝网模拟对比分析，分类定制"适度改造—精细改造—强化改造"不同工艺对策、参数组合。

不同入井液量下改造体积压裂模拟显示，以获得较大的改造体积，进而充分动用上部和中部气层，推荐采用6~10簇射孔、单段液量2200~2600m³，单段砂量110~130m³(表6-2-5)。

表6-2-5 不同入井液量下改造体积

施工方式	射孔簇数	入井液体积/m³	加砂量/m³	改造体积/10⁴m³	缝长/m	平均缝宽/cm	缝高/m
常规措施	3簇	1600	70	145	133	0.14	33
	4簇	1800	85	161	127	0.13	31
	5簇	2000	100	196	125	0.13	30
多簇密切割	6簇	2200	110	224	124	0.12	30
	7簇	2300	115	228	111	0.11	29
	8簇	2400	120	231	110	0.11	27
	9簇	2500	125	242	113	0.10	25
	10簇	2600	130	247	108	0.10	24

2. 暂堵工艺

为研究投球暂堵压裂裂缝扩展规律，改变裂缝簇数、簇间距以及施工排量，模拟得到不同条件下的投球暂堵压裂裂缝扩展结果，见表6-2-6。

表6-2-6 不同裂缝簇数、簇间距、施工排量下的模拟结果

组号	裂缝簇数	簇间距/m	施工排量/(m³/min)	投球次数	暂堵后裂缝扩展模式
第1组	7	7.5	12	3	邻簇扩展
第2组	7	7.5	14	3	邻簇扩展
第3组	7	7.5	16	3	邻簇扩展
第4组	7	10	16	3	隔簇扩展

组号	裂缝簇数	簇间距/m	施工排量/(m³/min)	投球次数	暂堵后裂缝扩展模式
第5组	7	12	16	3	隔簇扩展
第6组	7	15	16	2	隔簇扩展
第7组	7	10	12	3	隔簇扩展
第8组	7	10	14	3	隔簇扩展
第9组	7	10	18	2	隔簇扩展
第10组	8	10	16	3	隔簇扩展
第11组	9	10	16	4	隔簇扩展
第12组	10	10	16	4	隔簇扩展

从模拟结果可以得知，簇间距与排量会影响暂堵后裂缝扩展模式，其中，簇间距的影响程度大于施工排量。在簇间距为7.5m的条件下（第1～3组），改变施工排量，暂堵后裂缝扩展模式均为邻簇扩展，完成整个7簇裂缝投球暂堵压裂过程需要进行三次投球暂堵作业。现增大簇间距至10m（第4组、第7～9组），发现增大施工排量后，裂缝的扩展模式仍为隔簇扩展，完成压裂施工的投球次数仍未发生改变。为研究簇间距的影响，固定施工排量为16m³/min（第4～6组），将裂缝的簇间距设为10m、12m、15m，可以发现在较大的簇间距与施工排量下，暂堵后裂缝扩展模式为隔簇扩展，并且在排量16m³/min、簇间距15m的条件下施工工况发生改变，完成整个投球暂堵压裂作业只需要进行两次投球，减少了投球暂堵作业次数。保持簇间距10m、施工排量16m³/min不变，增大裂缝的簇数（第10～12组），可以得知，随着裂缝簇数的增加，压裂过程中投球次数增加，施工难度增大。

3. 压裂顺序

压裂顺序对立体开发效果有重要影响，北美页岩气立体开发实践及建模数模一体化分析表明，井组内压裂顺序：先压裂内侧井，后压裂外侧井的开发效果较好；由于压裂液注入，压力墙内的储藏压力高于孔隙压力，可成为防止（子母井间）压裂冲击和裂缝优先生长的遮挡；建立"压力墙"理念，为避免压裂裂缝向低压区延伸，明确了提前3～5天相邻老井保护性关井蓄能保压、立体开发井组"先下后上"的实施对策，平衡地层压力，减少负面干扰。

三、段簇间剩余气挖掘精准压裂技术

针对水平段段簇间改造不均衡、存在储量未动用区等状况，重复压裂成为进一步动用段簇间剩余气的重要途径。重复压裂实施方法主要包括暂堵分流法和机械封隔法，前者需要在压裂前先泵入暂堵转向剂来都堵住严重亏空的层段，使后续压裂液被分流至未充分压裂的层段，由于暂堵转向过程中液流分配及裂缝开启延伸具有一定的随机性和不确定性，该工艺的适用性及改造效果仍存在一定局限。涪陵页岩气田以"引进学习—借鉴吸收—自主实施"的技术发展思路,开展了采用机械封隔方式的重建井筒重复压裂完井工艺研究与应用。

(一)重复压裂选井标准

北美页岩气开发作业者发布的各种选井原则认为,候选井周边必须有足够剩余储量,不仅要考虑候选井本身状况,还必须综合评估整个井组的各种因素[31]。涪陵页岩气田在开展剩余储量精细描述和生产特征规律认识的基础上,形成了综合地质-工程条件为基础,以数据驱动的二指标、七参数的重复压裂选井标准(图 6-2-27)。

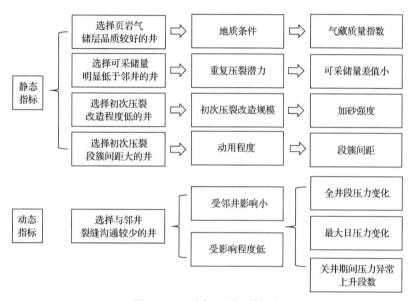

图 6-2-27 重复压裂选井标准

(二)重建井筒技术

以重建井筒关键工具直翼式套管树脂扶正器和机液复合脱节器研发为基础,结合涪陵页岩气水平井井筒环境,创新了"先暂堵,后重建,再固井"的重建井筒标准化施工流程,有效提高了重建井筒施工效率。

1. 配套工具

针对 TP140 无接箍气密封套管连接过程中易出现上扣扭矩过载、金属密封面磕碰损伤等影响管柱密封性的问题,采用"三上三卸""一扣一记"等标准化操作,形成了高钢级无接箍小套管上扣推荐做法,保证重建井筒管柱的气密封性能。

针对前期小套管井筒重建产生的旋转摩阻低、传扭性能弱及送入工具脱节困难等问题,配合自研机液复合脱节器结构特点,形成了机液复合脱节器现场操作推荐做法,满足了非常规油气井重建井筒技术需求。

围绕小套管水平段扶正居中难的技术难题,对标国外先进产品性能指标,研制出了以"高性能树脂+碳纤维+硅化物"为材料主体的直翼式套管树脂扶正器,实现了同类产品的国产替代。

根据自研直翼式套管树脂扶正器的产品特点，结合施工气井井筒条件，开展数值模拟和现场安装两方面归纳总结，形成了理论分析与实际操作相结合的直翼式套管树脂扶正器现场操作推荐做法，全面保障重建井筒下管柱的安全性和稳定性。

2. 配套材料

采用"高效架桥+固相支撑+高流变性+降解可控"的研发思路，开展了砂床模拟试验、吸水树脂材料研选、体系粒径优选及高温高压堵漏试验等，自主研发了适用于涪陵页岩气田重建井筒的固化水体系，为重建井筒固井提供了支撑。

针对重建井筒套管间隙小、超薄水泥环固井质量难保障的问题，沿用"数模+物模"的研发理念，通过外加剂研选、室内老化模拟、固化时间测试及水泥环强度有限元分析等方法，形成了具备高强度、强胶结、低弹性模量、耐破坏等优点的高性能固井水泥浆体系，保证超薄水泥环固井质量，同时提高了重复压裂时段间封隔有效性。

(三) 重建井筒重复压裂工艺

重建井筒重复压裂主要的思路如下：剩余潜力大的原簇间位置以簇间补孔压裂改造为主，原簇未动用或低动用位置以原位补孔重复压裂恢复导流能力为主；针对两种不同补孔类型的压裂段进行差异化设计，通过"循环加砂"工艺解决未动用或低动用老簇与簇间新补孔之间的干扰；同时，针对全新补孔段采用密切割缩短簇间距进行限流压裂，提升裂缝质量，增加有效泄气面积，扩大泄气通道，最终达到重复压裂挖潜增产的目的。

1. 分段射孔原则

根据该井剩余可采储量分布情况，水平段分段射孔方式可分为两大类：Ⅰ类分段靠近趾端，初次压裂储量动用程度低，以簇间补孔和有潜力的老炮眼位置重新射孔相结合；Ⅱ类分段靠近根部，初次压裂各簇储量动用程度较高，以原簇间剩余潜力为主，原簇间多簇密切割、缩短簇间距。

2. 主要压裂工艺技术

1) 控破裂泵注工艺降低近井多裂缝及滤失

常规复合压裂液泵注程序的缺点是前置液的低黏滑溜水容易在近井产生多裂缝，降低裂缝宽度，容易发生砂堵；多裂缝还会增大近井弯曲摩阻，使地面设备经受考验。控破裂技术是通过在低黏滑溜水之前，先泵入一定量的交联液，且通过阶梯排量方式，结合地面压力反应，控制近井多裂缝的产生。该技术已在北美致密油开发中得到广泛使用，并取得了较好的现场效果。

2) 段内采用簇间暂堵转向技术提高簇压裂受效率

簇间暂堵转向工艺是用来优化分段压裂中支撑剂缝内分布的技术，采用可以适用于各种裂缝条件的化学转向剂。化学转向剂可以提供暂时的炮眼或近井裂缝封堵，但随后会完全降解。其具体特征如下：暂堵转向剂由不同大小粒径(4～200 目)的颗粒组合，粒径分布范围广，对近井带不同形状的压裂裂缝、天然裂缝、支撑裂缝进行桥接降滤，具有封堵效率高、暂堵强度高、适用温度范围广（60～160℃）等特点。

3）循环加砂工艺降低压力衰竭区影响、促进新老射孔簇的均匀改造

针对未动用老簇与簇间补孔的压裂段，由于老簇的存在导致射孔簇不能得到均匀改造的问题，采用"循环加砂"工艺，通过预处理阶段减轻老缝压力衰竭对压裂的影响，从而进一步使用滑溜水长循环携砂对新射孔簇进行充分改造，提高整体的射孔簇受效率。

3. 关键压裂材料

针对重建井筒压裂施工摩阻高和工艺上对变黏与高携砂的需求，以及常规乳液型压裂液耐盐性能差等问题，配套应用了适应重建井筒重复压裂的高降阻一体化变黏滑溜水，可满足滑溜水、线性胶及胶液的在线配制，黏度实时可调，配套不同破胶剂，使用温度范围广。针对重建井筒压裂施工摩阻高和工艺上对"控破裂"的需求，形成了适应重建井筒重复压裂的交联可控低伤害瓜尔胶压裂液，具有交联时间可控，可有效降低管柱摩阻，以及破胶后残渣含量低，对储层伤害低等特点。

第三节 立体开发配套采气技术

非常规井的一个通常特征是产量快速递减和不同开采阶段产量变化很大。尽可能采用自喷生产，直到井口压力非常低，之后才安装人工举升系统。在一些案例中，人工举升（如气举）是在完井后立即安装，然后（在井下有举升系统的情况下）实施返排。北美的非常规井通常都是自喷生产 4～12 个月（各盆地间略有差异），在此初始生产期后，安装人工举升系统，以提高井筒生产压差，提高总产量。人工举升应用可能是有效的能够在低于临界流速条件下将液体举出井筒。然而，深入了解不同的人工举升方式及其适用的流动条件以及未来的井筒效果，不仅能实现经济效益，还能提高井的产能（图 6-3-1）。

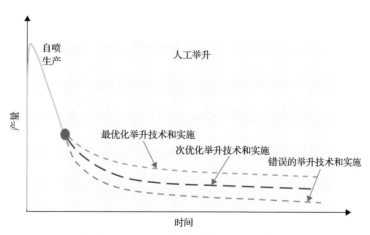

图 6-3-1 不同举升方式产量预测模型图

　　涪陵页岩气田焦石坝区块进入立体开发阶段后，多数气井自然稳产期结束，气井正常生产受外输管网压力影响，井筒积液严重，产量快速递减，气井被迫进入间开，区块稳产困难，大量可采资源得不到利用。

　　针对涪陵页岩气水平井多段分簇压裂后面临的复杂井筒多相流特征，采取增压+泡排复合采气技术、多级气举阀排水采气技术、高低压气井一体化集输技术和试气测采一体化技术，实现从井筒到地面，从试气到采气再到集输的立体开发高效采气集输。

一、增压+泡排复合采气技术

　　涪陵页岩气田采用水平井进行分段措施，在气井开采过程中受井筒复杂轨迹多相管流影响，其垂直段、倾斜段和水平段的流动型态和压降规律比较复杂，单一的排采工艺无法实现气井有效排液和高效采气的双重目标，采取增压+泡排的复合采气技术，通过泡排降低井底压力梯度，满足井筒排液举升要求；通过地面增压，降低井口采气压力，减少管线集输压力对气井生产的制约，实现从井筒到地面的立体采气集气。

（一）增压集输工艺

　　增压开采是气田开发中后期为保障气井正常生产不受集输管网压力制约而采取的一项重要稳产技术，主要包含低压集气技术、负压集气技术等增压工艺。

　　低压集气技术指的是一次增压，当气井生产压力低于输压而无法连续生产时，通过一次增压将井口生产压力下降 2.0～3.0MPa，实现低压连续生产。负压集气技术指的是在一次增压基础上的二次增压工艺。一次增压设置的弃井压力为 0.8～1.0MPa，弃井日产量为 2000m³。部分井实施一次增压后，由于压力和产量递减较快，气井的生产压力无法满足一次增压进口压力需求，气井进入间开增压生产阶段，生产时率降低，增压开采效果快速下降。二次增压的目标是要进一步降低废弃压力和产量，废弃压力降低到接近甚至小于大气压力，实现负压开采，提高气井生产时率，实现负压情况下的连续生产。增压开采已成为涪陵页岩气田维持气田稳产和提高区块采收率的支撑工艺，当前主要使用的是一次增压工艺。

1. 增压时机

　　涪陵页岩气田生产实践表明，气井井口压力接近输压，气井产量会出现递减，当产量低于连续携液流量，气井会因井筒积液无法连续生产，因此可将气井外输压力条件下的连续携液流量作为增压理论时机。

　　在实际实施过程中，在理论时机的基础上，气田增压开采时机通过气田产量需求、集输管网特征、气井产水特征、增压潜力大小等进行优化调整。

　　从分析气田开发现状入手，分析现行经济参数下的单井废弃产量；基于不同废弃压力和可采储量变化关系、气井流入动态曲线（IPR）及 PIPESIM 软件分析的气井协调产量三个方面确定涪陵页岩气田气井的废弃压力；基于气井废弃产量、废弃压力，利用不稳定产量分析法和典型递减曲线法预测涪陵页岩气田增压开采潜力和增压时机。

2. 压缩机选型

压缩机选型应考虑页岩气井生产压力递减特征，同时考虑节能、降噪以及对已建集输系统的适应性。

1) 压缩机进出口压力

压缩机进口压力为各平台低压气井来气压力，与气井油压系统的压力紧密相连。压缩机进口压力设定值较高时，压缩机压比较小，能耗较小。根据地质预测，定压 3.0MPa 维持时间较短。

进口压力设定值较低时，其优点是进口压力越低，越有利于减少集输系统中水合物的生成；单井到单站的压差越大，越有利于上游排水带液。缺点是进口压力过低，可能导致上游管输能力不足；增压站压缩机机组的压比和能耗会相应增大，级数也会增加。

因此，进口压力的确定需要根据目前的输气量和出气压力进行数值模拟，确定合理的进口压力是增压开采工艺的重要组成部分。

利用 HYSYS 软件进行工艺计算，以出口压力 5.0MPa 为例，模拟压缩机在不同进口压力工况时的能耗变化情况。模拟计算取用的基本参数见表 6-3-1。

表 6-3-1 模拟计算取用的基本参数

项目	参数 1	参数 2
压缩机单机进气量/($10^4 m^3$/d)	5.0	10.0
进口温度/℃	25	25
出口压力/MPa	5.0	5.0
机组出口温度/℃	≤50	≤50

设定压缩机出口压力 5.0MPa，分别取不同的进站压力数值，得到对应的轴功率数值，不同进口压力的轴功率变化曲线见图 6-3-2，随着压缩机进口压力逐渐降低，单机轴功率逐渐增大；当压力低于某一区间（1.0～2.0MPa）时，压缩机轴功率增加的趋势逐

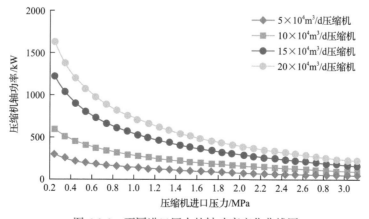

图 6-3-2 不同进口压力的轴功率变化曲线图

渐变快，并且进口压力越低，变快的趋势越明显。压缩机轴功率越大，能耗越大，相应的运行成本越高；且进口压力越低，压比越高，压缩机本身的投资费用越高。

根据地质预测产量，确定合理的压缩机机型，现有两种方案：方案一选择压缩机进口压力设计点为 1.0MPa，排量分别为 $5\times10^4\text{m}^3/\text{d}$ 和 $10\times10^4\text{m}^3/\text{d}$ 的压缩机；方案二选择排量为 $5\times10^4\text{m}^3/\text{d}$、进口压力设计点为 2.0MPa 的压缩机以及排量为 $10\times10^4\text{m}^3/\text{d}$、进口压力设计点为 3.0MPa 的压缩机，分析压缩机进口压力设计点的不同对增压开采效果的影响。

四种规格压缩机随着进口压力的性能变化见表 6-3-2。

表 6-3-2　四种规格压缩机随着进口压力的性能变化表

| 进口压力/MPa | 排量为 $5\times10^4\text{m}^3/\text{d}$ 的压缩机在不同方案下的参数值 | | | | 排量为 $10\times10^4\text{m}^3/\text{d}$ 的压缩机在不同方案下的参数值 | | | |
| | 1.0MPa（方案一） | | 2.0MPa（方案二） | | 1.0MPa（方案一） | | 3.0MPa（方案二） | |
	排量/($10^4\text{m}^3/\text{d}$)	轴功率/kW	排量/($10^4\text{m}^3/\text{d}$)	轴功率/kW	排量/($10^4\text{m}^3/\text{d}$)	轴功率/kW	排量/($10^4\text{m}^3/\text{d}$)	轴功率/kW
1.0	5.00	140	2.43	65	10.15	257	3.67	103
2.0	5.84	109	5.16	83	11.66	187	7.79	136
3.0	9.10	113	8.03	82	18.03	182	12.12	141

从表 6-3-2 可见，方案一压缩机随着进口压力变化，压缩机处理量变化区间范围大，比方案二所选压缩机更符合页岩气井产量递减变化快、幅度大的特征。根据地质预测情况进行增压开采后，气井井口压力在 2.5 年左右降低至 1.0MPa，气井生产压力将长期维持在 1.0MPa 下生产，中高产能气井所在集气站的气量 5 年后仍维持在 $10\times10^4\text{m}^3/\text{d}$ 以上生产，低产能气井所在集气站的气量 5 年后仍维持在 $5\times10^4\text{m}^3/\text{d}$ 左右生产。中高产能气井所在集气站选择压缩机进口压力设计点为 1.0MPa，既可以满足前期高气量的运行，又可以满足压缩机长时间保持在设计点附近运行；低产能气井所在集气站选择压缩机进口压力设计点为 2.0MPa 或 3.0MPa，可以延长压缩机高效运行时间。

涪陵页岩气田管线沿程各集气站出站压力范围比较宽，目前各集气站出站压力范围为 4.17～5.97MPa。考虑采用集气站增压模式，未改变内部集输系统，因此各增压站的外输压力按照当前集气站外输压力确定。同时考虑压缩机稳定运行和节省能耗的情况，需要将增压站的出站压力设定在某一范围内，以保障安全生产。兼顾考虑压缩机规格标准化、统一化，方便压缩机采购。因此，增压站压缩机出口压力设定为 5.0MPa，压缩机的出口压力范围为 4.0～6.0MPa。

2) 压缩机动力选择

压缩机的驱动方式主要包括电驱和燃气驱两种形式。电动机的供电要求为一级负荷，受当地电网的制约，选择电驱时需考虑当地电网供电能力，外部电网是否稳定可靠，电价是否经济等问题，并且要和当地供电部门做好沟通，签订用电协议，保证供电稳定，所以电动机一般用于供电充足的地区。

　　燃气轮机不受外部条件的制约，仅需要一套供气设备和控制设备，依赖性较小，仅依靠管网供气就可以满足需求，但会排出 CO_2 等温室气体，环保性较差，因此，燃气轮机一般用于供电薄弱且对环保无特殊要求的地区。

　　由于产量不断发生变化，增压开采过程中要求的工况也不断发生变化，压缩机机组的动力工况也需要满足机组工况的变化。一般燃气轮机及电动机均能满足要求，两种驱动方式优缺点对比见表 6-3-3。

表 6-3-3　两种驱动方式优缺点对比表

序号	项目	燃气驱	电驱
1	能源供应	原料天然气自有，但耗气量较大，不受外界制约	用电量大，受供电部门制约，外电线路需要委托给供电部门维护，不消耗天然气
2	建设周期	基本不受外部条件制约，建设周期容易控制，工期风险小	受外部条件制约较多，设备采购需要电网参数，不可控因素较多，工期风险高
3	维修	大修周期为 5 年，维护和维修费用高，燃烧器 4×10^4h 左右需整机更换大修	电机大修周期为 11 年，维修时间短，维护和维修费用较低；现场维修最多 1 天
4	效率	75%负载时效率小于 25%	70%负载时效率为 92%
		50%额定转速时，效率降低大于 25%	50%额定转速时，效率降低<5%
		环境温度为 35℃时，效率下降 12%	效率随环境温度变化可以忽略
5	速度调节范围	转速可以在 50%～105%范围内调节，对变工况适应能力较差	10%～100%
	速度调节精度	一般	较高
6	可靠性	97.50%	大于 98%
7	适应性	除喘振区外，适应性好	较强
8	噪声（距离机罩 1m）	≤103dB	≤83dB
9	污染物排放	NO_x 排放量不大于 2mg/L	无
		CO 排放量不大于 20mg/L	
10	对电网影响	无	需要满足谐波标准要求

　　电动机作为压缩机的驱动设备，最突出的优点是效率高、噪声小、不污染环境、可靠性强。但要求厂址周边具备引接外电源条件，且电力供配系统要能满足集气站大负荷用电要求。涪陵页岩气田现有电网系统满足集气站电驱增压为主的供电需求。

　　燃气驱机械效率为 30%～36%，燃烧单位标准立方米气产生的成本比相应能量的电费会低，运行费用较电驱低，但电驱一次投资低，建设周期短，维护简单；而相应的燃气驱则一次投资高，建设周期长，维护麻烦，一般需要专业操作维护人员。同时燃气驱机组对负载要求较高，一般要求大于 50%，气田增压气量变化较大的工况不适用，两种驱动方式性能对比见表 6-3-4。

表 6-3-4　两种驱动方式性能对比表

指标	排量为 $10 \times 10^4 m^3/d$ 机组	
	315kW 电驱	372.8kW 燃气驱
年电费/万元	208.00	12.26
年燃气费/万元	0.00	197.40
年润滑油费用/万元	2.23	6.44
年维护费/万元	210.23	216.10
年运行费用/万元	420.46	432.2
单机润滑油年耗量/(t/a)	0.70	2.01
燃料气消耗量/(m³/a)	0.00	1583021.24
年电耗量/(kW·h)	2600220	153300
设备购置费用/(万元/台)	220.00	290.00
尺寸($L \times W \times H$)/(m×m×m)	9×3.2×3	9.5×3.2×4

综合比较,为了适应大范围工况变化,减少投资成本,提高压缩机组运行稳定性,推荐采用电驱压缩机。

(二)泡排采气工艺

泡排采气是在不改变气井现有产气量和井口油管压力的条件下,从井口向井底注入某种能够遇水起泡的表面活性剂(称为泡沫助采剂),井底积水与起泡剂接触后,借助天然气流的搅动,生成大量低密度含水泡沫,以此降低液体密度,减少液体沿油管壁上行的"滑脱"损失,提高气流的垂直举升能力,从而达到排出井筒积液的目的。

泡排采气工艺具有设备简单、施工容易、见效快、成本低、不影响气井正常生产的优点,在出水气井采气中得到广泛应用,目前已成为维护气井正常生产的一项重要技术。

1. 适应范围与应用条件

1)适用范围

泡排采气工艺适用于具有弱喷能力或间歇自喷能力的气井排水。

2)应用条件

(1)由于地层压力下降、产气量下降、产水量增加等原因造成的井筒积液井。

(2)具有自喷能力、井底油管鞋处的气流速度大于 0.1m/s 的气井。

(3)井深不大于 3500m、井底温度不高于 120℃、产液量小于 100m³/d 的气井。

(4)含凝析油不大于 30%、产层水矿化度不大于 10g/L、含 H_2S 不大于 23g/m³、含 CO_2 不大于 86g/m³ 的气井。

2. 泡排采气工艺影响因素

泡排采气工艺关键在于加入泡排剂后的起泡能力,对起泡性能影响较大的因素主要有泡排剂的表面活性剂浓度、温度、气田水矿化度、甲醇和气液比。

1)表面活性剂浓度

泡排剂的主要成分是表面活性剂。通过向气田水中加入表面活性剂,可降低天然气与气田水之间的表面张力。初期,随着表面活性剂浓度的增大,天然气-气田水表面张力出现快速下降;随着表面活性剂浓度的继续增加,天然气-气田水表面张力的下降趋势减缓。当表面活性剂的浓度达到其临界胶束浓度时,继续加大表面活性剂的浓度,其天然气-气田水表面张力的下降几乎可忽略不计。

2)温度

对于非离子型表面活性剂,其发泡能力随着温度的升高而下降,且一旦表面活性剂的工作温度达到浊点温度,发泡能力会急剧下降,因此,非离子型表面活性剂的使用温度应低于浊点温度。

对于离子型表面活性剂,其发泡能力随着温度的升高而增大,但泡沫的稳定性会变差。

3)气田水矿化度

气田水矿化度主要影响非离子型表面活性剂的初始发泡泡沫高度和泡沫高度增长速度,另外还会影响浊点温度和半衰期。气田水矿化度越高,非离子型表面活性剂浊点温度下降越大,半衰期下降速度也越快。当矿化度超过一定的数值,可能无法形成稳定的泡沫。

4)甲醇

甲醇对产水气井泡排剂的作用与凝析油类似,它的出现会影响泡排剂的发泡性能。随着甲醇含量的增加,泡排剂的初始泡沫高度会随之下降。

5)气液比

气液比越高,对泡排剂的搅动作用越大,更有利于泡排剂的泡沫生成,相应的泡排效果越好。采用泡排采气技术,最好选择气液比大于$180m^3/m^3$的产水气井。

3. 泡排剂选用

1)起泡剂

泡沫是气体在液体中的分散体系,产生泡沫的首要条件是气液接触。气田排水采气用泡排剂体系通常由起泡剂和稳泡剂组成。表面活性剂的作用机理和它的化学结构密切相关,主要是依靠非对称分子的渗入作用改变体系分子之间的作用能,从而降低其表面张力。表面活性剂的起泡力可通过表面活性剂降低水的表面张力的能力来表征,表面活性剂降低,水的表面张力强,则其起泡力就越强,反之越差。因此,泡排剂的起泡性能主要与表面张力有关[32]。起泡剂类型有非离子型、阳离子型、阴离子型和两性离子型,不同类型起泡剂又因其离子基团类型、分子结构或组成不同,导致其应用功能(配伍性、起泡性、泡沫稳定性、携液量、抗矿化度、抗温性、抗凝析油)千差万别。

各种类型泡排剂的作用和性能如下:

非离子型:可以起泡、携液、环保,抗一定产量的凝析油,适用于低矿化度水型。

阳离子型:可以起泡、乳化、携液、携砂、环保,抗一定产量的凝析油,抗高温,适用于高矿化度水型。

阴离子型：可以起泡、携液、携砂、环保，抗一定产量的凝析油和 H_2S 腐蚀，抗高温，适用于较高矿化度的水型。

两性离子型：可以起泡、乳化、携液、携砂、环保，具有一定缓释性，抗一定产量的凝析油，适用于较高矿化度的水型。

涪陵气田起泡剂主要采用具有一定缓释性和携泥砂功能的两性离子型表面活性剂。

2）消泡剂

消泡剂的作用是能够将返出井的泡沫及时消除，可以防止集输设备出现进水问题。

消泡剂的消泡机理：消泡剂是低表面张力的液体。加入消泡剂，其分子立即散布于泡沫表面，快速铺展，形成很薄的双膜层，进一步扩散、渗透，层状入侵，从而取代原泡膜薄壁。由于其表面张力低，便流向产生泡沫的高表面张力的液体，这样低表面张力的消泡剂分子在气液界面之间不断扩散、渗透，使其膜壁迅速变薄，泡沫同时又受到周围表面张力大的膜层强力牵引，这样使泡沫周围应力失衡，从而导致其破泡。

目前常用的消泡剂大致归为三类，即聚醚型、硅油型和硅醚混合型。消泡剂的选用首先要了解起泡剂的类型和性能，然后再重点考虑加入消泡剂后的消泡速度和抑泡时间。

消泡剂一般是注入井口至地面气水分离器之间的地面管线，其注入点一般选择在采气树生产翼阀之后，这段地面管线比较短，因此，消泡速度就尤为关键，需要保证进入分离器之前泡排工艺产生的泡沫完全破碎，根据采出流体速度，涪陵页岩气田的要求是消泡剂加入后，在 10s 之内泡沫完全消去。

4. 起泡剂室内性能评价

起泡剂作为泡排工艺的核心化学助剂，其性能优劣决定着泡排井能否实现稳产、增产和延长自喷期的目标，因此，在现场应用前，对其各项性能的评价是必不可少的一个环节。起泡剂的性能评价指标主要包含起泡性能（起泡体积或者初始泡沫高度）、泡沫稳定性能（半衰期）和表面张力等。

下面以涪陵页岩气田主要采用的离子型表面活性剂起泡剂为对象进行静态评价试验，分析其在不同的起泡剂配制浓度、温度等条件下，起泡剂的起泡/稳泡性能变化情况。

1）起泡剂浓度

在常温下，将起泡剂分别配制质量分数为 0.1%、0.2%、0.3%、0.4%、0.5%、0.6%、0.7%、0.8%的 100mL 起泡基液，并采用高速搅拌法测定其泡沫体积和半衰期[①]。

随着起泡剂浓度的增大，体系的发泡量先以较为明显的趋势增加，浓度 0.4%时达到最大起泡体积，随后增加的趋势变缓，并出现发泡量一定程度的下降。不同浓度下每 100mL 起泡基液起泡体积均达到 400mL 以上。离子型起泡剂在不同浓度下的半衰期均在 250s 以上，泡沫稳定性好，半衰期受起泡剂浓度的影响较小。

---

① 参考标准《油气田用起泡剂实验评价方法》（SY/T 7494—2020），半衰期即为读取并记录量筒中泡沫析出液体量达到 100mL 所需的时间。

2)泡沫温度

在起泡剂配制质量浓度为0.4%的条件下,分别配制温度为15℃、20℃、25℃、30℃、35℃、40℃、45℃、50℃、55℃、60℃的100mL起泡基液,并采用高速搅拌法测定其泡沫体积和半衰期。

随着温度的升高,泡沫体积呈较快增长的趋势,在40℃时,泡沫体积达到最大,起泡效果最好;超过40℃后,泡沫的起泡量又随着温度升高呈缓慢下降的趋势。实验数据表明:随着温度升高,泡沫体系半衰期呈显著下降的趋势,泡沫稳定性变差。

温度升高,液相黏度降低,发泡变得容易。但是温度的升高同时又促使泡沫由小到大合并,不利于泡沫的稳定。另外,温度升高增大了起泡剂的溶解度。因此随着温度的升高,初始发泡量增加,但半衰期降低,综合发泡能力降低。

5. 参数设计

1)加药用量

当加注的药剂量、药水比例与井筒积液量不匹配时,将造成药剂的浪费或者积液无法完全排出,影响气井正常生产,达不到最佳泡排效果。因此,泡排加注时间不能完全按照固定泡排周期开展。一般情况下,当气井井筒气液滑脱程度加大或积液量逐渐形成时,其所对应的生产特征也会发生变化,通过实际油套压差与正常油套压差的关系,计算井筒残留的积液量,从而确定加注药剂量与药水配比。

常规起泡剂、消泡剂加注量计算方法,初次加注:单井起泡剂日加注量=日产液量×推荐浓度(3‰)×2;连续加注:单井起泡剂日加注量=日产液量×推荐浓度(3‰);单井消泡剂日加注量=起泡剂日加注量×(1.5~2),消泡剂具体加注量可根据现场消泡效果调整。

以单井日产水20m³为基数,起泡剂初次加注120kg,连续日加注60kg,消泡剂日加注120kg。开井前,加注起泡剂126kg,药剂稀释浓度为15%,加注排量为70L/h,加注12h,关井12h。

开井后第一天起泡剂加注63kg,药剂稀释浓度为7.5%,加注排量为35L/h,加注24h;第二天加注量按照前一天水量的1.2倍计算。

消泡剂开井后第一天稀释浓度为20%,加注排量为40L/h;第二天稀释浓度为12.5%,加注排量为40L/h。

2)加注周期

加注周期随日产水量波动发生变化:

(1)日产水量小于1m³时,采用间歇加注方式。

(2)日产水量为1~5m³时,采用每天加注方式。

(3)日产水量大于5m³时,采用24h连续加注方式。

3)注入方式

涪陵页岩气田泡沫排采工艺地面药剂主要采用撬装式泵注加注,早期是单井连续加注。由于平台式泡排工艺需要,目前采用多井智能加注,通过加注程序定期自动轮换加注起泡药剂。图 6-3-3 为泡排工艺药剂智能加注系统界面。

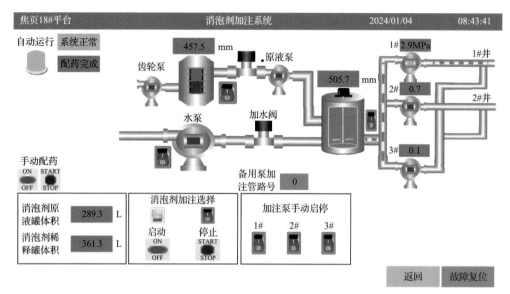

图 6-3-3　泡排工艺药剂智能加注系统界面

二、多级气举阀排水采气技术

气举阀排水采气工艺是一种利用外部高压气源，在设定的注气压力下维持工作阀一直处于开启状态，以便通过油管与套管环形空间连续注入的高压气体经过工作阀注入油管，不断与注气点上部的井液混合，将其携带至井口，降低井底流动压力，增大产水气井生产压差，实现产水气井恢复正常生产的一种基于气举降压原理的排水采气技术。

气举阀排水采气系统由地面和井下两部分组成。地面部分为高压供气系统，井下部分由油管、气举阀和气举工作筒组成。

气举阀气举排液具有两个特点：

(1)气举排液是靠气举阀的逐级打开和关闭来实现的，且气举阀的打开和关闭压力都是自上而下逐级减小的。

(2)只有上一级气举阀关闭，气流被截断，环空液面才能继续下降，即上一级气举阀的关闭是下一级气举阀发挥作用的前提[33]。

地面高压气有几种来源：①来自邻井生产的高压气；②来自井场经压缩机增压后的高压气；③来自管网气。由于管网气普遍压力比较低，因此对应的气举阀应采用多级设计，降低每一级的开启压力，以适应管网气举。

1. 气举阀类型

根据压力敏感程度，气举阀分为套管压力操作阀(又称注气压力操作阀)和油管压力操作阀(又称生产压力操作阀)。套管压力操作阀的开启和关闭压力通过注入高压天然气的注气压力控制，油管压力操作阀的开启和关闭压力通过阀深度的油管压力变化控制。考虑到涪陵页岩气田的应用经验以及套管压力操作阀由注气压力控制，具有操作简单、成本较低、易于分析等优点，一般气举阀采用套管压力操作阀。

2. 气举阀安装

气举阀工作筒安装在油管柱上，并随油管柱一起下入井筒。其作用是安放下入井筒的气举阀。气举工作筒分为常规工作筒（又称固定式气举阀）和偏心工作筒（又称投捞式气举阀）。对于常规气举工作筒，必须在入井前将气举阀安装在常规气举工作筒上，随着油管柱一起下入井筒。如果需要检修或更换气举阀，则必须进行修井作业，起出气举工作筒。对于偏心气举工作筒，气举阀在偏心工作筒内。当气举阀工作不正常时，不需要进行修井作业，采用绳索投捞方式即可取出气举阀进行检修或更换。气举阀的安装位置取决于气举工作筒的位置，因此必须确保气举工作筒的入井深度符合设计要求，进而保证气举阀正常工作。另外，气举工作筒上的开孔也提供了油管和油套环空的连接通道。

3. 气举阀设计

1）阀的开启和关闭压力

按照弹性元件的结构型式划分，气举阀主要有波纹管式、弹簧式、复合式和膜片式四种。目前现场气井使用较多的是套管压力操作波纹管式气举阀，通过注入气压力作用在波纹管有效面积上使其打开。其主要组成部分为充气室、波纹管、阀球和阀球座等。

如图 6-3-4 所示，在关闭状态下，阀球受到油管压力产生的上顶力 p_{th}，封包受套管压力产生的上顶力 p_t，两者都试图打开阀，而作用在封包面积上的气室压力向下压使阀保持关闭状态。根据受力平衡分析，有

$$p_b A_b = p_{ch} \left(A_b - A_p \right) \tag{6-3-1}$$

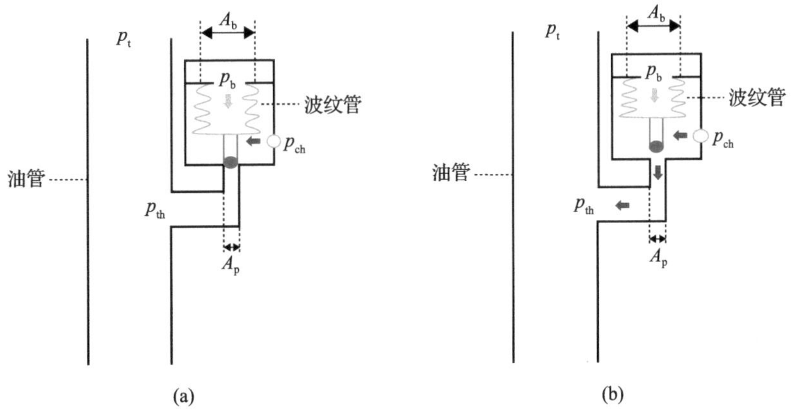

图 6-3-4 气举阀状态

(a)关闭状态；(b)开启状态。p_{th}、p_{ch} 分别为气举阀处的油管压力和套管压力；p_t 为油管内压力；p_b 为气举阀波纹管内的充氮压力；A_b 为气举阀封包面积；A_p 为气举阀阀孔面积

根据式(6-3-1)，整理可得到气举法将要开启瞬间阀处的套管压力(开启压力)p_{op}：

$$p_{op} = (p_b - Rp_{th})/(1-R) \tag{6-3-2}$$

式中，p_{op} 为阀在井下的开启压力，Pa；R 为阀孔与封包面积比，即 $R=A_p/A_b$。

综上可以看出，气举阀的开启压力取决于波纹管的充氮压力、气举阀结构和油管压力。设计时，通常考虑气举时油管井口处于放空状态，即设计阀开启压力时，依据井口回压 0.1MPa 及液面高度计算 p_{th}。

当气举阀打开后，波纹管不再受油管压力的影响，根据受力平衡分析，有

$$p_b A_b = p_{ch} A_b \tag{6-3-3}$$

即当气举阀处的套管压力 p_{ch} 低于井下条件阀封包内的压力 p_b 时，阀就会关闭。

2)气举阀位置的确定方法

目前有较多商业软件可以实现气举阀级数的设计，一般采用 PIPESIM 软件设计，设计流程主要分为以下几步：

(1)通过系统分析方法，计算不同注气量下气井的产量，获得最优注气量。

(2)绘制最优注气量下油套环空压力梯度曲线和油管压力梯度曲线，获得最深注入点。

(3)第一个气举阀位置一般由压缩机的最大工作压力确定，若井筒中的液面在井口附近，在压气过程中即溢出井口，第一个气举阀的安装深度为

$$L_1 = \frac{p_{max}}{\rho g} \times 10^5 - 20 \tag{6-3-4}$$

式中，L_1 为第一个气举阀的安装深度，m；p_{max} 为压缩机的最大工作压力，MPa；ρ 为井内液体密度，kg/m^3；g 为重力加速度，m/s^2。

式(6-3-4)中等式右侧减去 20m 是为了在第一个气举阀内外建立约 0.2MPa 的压差，以保证气体进入气举阀。如果液面较深，气举途中未溢出井口，则第一个气举阀的安装深度为

$$L_1 = h_s + \frac{p_{max}}{\rho g} \times 10^5 \times \frac{d^2}{D^2} - 20 \tag{6-3-5}$$

式中，D 为套管内径，m；d 为油管内径，m；h_s 为井筒中静液面深度，m。

(4)第二个气举阀的下入深度可根据套管环空压力及第一个气举阀的关闭压差确定，即第二个气举阀进气时，第一个气举阀关闭。此时，第二个气举阀处根据压力平衡有

$$p_{a2} = p_{t1} + \rho g \Delta h_1 \times 10^{-5} \tag{6-3-6}$$

$$\Delta h_1 = L_2 - L_1 = \frac{1}{\rho g}(p_{a2} - p_{t1}) \times 10^{-5} \tag{6-3-7}$$

则

$$L_2 = L_1 + \frac{1}{\rho g}(p_{a2} - p_{t1}) \times 10^{-5} - 20 \tag{6-3-8}$$

式中，p_{a2} 为第二个气举阀处的环空压力，MPa；p_{t1} 为第一个气举阀将要关闭时第一个气举阀处的油管压力，MPa；L_1 为第一个气举阀的安装深度，m；L_2 为第二个气举阀的安装深度，m。

以此类推，可确定各级气举阀的安装深度，且应不超过最深注入点。由式(6-3-8)可以看出，若要确定某级气举阀的安装深度，必须计算出阀处油管内可能达到的最小压力。在设计时，可通过软件按照正常生产计算得到的油管压力分布曲线来确定最小压力。

4. 气举阀完井施工程序

1) 气举阀排采管柱

涪陵页岩气田气举阀完井管柱采用偏心投捞式多级气举阀完井管柱，管柱采用带压作业下入，初期下入盲阀，后期需要气举排液时，通过钢丝作业捞出各级盲阀，在偏心顺序投放生产阀。涪陵页岩气田气举阀排采管柱结构为：喇叭口+筛管+破裂盘+倒角油管 1 根+破裂盘 1 个+XN 型工作筒+气举阀(3 级)+油管(多根)+气举阀(2 级)+油管(多根)+气举阀(1 级)+油管(多根)+变扣短节+油管挂(图 6-3-5)。

2) 下气举盲阀自喷生产管柱

(1) 关闭井口 1 号主阀，拆除采气树。

(2) 安装带压作业防喷器组及相应设备，进行设备调试。

(3) 按照试压标准对内堵塞工具、防喷器组、管汇、各级气举阀试压。

(4) 开工验收，按照施工设计进行带压作业施工。

(5) 下油管、各级气举阀至设计深度，坐油管悬挂器。

(6) 拆卸带压作业设备及防喷器组，安装采气树并试压。

(7) 打通油管内通道，放喷排液，恢复井口。

3) 打捞气举盲阀

待气井水淹，无法正常时，需要进行钢丝作业，将盲阀更换气举阀，具体施工步

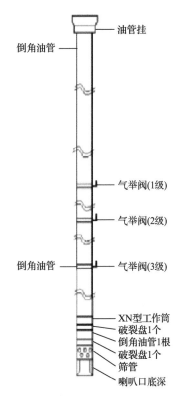

图 6-3-5 井气举阀完井管柱结构示意图

骤如下：

(1)地面组装打捞工具串，将工具串投入放喷器，投捞车深度仪调零。

(2)用钢丝绳将打捞工具串(绳帽—加重杆—机械振击器—万向节—造斜工具—打捞工具)下放到井下管柱需要打捞的气举阀以下10～20m。

(3)缓慢上提打捞工具串，使造斜工具导向块滑入偏心工作筒导向槽，观察指重计，在原悬重的基础上增加30～100kg。

(4)下放打捞工具串，观察指重计是否落零，证实造斜是否成功，若没有造斜，重复步骤(3)，负荷在上次造斜的悬重基础上继续增加20～30kg(但不能超过钢丝设定的最大负荷)。

(5)向下振击2～3次，使打捞工具卡爪抓住气举阀投捞头。

(6)快速向上振击，气举阀投捞头Φ3mm剪切销被剪断，气举阀解锁被拉出，继续向上振击，剪断造斜工具导向块的剪切销，打捞工具串连同气举阀即可捞出。

4)下入气举生产阀

(1)待盲阀打捞成功后，按照捞出的盲阀，安装对应气举阀。

(2)用钢丝绳将打捞工具串(绳帽—加重杆—机械振击器—万向节—造斜工具—投放工具—气举阀)下放到井下管柱需要投放的偏心工作筒以下10～20m。

(3)缓慢上提打捞工具串，使造斜工具导向块滑入偏心工作筒导向槽，观察指重计，在原悬重的基础上增加30～100kg。

(4)下放打捞工具串，观察指重计是否落零，可证实造斜是否成功，若没有造斜，重复步骤(3)，负荷在上次造斜的悬重基础上继续增加20～30kg(但不能超过钢丝设定的最大负荷)。

(5)下放投入工具串，气举阀进入偏心工作筒阀囊孔孔口，向下振击10次左右，使气举阀进入偏心工作筒阀囊孔内，这时气举阀投捞头上滑环通过了偏心工作筒阀囊孔孔口的锁肩。

(6)向上快速振击，由于气举阀上的滑环在偏心工作筒的锁肩处锁住了气举阀，投放工具上剪切销被剪断，气举阀与投入工具串分离，继续向上振击，剪断造斜工具导向块的剪切销，提出投入工具串。

(7)拆卸防喷器组，安装采气树并试压。

(8)采用压缩机气举复产。

三、高低压气井一体化集输技术

涪陵页岩气田地面集输技术根据计量方式的不同，分为分离器计量集输工艺和两相流量计集输工艺。气田开发初期，采用分离器计量集输工艺。目前，为了适应部分平台新老井同期开采过程中压力、产量差距过大，高压力、高产量的气井对低压低产井的抑制，研制了两相计量+气液分离+高低压分输的计量分离一体化撬，形成了两相流量计集输技术。

(一)分离器计量集输工艺

井口天然气通过采气管线输送到集气站,经过加热、节流、分离、计量后,天然气经过集气支线进入集气干线,然后输送至脱水站进行集中分离、加热、三甘醇(TEG)脱水处理,干气计量后进入天然气分公司涪陵输配站外输;集气站内污水进入高架水罐后,通过车运送至二级供水泵站回收利用,集输管网中设置注醇设施和清管设施。

1. 集气工艺

1)集气流程

以单井为例,集气流程主要由采气树、节流阀、水套炉、安全阀、分离器和流量计等组成,如图 6-3-6 所示。

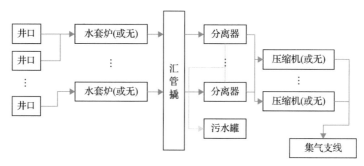

图 6-3-6 页岩气井井场集气流程

由于气井压力比较高,从气井出来的气体,一般都需要经过多级节流才能进入采气管线。为了防止水合物形成,在节流阀间设有加热炉使气体升温,或在采气树节流阀后注入水合物抑制剂。根据模拟计算,集气站天然气出站温度应控制在 30℃以上,可以保证天然气进脱水站温度在 13℃以上,不形成水合物。

2)计量方式

涪陵页岩气田在不同时期,分别采用了连续计量和轮换计量两种计量方式,其优缺点如表 6-3-5 所示。

表 6-3-5 不同计量模式优缺点

优缺点	计量模式	
	连续计量	轮换计量
优点	(1)能够连续监测页岩气井井口气量、压力和温度等数据。 (2)由于取消了汇管撬,降低了冲蚀风险。 (3)减少现场轮换计量汇管操作工作量,有利于实现无人值守	(1)集气站设备占地较少,8 井式及以上有优势。 (2)设备数量较少,压力容器年检量较小。 (3)由于采用 DN1200 分离器处理量 240m³/h,对单股段塞流处理能力较强
缺点	(1)集气站设备占地较多,8 井式分离器占地 8m×32m。 (2)DN800 分离器产出水处理量 120m³/h,对水量较大的单股段塞流处理能力较弱	(1)不能连续监测页岩气井井口气量、压力和温度等数据。 (2)汇管撬具有冲蚀风险。 (3)现场轮换计量汇管操作工作量大

连续计量流程如图 6-3-7 所示,单井来气进入加热炉,加热节流后进入计量分离器,

一口井对应一台计量分离器。所有计量分离器出口汇集在一起进入外输管道，污水进入站内污水罐。集气站出站管道设置紧急切断阀，安全阀放空以及手动放空到井场放喷池。试验井组采用连续计量的单井生产流程，目的是更好地监测页岩气田开发初期井口气量、压力和温度等数据。

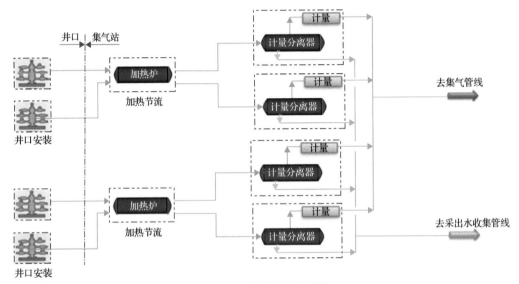

图 6-3-7　连续计量流程图

轮换计量流程如图 6-3-8 所示，单井来气进入计量汇管，去计量分离器进行单井产气计量，其他井口来气进入生产汇管，去生产分离器进行气液分离计量。计量分离器

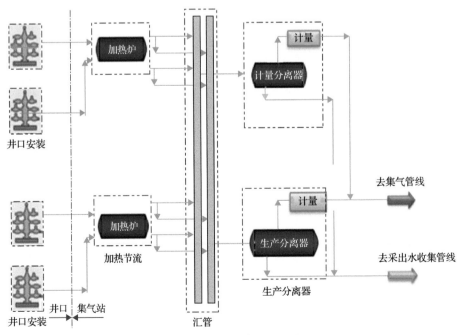

图 6-3-8　轮换计量流程图

和生产分离器天然气汇集在一起进入外输管道，污水进入站内污水罐。集气站出站管道设置紧急切断阀，安全阀放空以及手动放空到井场放喷池。涪陵页岩气田北中南区集气站采取了轮换计量方式。

对比连续计量与轮换计量模式优缺点，为了减少冲蚀风险，二期产建减少现场工作量，调整为连续计量。

3) 设备选型

标准化集气站主要工艺设备有加热炉撬、分离器撬等，主要设备选型如下：

(1) 加热炉撬。

加热炉热负荷可以根据式(6-3-9)计算：

$$Q = G_{\mathrm{m}} C_{\mathrm{p}} (t_2 - t_1) / 3.6 \tag{6-3-9}$$

式中，Q 为被加热介质所需的热负荷，kW；G_{m} 为被加热介质质量流量，t/h；C_{p} 为被加热介质定压比热容，kJ/(kg·℃)；t_1 和 t_2 分别为加热前和加热后介质温度，℃。

经过计算，单井天然气(单井配产 $6 \times 10^4 \mathrm{m}^3/\mathrm{d}$)从 20℃加热到 50℃所需的加热负荷为 170kW，按照每台加热炉对应两口井，考虑加热炉效率选取 400kW 水套加热炉。

(2) 分离器撬。

气田常用的分离器有立式和卧式两种重力式分离器，相同压力、相同直径的卧式分离器处理能力比立式分离器大 4 倍，因此选用卧式分离器。

按照《油气集输设计规范》(GB 50350—2015)相关规定，分离器内直径计算公式如下：

$$D = 0.35 \times 10^{-3} \sqrt{\frac{K_3 q_{\mathrm{v}} TZ}{p W_0 K_2 K_4}} \tag{6-3-10}$$

式中，D 为分离器内直径，m；q_{v} 为标准参比条件下的气体流量，m^3/h；T 为操作温度，K；p 为操作压力，MPa；Z 为气体压缩系数；W_0 为液滴沉降速度，m/s；K_2 为气体空间占有的空间面积积分率，取 $K_2 = 0.424$；K_3 为气体空间占有的高度分率，取 $K_3 = 0.44$；K_4 为长径比，取 $K_4 = 5.0$。

经过计算，计量分离器选用 DN800，设计压力为 6.3MPa，对应最大处理气量 $10 \times 10^4 \mathrm{m}^3/\mathrm{d}$；生产分离器选用 DN1200，设计压力为 6.3MPa，对应最大处理气量 $120 \times 10^4 \mathrm{m}^3/\mathrm{d}$。

2. 输气工艺

常用的天然气集输工艺分为干气输送和湿气输送两种。干气输送是指原料气先经过脱水处理后再集输，湿气输送一般是指原料气仅在井口或集气站降压分离掉液相水后即进入集气管线。在集输过程中，由于操作压力和温度不断下降，原料气的露点也不断下降而析出冷凝水。干气集输一般应用于酸性气田，可减轻管线腐蚀。

根据涪陵地区特点，气田生产井分布比较密，各个集气站之间管线输送距离比较短，脱水站与最远的集气站距离约 25km。由于气田所产天然气不含 H_2S，CO_2 含量为 0.196%，集输管道最高操作压力为 6.3MPa，经过计算，天然气中 CO_2 分压为 0.0133MPa。

根据《天然气脱水设计规范》(SY/T 0076—2023),该分压为 CO_2 腐蚀的三个界限分压范围(大于 0.21MPa,应采用防腐措施;0.021~0.21MPa,宜采用腐蚀控制;小于0.021MPa,不需要控制腐蚀)属于"不需要控制腐蚀"范围之内,湿气输送不会对管线造成腐蚀,集输工艺不采用干气输送工艺,而是采用湿气输送方案,即采用集中脱水的湿气输送方案。

(二)两相流量计集输工艺

1. 两相流量计计量原理

气液两相流量计主要原理是基于长喉颈文丘里管和三差压双比值液相含率测量技术,实时监测气液两相在线流动状态,智能计算单元对长喉颈文丘里管前、后差压及总压损信号进行采集、处理和计算后,实时给出总流量、液相含率及气液两相流量的准确测量值,从而实现湿气两相在线不分离测量(图 6-3-9)。

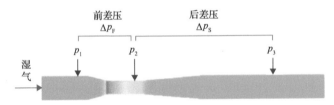

图 6-3-9　气液两相流量计计量原理

p_1 为进入文丘里管前的介质压力,MPa;p_2 为文丘里管收缩段的介质压力,MPa;p_3 为文丘里管扩张段的介质压力,MPa;Δp_F 为文丘里管收缩段的差压值,MPa;Δp_S 为文丘里管扩张段的差压值,MPa

2. 两相流量计集气流程

两相流量计集气流程如图 6-3-10 所示,平台老井由于压力低、含水率低,计量采用两相流量计计量,气液两相流量计与分离器产气量最大误差为 3.7%,产液量最大误差约为 20%。新井因为压力高、水量大、产气量高,气液计量采用分离器进行气液分离后再进行单独计量。

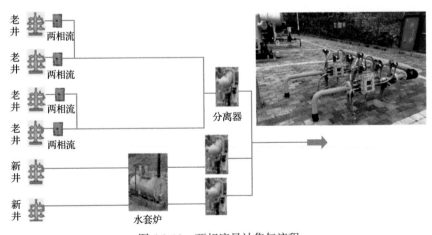

图 6-3-10　两相流量计集气流程

四、试气测采一体化技术

基于一体化测试分离器撬，创建了试气测采一体化测试流程，极大缩短放喷时间和减少放喷气量，保障气井的快速投产。预计可以实现设备区占地面积降低 20%，投资费用降低 5%。测试流程：井口节流+测试分离器撬气液分离计量，一对一连续计量，提高计量精度。

第四节 立体开发动态监测技术

动态监测技术是气藏开发科学管理的重要技术手段，页岩气井经过大型水力分段压裂改造，产层缝网发育程度、段簇产气能力不均衡，生产中存在压力递减速度较快、持续返排等问题，它通过对气井在生产过程中的产量、压力、流体物性的变化，以及井下、地面工程的变化等监测和分析，为制订合理生产制度、论证开发技术政策、完善开发方案等提供重要依据。

涪陵页岩气田围绕立体开发，除开展常规的井底流压、井底静压、天然气全组分分析、采出水化学组分、产能试井、压力恢复试井等动态监测资料录取外，还系统地开展了微注压降测试、水平井产出剖面测试、压裂裂缝实时监测、井间连通性监测等关键核心技术。

一、微注压降测试技术

1. 测试原理

非常规储层具有低渗透特征，流体流动极其微弱，难以形成拟径向流，仅通过传统压力恢复测试方法求取储层原始地层压力、渗透率及地层可压性等参数非常困难。而通过诊断式压裂测试(DFIT)可使超低渗储层在短时间内出现拟径向流动，目前是求取非常规致密储层参数的有效方法。该方法以恒定的微小排量向储层持续注入一定量液体，使地层产生微破裂，并在井筒周围产生一个高于原始储层压力的分布区，关井后裂缝内的液体在压差下滤失到地层，并逐渐与原始储层压力趋于平衡(图 6-4-1)。

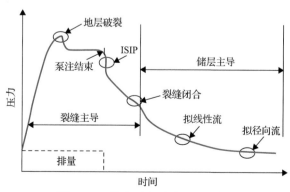

图 6-4-1 微注压降测试过程示意图

ISIP 为初始关井压力

通过分析利用超高精度压力计记录的压降曲线，可获取原始地层压力、有效渗透率、压裂的压力梯度、闭合压力(最小水平应力)、滤失机制、漏失系数等 10 余项地层参数，进而用于确定地层模型初始值、储层评价(产能预测)、压裂设计优化、生产动态分析等。

微注压降测试资料的分析分为裂缝闭合前和裂缝闭合后两部分来完成。裂缝闭合前分析(pre-closure analysis，PCA)使用特殊的差分方法和时间函数(G 函数、平方根函数)，主要用于辨识滤失特性和裂缝闭合参数等。裂缝闭合后分析(after-closure analysis，ACA)和常规压力传导试井分析流程相似，通过脉冲求导识别地层流动状态的方法来获取储层的渗透率和原始地层压力[34]。

2. 现场应用

焦页 6Q 井测试点垂深为 3361.57m，测试层厚度为 20m。采用高精度电子压力计在井口监测微注压降测试全过程。施工中用双机双泵采用 300L/min 排量向该井 Φ 139.7mm 套管连续阶梯式注入密度为 1.0g/cm^3 的清水 9m^3，关井测压降 308h，施工泵注曲线如图 6-4-2 所示。

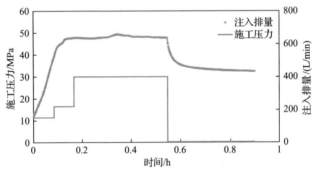

图 6-4-2　焦页 6Q 井微注压降测试泵注曲线

1)裂缝闭合前分析

采用 G 函数和平方根时间($t^{1/2}$)函数共同确定裂缝闭合点。当 G 函数中压力叠加导函数曲线(Gdp/dG)从直线向下偏离，同时在 $t^{1/2}$ 函数中压力导数曲线($dp/dt^{1/2}$)的最高位置，即为正确的裂缝闭合点(图 6-4-3、图 6-4-4)。由上述过程求出焦页 6Q

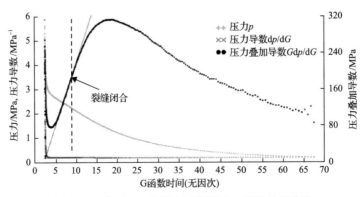

图 6-4-3　焦页 6Q 井微注压降测试 G 函数分析曲线

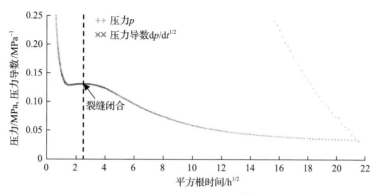

图 6-4-4 焦页 6Q 井微注压降测试 $t^{1/2}$ 函数分析曲线

井闭合时间为 6.3h，井口瞬间关井压力为 32.3MPa，井口闭合压力为 28.9MPa，计算净压力值为 3.4MPa，推算井底闭合压力为 61.8MPa，裂缝闭合梯度为 0.0184MPa/m。这些裂缝闭合的相关参数是传统试井无法得到的，可见 DFIT 测试可获得更丰富的地层信息。

2）裂缝闭合后分析

通过 G 函数分析，在裂缝闭合后，选取闭合时间，进行 ACA 分析。ACA 曲线可用于确定裂缝闭合后可能的两种流动形态特征：拟线性流和拟径向流。拟线性流时，在 ACA 图中压差和半对数导数曲线呈现斜率为 1/2 的特征；拟径向流时，压差曲线和半对数导数曲线重合，且呈现斜率为 1 的特征（图 6-4-5）。该井在裂缝闭合后 199h 形成斜率为 1 的明显拟径向流，计算测试层地层压力为 50.76MPa，地层压力系数为 1.54（与后期该井长期关井测得的静压系数 1.48 相符）。根据拟径向流阶段计算地层流度为 0.0381mD/(mPa·s)，有效渗透率为 0.00874mD。

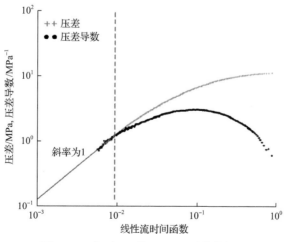

图 6-4-5 焦页 6Q 井 ACA 双对数分析图

3）双对数曲线诊断分析

使用压降导数的典型双对数曲线，通过压降导数特殊斜率直线识别流型并求取地层参数。压差导数 3/2 斜率直线表示裂缝闭合前地层拟线性流，压差导数 0 斜率直线表示裂缝闭合后地层拟径向流，压降导数–1/2 斜率直线表示裂缝闭合后地层拟线性流，压降导数–1 斜率直线表示裂缝闭合后地层拟径向流(图 6-4-6)。通过双对数曲线诊断分析可知，在裂缝闭合前出现拟线性流，求解出裂缝半长为 16m，裂缝闭合后出现短暂拟线性流，之后出现明显的拟径向流，获取地层系数为 0.01774mD·m，计算平均有效渗透率为 0.00887mD，与 ACA 分析结果一致。

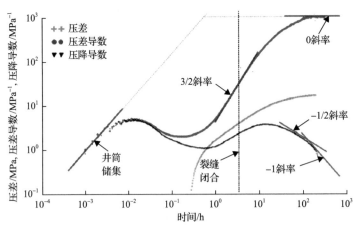

图 6-4-6　焦页 6Q 井双对数曲线诊断分析

二、水平井生产剖面测试技术

水平井生产剖面测试技术可以清晰查明井下各流体情况，探明不同层位、不同压裂段(簇)产量的贡献，可以了解水平井产出剖面分布情况，是否有效压裂，单条裂缝贡献大小，整体压裂效果，准确定位出水位置。该技术是深化水平井地质认识、优化工艺设计、提高开发效益的重要技术手段。目前主要有阵列式仪器产出剖面测试和分布式光纤产出剖面测试两种测试方法[35,36]。

(一)阵列式仪器产出剖面测试技术

1. 测试原理

阵列式产出剖面测井仪可测量井底流压、井底温度、接箍定位数据、伽马数据、套管内径、井斜数据、微转子转速、电阻率探针读数、光学探针读数等多个参数。通过解释软件可获得井筒内压力曲线、井筒内温度曲线、各射孔簇的产气、产水和产油数据、各射孔簇各流体的贡献量、井筒内油气水的持率、不同深度油气水持率的剖面、井筒中累计产量分布数据等。涪陵页岩气田阵列式产出剖面测试仪器主要包括 FAST (Flow Array Sensing Tool) 与 FSI (Flow Scanner Image)，均采用连续油管输送的方式开展。

2. 现场应用

焦页 6R 井是涪陵页岩气田一口重点评价井，采用 FAST 与 FSI 仪器开展产出剖面对比试验，该井人工井底 5368m，水平段长 1935m，共分 21 段压裂。该井在日产量

$10 \times 10^4 \text{m}^3$ 的制度下开展测试，有效测试井段第 9～21 段。从 FAST 和 FSI 仪器分段测试结果来看，均显示为"两段高、中间低"，各段簇产气趋势基本一致；其中第 10 段、第 11 段、第 19 段、第 20 段、第 21 段均属产量贡献率较高段，少数段产量贡献率存在差异（图 6-4-7、图 6-4-8）。

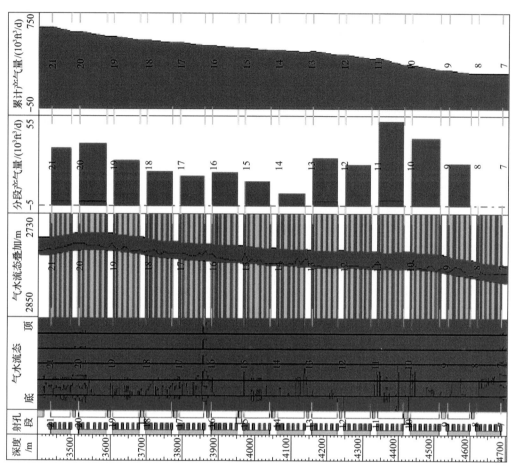

图 6-4-7　焦页 6R 井 FSI 产出剖面测井解释成果图（蓝色为水，红色为气）

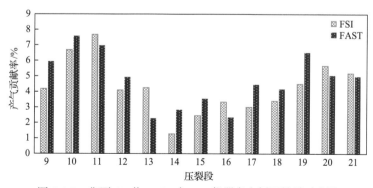

图 6-4-8　焦页 6R 井 FAST 与 FSI 仪器产出剖面结果对比图

(二)分布式光纤产出剖面测试技术

1. 测试原理

分布式光纤产出剖面测试技术由光纤通信技术发展而来，其主要包括分布式光纤温度传感测试(distributed temperature sensor，DTS)和分布式光纤声波传感测试(distributed acoustic sensor，DAS)，利用光纤完成温度、振动等监测。随着温度-产量解释从早期定性流量分析到目前定量分析的理论日趋成熟，加上DAS对DTS的协调优化，近几年利用分布式光纤进行产出剖面测试得到了快速发展。

产出状况解释以DTS数据解释为主，同时结合DAS数据解释来进行。引起温度变化的热效应有热传导、热对流、焦耳-汤姆孙效应等，其中焦耳-汤姆孙效应是流体压力变化所引起的温度变化现象，是一定量流体引起的流入温度与等深度下地层温度产生差异的主要原因。在纯气井中，焦耳-汤姆孙效应的降温效果非常明显，通过分布式温度剖面，根据焦耳-汤姆孙效应很容易得到流动剖面，识别产层。流体成分不同，温度变化可正可负。地层产气为降温过程，其焦耳-汤姆孙效应取决于气体分、压力及温度，通常焦耳-汤姆孙系数为$-2.4 \sim -1.0$℃/MPa；出水为升温过程，其焦耳-汤姆孙系数为2.3℃/MPa(图6-4-9)。通过振动频率可半定量判定产出情况，通常产出越大，气体流速越高，产生的振动频率越高。根据Sookprasong等[37]的相关研究，井下产气引起的频率一般为$8 \sim 20$Hz(图6-4-10)。

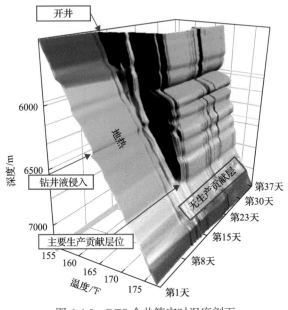

图6-4-9　DTS全井筒实时温度剖面

2. 现场应用

焦页6S井井深5160m，水平段长1182m，分15段压裂。井口压力23MPa，气产量16×10^4m³/d，同时采用分布式光纤和阵列式仪器开展产出剖面测试。

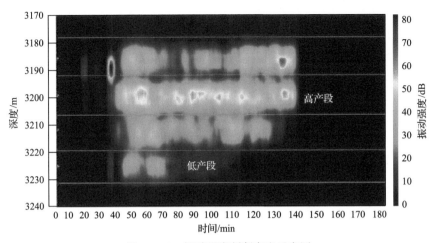

图 6-4-10 振动强度判断产出示意图

1) 分布式光纤产出剖面测试

在日产量 $16 \times 10^4 m^3$ 制度下测试 24h,在关井下测试 12h,分别获取生产流温剖面、地温剖面及振动频率图。

将地面生产数据与 DTS 温度数据代入分析软件,建立相关生产制度下的生产模型,得到反向建模模拟曲线,不断迭代计算并与正反模型结果进行对比修正,同时结合 DAS 监测结果,进一步优化,剔除多解性,获取满足质量控制要求的结果。

计算温度曲线与实测温度曲线得到很好拟合,DTS 解释结果显示主要高产段位于第 15 段、第 14 段、第 13 段,次要高产位于第 8 段、第 7 段、第 6 段、第 5 段。同时 DAS 监测结果显示高频振动段与 DTS 解释高产段一致。

2) 阵列式仪器产出剖面测试

在相同产量制度下,使用阵列式仪器产出剖面测试进行了对比测试,解释结果显示主要高产段位于第 15 段、第 14 段、第 13 段,次要高产位于第 11 段、第 9 段、第 8 段、第 6 段(图 6-4-11)。

综合来看,由于两种测试方式对井筒干扰不同,阵列式产出剖面测井仪在低气量下不可靠/受井眼角度影响严重,阵列式仪器产出剖面测试成果与 DTS 测试成果存在一定差异,但总体趋势一致,主要产气贡献段一致。

三、压裂裂缝实时监测技术

压裂裂缝实时监测技术是评价压裂改造工艺、调整压裂施工参数、提高压裂改造效果的关键技术,涪陵页岩气田立体开发主要采用微地震裂缝监测、分布式光纤裂缝监测等技术。

(一)微地震裂缝监测技术

1. 监测原理

微地震裂缝监测通过采集微震信号并对其进行处理和解释,获得裂缝的参数信息,

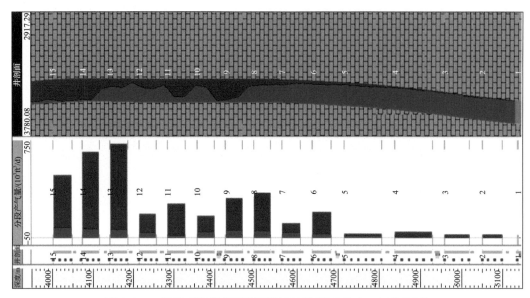

图 6-4-11　阵列式仪器产出剖面测试结果(蓝色为水，红色为气)

从而实现压裂过程实时监测，可用来管理压裂过程和压裂后分析，是目前判断压裂裂缝最准确的方法之一。

　　页岩气储层在进行水力压裂过程中，裂缝起裂和延伸造成压裂层的应力和孔隙压力发生很大变化，从而引起裂缝附近弱应力平面的剪切滑动，这类似于地震沿着断层滑动，但是由于其规模很小，通常称作"微地震"。水力压裂产生微地震释放的弹性波，其频率相当高，一般在 $200\sim2000Hz$ 声波频率范围内变化。这些弹性波信号可以采用合适的接收仪在邻井或地面检测到，通过分析处理就能够判断微地震的具体位置。页岩气井在进行水力压裂施工时，在压裂井的邻井或地面安装一组检波器，对压裂过程中形成的微地震事件进行接收，通过地面的数据采集系统接收这些微地震数据，然后对其进行处理来确定微地震的震源在空间和时间上的分布，最终得到水力压裂裂缝的缝高、缝长和方位参数(图 6-4-12)。

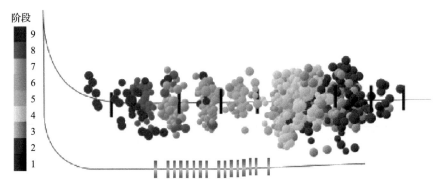

图 6-4-12　微地震裂缝监测成果图

2. 现场应用

焦页 6T 井是涪陵页岩气田一口工艺试验井，采用井中微地震开展压裂裂缝监测，水平段长 2261m，分 32 段压裂。

该井共监测到 1676 个事件(图 6-4-13)，其中有 15 段微地震事件超过平均值，占比 53%；第 12～24 段事件个数远小于其他各段，属异常段(图 6-4-14)。

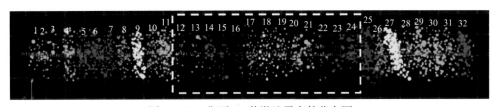

图 6-4-13 焦页 6T 井微地震事件分布图

1～32 均表示压裂段

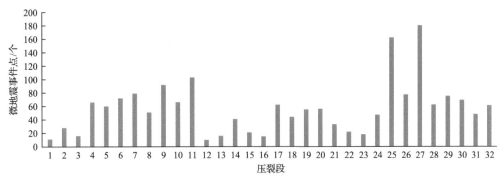

图 6-4-14 焦页 6T 井各段微地震事件点统计表

焦页 6T 井各段波及长度在 137～284m，平均长度 218m，改造长度在 218m 以上的井段占比 56%(图 6-4-15)。

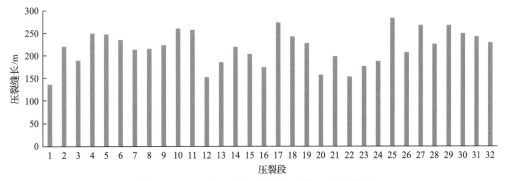

图 6-4-15 焦页 6T 井各段微地震波及缝长统计表

(二)分布式光纤裂缝监测技术

1. 监测原理

DAS 是一种常用的水力压裂监测方法，它使用部署在井下的光纤声波传感器在不同的压裂时间进行声波测量，以监测随着压裂作业裂缝的扩展行为。以往的光纤声波监测主要是利用声波信号的高频段监测近井壁的压裂裂缝中压裂液体的流动导致的声波变化，根据声波的强弱来定性评价压裂液和支撑剂进入裂缝的范围。最新的进展则是利用低频光纤声波信号测量岩石中的应变变化，用于探测裂缝的宽度、高度及其裂缝的扩展范围，并且能够辨别簇间裂缝的相互干扰与缝窜。低频光纤声波水力压裂监测可以使用低频的 DAS，也可以使用分布式光纤应变传感测量(distributed strain sensing, DSS)[38]。

高频信号(>1Hz)：主要是利用声波信号的高频段监测近井壁的压裂裂缝中压裂液体流动导致的声波变化，根据声波的强弱来定性评价压裂液和支撑剂进入裂缝的范围。高频信号较强，说明在压裂过程中一直有流体流入裂缝(图 6-4-16)。

压裂开始　　　时间　　　压裂结束

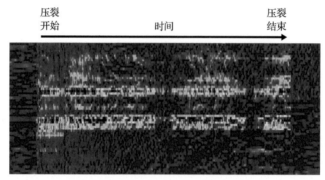

图 6-4-16　光纤声波高频信号在两簇裂缝中随时间变化图

低频信号(<1Hz)：2017 年，Jin 和 Roy[38]首次提出，光纤声波低频信号记录的变化可由温度变化或应变扰动引起，因此可用邻井监测因压裂作业引起的岩石应变。图中红色部分为张应变、蓝色部分为压应变。

DAS 低频信号产生机理：将光纤部署在套管外与水泥环耦合在一起，当压裂裂缝延伸至监测井时周围岩石将发生形变，从而引起光纤沿井筒方向发生形变(图 6-4-17)。

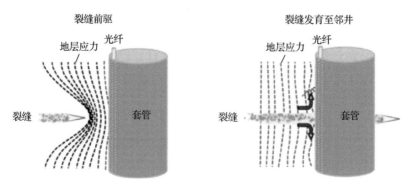

裂缝发育过程中，周围地层的形变特征　　　裂缝发育至监测井，周围地层的形变特征

图 6-4-17　裂缝发育过程中地层形变示意图

2. 现场应用

焦页 6T 井同时采用分布式光纤声波监测技术开展了现场试验，通过焦页 6T 井光纤邻井监测资料现场分析、统计得出，该井 32 段压裂段中完全开启段 8 段，占比 25%；大部分开启段 15 段，占比 47%；少部分开启段 6 段，占比 19%；未开启段 3 段、占比 9%，整体压裂效果较好（表 6-4-1）。

表 6-4-1 焦页 6T 井压裂段开启情况统计表

类别	段号	段数	占比/%
完全开启	1、2、3、4、5、7、31、32	8	25
大部分开启	6、8、9、10、11、16、17、19、20、23、25、26、27、29、30	15	47
小部分开启	12、14、15、18、24、28	6	19
未开启	13、21、22	3	9

从第 2 段压裂实时监测情况来看（图 6-4-18），该段 6 个射孔簇全部开启；从压裂不同阶段来看，可获得以下关键信息。

(1) 形成破裂压力后：该段第 5 簇首先监测到应变信号，提排量粉砂后，本段第 2 簇监测到应变信号，同时第 5 簇应变信号逐渐消失。该阶段压裂液、砂主要进入本段第 2 簇、第 5 簇。

(2) 提排中砂阶段：该段第 1～3 簇监测到信号明显、裂缝开启。该阶段压裂液、砂主要进入该段第 1～3 簇。

(3) 降压、降排、投暂堵剂后：该段第 1～3 簇监测信号变弱，裂缝慢慢闭合。

(4) 高砂比阶段：该段第 4～6 簇先后监测信号明显、裂缝开启。该阶段压裂液、砂主要进入该段第 4～6 簇。

四、井间连通性监测技术

井间连通性监测技术是井网井距优化、开发技术政策制定、提高油气藏整体采收率的关键技术，涪陵气田立体开发主要采用干扰试井、示踪剂监测等技术确定井间连通性。

（一）干扰试井技术

1. 基本原理

页岩气田采用水平井井网大规模开发后，井间干扰造成的"压力下降快、气井过早废弃"的问题日益严重，亟须认识页岩气井的井间干扰特征。随着水平井技术和多级压裂技术的不断提高，页岩气的开发主要依赖于压裂段之间相互沟通的裂缝网络，从而与更大面积的储层相互接触。中国及北美的页岩气水平井间距一般为 200～300m，加密井井距越来越近，亟须深入认识井间干扰特征，探究合理井距。

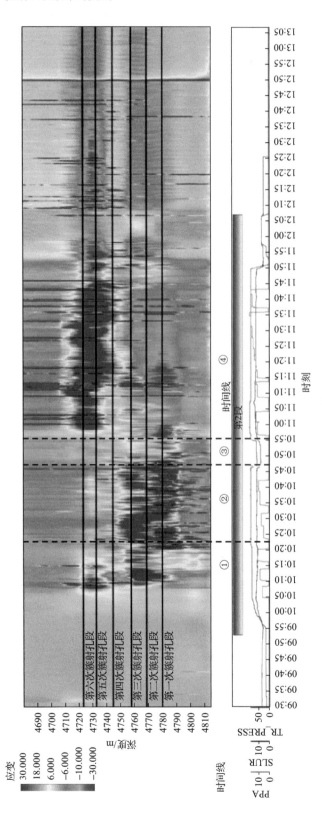

图 6-4-18　焦页6T井第2段压裂DAS图

PPA为液量，m³/min；SLUR为砂量，t/min；TR_PRESS为施工压力，MPa。红色表示张应变，蓝色表示压应变

通过对页岩气藏进行干扰试井试验，选择包括一口激动井和几口与激动井相邻的观测井组成测试井组，改变激动井的工作制度，使地层中压力发生变化，然后利用高精度和高灵敏度压力计记录观察井中的压力变化，通过干扰试井资料分析，计算井间区域流动系数、导压系数、井间连通渗透率等井间连通参数。通过研究干扰井组井间储层的非均质性，了解地层渗透性的各向异性；建立精细地质模型，确定页岩气藏三层立体开发合理井网；预测开发指标，确定合理开发技术与政策。通过进行干扰试井试验，了解密井网试验区加密井之间的连通关系，结合生产预测，说明多层立体开发的可行性，明确井网适应性[39]。

2. 试井步骤

干扰试井主要分为清井、流压测试、压力恢复试井、干扰试井四个步骤。

(1) 清井：页岩气井需根据实际产能，激动井和观察井应按照定产 $6 \times 10^4 \sim$ $10 \times 10^4 \mathrm{m}^3/\mathrm{d}$ 制定稳定生产 $10 \sim 20$ 天，降低井筒积液影响。

(2) 流压测试：激动井和观察井应在开井状态下将存储式压力计下入井底，并在下放过程中停点测各井的井底流压、温度并计算压力梯度和温度梯度。

(3) 压力恢复试井：在测流压后将存储式压力计放置在井底开展关井压力恢复，全部同时关井恢复压力，关井 $15 \sim 30$ 天。

(4) 干扰试井：干扰试井前，按要求设置好压力计记录时间间隔，在关井状态下入存储式压力计，并在下放过程中停点测各井的井底静压、温度并计算压力梯度和温度梯度，在干扰试井期间录取井底压力变化情况。激动井开井，以配产 $6 \times 10^4 \sim$ $10 \times 10^4 \mathrm{m}^3/\mathrm{d}$ 进行生产，生产时间为 $3 \sim 5$ 天，形成第一干扰脉冲；然后关井时间为 $3 \sim$ 5 天，形成第二干扰脉冲；开井按 $10 \times 10^4 \sim 15 \times 10^4 \mathrm{m}^3/\mathrm{d}$ 进行生产，生产时间为 $3 \sim 5$ 天，形成第三干扰脉冲；观察井保持关井状态。

3. 试井解释

页岩气藏干扰试井解释，目前主要采用极值点法开展试井解释。极值点法的原理是在激动井采取多次激动时，观测井压力响应曲线出现极值。假定 t_{m1} 时刻出现极小值，t_{m2} 时刻出现极大值(图 6-4-19)。由微分学的极值原理可得到计算导压系数的公式。

(1) 开井—关井的激动条件：

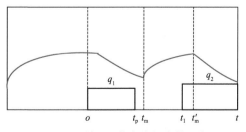

图 6-4-19 利用极值点求解参数示意图
(开井—关井—开井)

$$\eta = \frac{r^2 t_p}{14.4 t_m \left(t_m - t_p \right) \ln \left[t_m / \left(t_m - t_p \right) \right]} \quad (6\text{-}4\text{-}1)$$

式中，η 为导压系数，cm^3/s；r 为井距，m。

(2)开井—关井—开井的激动条件：

$$\eta = \frac{r^2\left(t_1 - t_p\right)}{14.4\left(t_m - t_p\right)\left(t_{m2} - t_p\right)\ln\left\{q_2 t_{m2}\left(t_{m2} - t_1\right)\big/\left[q_1 t_p\left(t_{m2} - t_1\right)\right]\right\}} \tag{6-4-2}$$

求出导压系数后，即可算出激动井和观测井之间的地层渗透率 K：

$$K = \eta\mu\phi C_t \tag{6-4-3}$$

式中，ϕ 为孔隙度，%；C_t 为综合压缩系数，MPa^{-2}。

以焦石坝区块立体开发焦页 6U 井组为例，利用极值点法计算的连通渗透率如下：观测井焦页 6U-1 与激动井焦页 6U-2 井的连通渗透率值为 26.22mD，观测井焦页 6U-3 与激动井的连通渗透率值为 27.58mD，观测井焦页 6U-4 与激动井的连通渗透率值为 23.79mD，观测井焦页 6U-5 与激动井的连通渗透率值为 13.66mD（表 6-4-2）。

表 6-4-2 观测井与激动井的连通渗透率计算结果

观测井井名	连通渗透率/mD
焦页 6U-1 井	26.22
焦页 6U-3 井	27.58
焦页 6U-4 井	23.79
焦页 6U-5 井	13.66

（二）示踪剂监测技术

1. 测试原理

页岩气井压裂过程中，在压裂液中注入示踪剂，在周围监测井中连续取水样，检测所取水样中示踪剂的浓度，并绘制出时间和示踪剂浓度关系曲线，从而为判断井间连通性提供依据。示踪剂一般有化学示踪剂、放射性示踪剂、水溶性示踪剂，涪陵气田一般采用水溶性示踪剂。

2. 现场应用

焦页 6W 井组开展了醇类示踪剂监测，通过在焦页 6W-1 井压裂施工中注入示踪剂，对焦页 6W-2 井采出水取样，进行监测。水溶性示踪剂应具有无放射性、无污染、安全稳定性好，用量少；与地层水配伍性好、地层吸附能力极微；减阻水之间配伍良好等特点。

焦页 6W-1 井选择第 8 段、第 10 段、第 12 段压裂期间注入三种示踪剂，焦页 6W-2 井复产后连续每天取样监测示踪剂，从监测结果来看，基本未见示踪剂，表明焦页 6W-1 井与焦页 6W-2 井连通性较弱。

五、立体开发压后取心

页岩气藏作为人工气藏，需要通过水平井大型水力压裂形成复杂缝网，水平井实施多级水力压裂后对井筒周围储层的改造程度和缝网展布范围的精细刻画依旧是当下难以攻克的关键问题。涪陵页岩气田前期主要依靠生产动态监测、压裂缝网监测、岩石力学机理实验和建模数模等间接手段，评价地下页岩压后缝网状况，其适应性、合理性缺乏实物资料对比验证，储量动用状况评价的精准度受到制约。为优化钻井、压裂、井网部署等开发技术，明确提高采收率潜力区，需要对页岩气压后水力裂缝的形态与扩展特征进行描述，压后取心是能够直观观测到地下压后缝网分布情况的重要途径。

（一）北美压后取心

北美在2014～2019年间先后在得克萨斯德威特（De Witt）、米德兰（Midland）盆地、特拉华（Delaware）盆地开展了三次压后取心矿场试验。得克萨斯德威特Eagle Ford取心项目主要针对一口生产井压裂前后钻取三口井联合进行取心对比观测，观察水平生产井在白垩系下Eagle Ford泥质灰岩产层内，不同空间位置的水力裂缝特征，确定压裂改造波及范围，并监测裂缝和生产压力动态变化（图6-4-20）。

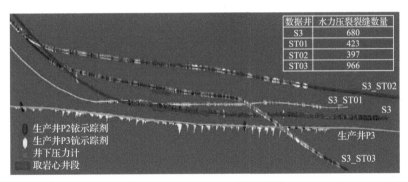

图6-4-20　Eagle Ford取心项目

HFTS-1水力压裂试验场项目，在Wolfcamp组上段和中段前期共压裂11口水平井，其中5口位于Wolfcamp组中段（MW），6口在上段（UW），新部署一口大斜度取心井SCW穿越上中Wolfcamp两个层段两口水平井SRV，介于试验场中心的两口生产井之间（图6-4-21）。测井后套管完井，并安装多个独立的压力计，以监测生产井和目标层内特定层段压力。HFTS-1在Wolfcamp组上段和中段共计取心183m（观察到超过700条压裂裂缝），其中，Wolfcamp组上段（编号1～4）：共采集137m连续岩心，代表纵向上约18m压裂储层，取心处与最近压裂段水平距离27m。Wolfcamp中段（编号5～6）：钻取了约46m岩心，离最近压裂段的水平距离为41m。采集的数据包括小压测试（DFIT）、高级裸眼井测井、110个井壁岩心、全岩心分析（包括石油物性、地质力学分析、岩石成像）、示踪剂、微地震、测斜仪、井底压力数据，以及压裂前后的多次井间地震测量等。为了监测和评估压裂作业对环境的影响，压裂前、中、后分别采集了空气和水样。空气监测站部署在试验场上风305m和下风305m处。水力压裂利用五口当地水井供水，从水井中取样，以监测压裂过程中的水质变化。

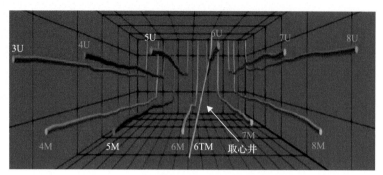

图 6-4-21　米德兰盆地 HFTS-1 取心试验

根据米德兰盆地 HFTS-1 取心试验的经验教训和未解答的问题，特拉华盆地 HFTS-2 取心试验中有八口新生产（子）井和两口现有母井，用于水力压裂研究。在垂直导眼井中收集了540ft（约165m）岩心和950ft（约290m）大斜度穿过裂缝的岩心。在三口井（两口水平井和一口直井）中安装了永久性光缆，从而可监测水力裂缝在空间和时间上的扩展、形态变化以及监测储层衰竭情况。其他高级诊断包括垂直整体岩心上重要地层评估程序、使用能进行矩张量反演的多阵列工具进行微地震调查、多井延时地球化学分析、生产井和取心斜井内支撑剂分布分析等（图 6-4-22）。

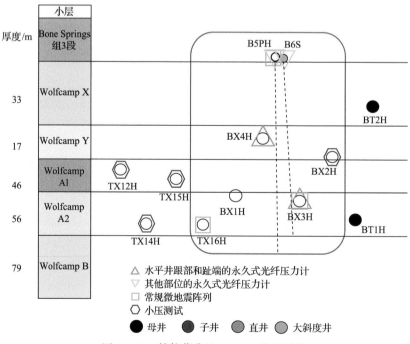

图 6-4-22　特拉华盆地 HFTS-2 取心试验

(二)焦石坝压后取心工作

基于北美压后取心矿场试验调研,以获取裂缝条数最大化、钻井成井安全、保障取心收获率为主要原则进行取心井井型优选;以观测裂缝条数最大化原则定方位、以单层尽可能多获取裂缝信息定井斜,以可观察人工缝网密集发育区定靶点,完成取心井位设计;以取心能观测到裂缝的重点层位定层位,以取全重点层位在小层界面确定位置,以重点层位和位置确定取心段长,完成取心段设计,在焦石坝区块部署了首批页岩气压后取心井,共有五口取心井,其中有一口压前取心直井和四口压后大斜度取心井(图 6-4-23)。主要目的是由点及面观测压裂支撑剂和压后缝网展布特征,优选电成像测井、声波测井、核磁共振测井、光纤测井、微地震和分层测压项目,监测待实施井压裂前后近远场裂缝扩展、压力与应力变化、井间及层间连通性等。

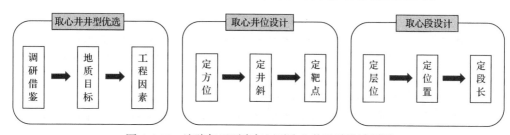

图 6-4-23 涪陵气田页岩气压后取心井地质设计原则

1. 取心方法

取心位置选择主要是为了提高捕获压裂井的水力裂缝。岩心采用铝筒封装,以防止破坏裂缝。岩心观测前进行 CT 扫描,CT 扫描的零位标记在岩心末端。实践证明,CT 扫描是一种岩心裂缝成像的重要手段,它能清晰地显示出岩性变化、层理、胶结天然缝和张开裂缝。这些扫描提供了一套现成的 3D 裂缝序列,CT 扫描后因岩心搬运产生的裂缝或岩心失水造成的结果,都可以通过对比 CT 扫描资料和肉眼观测进行识别。在拆除铝筒前进行 CT 扫描的另一个优势在于可以能够预估每个岩心段(长 3ft,约 0.9m)的脆性和可能的破裂量。这一资料可用于测试从铝筒内取出岩心的方法,在保护裂缝特征的同时,决定是否对岩心进行切片。

方法 1:铝筒像剖切剖蚌壳那样,在 1/2 处几乎平行于层理切开。将钻井泥浆刮除后,可以看到明显的裂缝。观测结束后,可以将铝筒重新放回,这种方法可以减少对岩心的伤害。完成分析后,整套(岩心和铝筒)可以重新放在一起,并利用热收缩塑料缠绕,便于保护和存储。

方法 2:先用红色染色的环氧树脂对两个长 2ft(约 0.6m)的岩心段进行稳定处理。然后沿平行层理方向进行切片,这样可以成功地稳定岩心,但裂缝表面无法深入观察,并且引入的环氧树脂会大幅使裂缝变宽(增幅可高达 1cm),此时观察到的裂缝并不是真实和原始的形态。

方法 3:不进行稳定处理,直接对铝筒内的岩心进行切片。这种方式会导致岩心碎片很难从一半岩心筒中取出，岩心容易形成新的碎片。

2. 岩心现象

通过焦石坝取心井的岩心观察，发现存在钻井液、岩屑、多种裂缝及支撑剂交互等复杂情况。岩心中裂缝数量大且分布密度不均匀；岩心裂缝的倾角和形态多样；缝面形状差异大。其中，裂缝外表形态主要分为四类：直线形、折线形、波浪形、台阶形（图 6-4-24）；裂缝缝面形态主要分为六类：平整、台阶、镜面、扭曲状、锯齿状和其他不规则形状（图 6-4-25）。整体来看，取心井裂缝外表形态以直线形和波状为主，缝面形态以台阶和平整缝面为主。

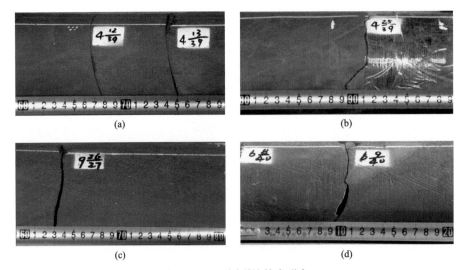

图 6-4-24　不同裂缝外表形态
(a)直线形裂缝；(b)折线形裂缝；(c)波浪形裂缝；(d)台阶形裂缝

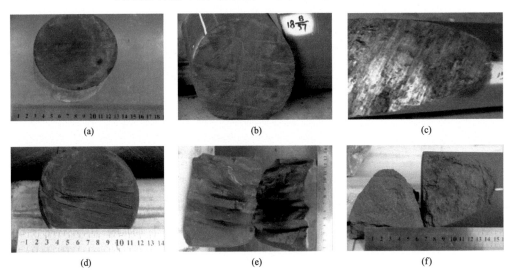

图 6-4-25　不同裂缝缝面形态分类
(a)平整缝面；(b)台阶状缝面；(d)扭曲状缝面；(e)锯齿状缝面；(c)和(f)不规则形状缝面

目前，国内首批页岩气压后取心井工作还在进行中，后期将以裂缝精细描述为基础，结合北美裂缝识别的主要依据，从裂缝特征对比、充填物类型识别、裂缝反演推导及"成像测井+CT环扫+实物观察"对应佐证，对取样岩心进行水力裂缝展布、结构特征精准刻画识别，建立压后缝网分类识别图版，为立体开发井位部署、开发技术政策、压裂工艺优化提供指导和依据，进一步提高气田采收率奠定实物基础。

参 考 文 献

[1] 张文雨. 大庆徐深气田小井眼水平井技术及配套工艺[J]. 西部探矿工程, 2022, 34(4): 47, 48.

[2] 徐响. 提高钻井速度配套技术的研究与应用[J]. 科技创新导报, 2021, 18(23): 37, 38.

[3] 邹德永, 潘龙, 崔煜东, 等. 斧形PDC切削齿破岩机理及试验研究[J]. 石油机械, 2022, 50(1): 34-40.

[4] 倪益民, 袁永嵩, 赵金海, 等. 胜利油田两口超短半径侧钻水平井的设计与施工[J]. 石油钻探技术, 2007, 35(6): 57-59.

[5] 赵峰. 超短半径侧钻分支水平井曙1-23-0370CH井设计与施工[J]. 石油钻采工艺, 2009, 31(6): 37-39.

[6] 张震, 万秀梅, 吴鹏程, 等. 川南龙马溪组深层页岩井壁失稳原因分析及对策[J]. 特种油气藏, 2022, 29(1): 160-168.

[7] 张小宁, 于文华, 叶新群, 等. 加拿大白桦地致密气超长小井眼水平井优快钻井技术[J].中国石油勘探, 2022, 27(2): 142-149.

[8] 梁升平. 小井眼水平井钻井技术[J]. 化学工程与装备, 2022, (3): 69, 70.

[9] 李文魁, 陈建军, 王云, 等. 国内外小井眼井钻采技术的发展现状[J]. 天然气工业, 2009, (9): 54-56.

[10] 吴明波. 胜利油田济阳坳陷樊154区块小井眼长水平段水平井钻井技术[J]. 非常规油气, 2018, 5(1): 101-105.

[11] 王信, 张民立, 庄伟, 等. 高密度水基钻井液在小井眼水平井中的应用[J]. 钻井液与完井液, 2019, 36(1): 65-69.

[12] 史配铭, 刘磊, 杨勇. 苏里格气田Φ165.1mm小井眼优快钻井技术[J]. 石化技术, 2020, 27(9): 35, 36.

[13] Buenrostro A, Harbi A, Arevalo A, et al. Channel fracturing technology to successfully deploy proppant fracturing stimulation under limited BHP window for completion integrity[C]//Middle East Oil and Gas Show and Conference, Manama, 2019.

[14] 蒋廷学, 王海涛, 卞晓冰, 等. 水平井体积压裂技术研究与应用[J]. 岩性油气藏, 2018, 30(3): 1-11.

[15] 杜建平, 叶熙, 史树有, 等. 复杂山地页岩气勘探开发技术创新与成效——以昭通国家级页岩气示范区为例[J]. 天然气工业, 2021, 41(4): 10.

[16] 张驰, 周彤, 肖佳林, 等. 涪陵页岩气田加密井压裂技术的实践与认识[J]. 断块油气田, 2022, 29(6): 775-779.

[17] 周小金, 雍锐, 范宇, 等. 天然裂缝对页岩气水平井压裂的影响及工艺调整[J]. 中国石油勘探, 2020, 25(6): 94-104.

[18] 曾凌翔, 郑云川, 曾波. 威远区块页岩气水平井高效压裂工艺参数分析[J]. 天然气技术与经济, 2020, 14(5): 6.

[19] Zeng F H, Zhang Y, Guo J C, et al. Investigation and field application of Ultra-high density fracturing technology in unconventional reservoirs[C]//SPE/AAPG/SEG Asia Pacific Unconventional Resources Technology Conference, Virtual, 2021.

[20] Shahkarami A, Klenner R, Stephenson H, et al. A data-driven workflow and case study for optimizing shut in strategies of adjacent wells during multi-stage hydraulic fracturing operations[C]//SPE/AAPG/SEG Unconventional Resources Technology Conference, Virtual, 2020.

[21] Kasumov M, Liu Y S, Farthing A, et al. Bakken unconventional well production interference test analysis[C]//SPE/AAPG/SEG Unconventional Resources Technology Conference, Houston, 2022.

[22] Gakhar K, Rodionov Y, Defeu C, et al. Engineering an effective completion and stimulation strategy for in-fill wells[C]//SPE Hydraulic Fracturing Technology Conference and Exhibition, The Woodlands, 2017.

[23] Foda S. Refracturing: Technology and reservoir understanding are giving new life to depleted unconventional assets[J]. Journal of Petroleum Technology, 2015, 67(7): 76-79.

[24] 肖博, 李双明, 蒋廷学, 等. 页岩气井暂堵重复压裂技术研究进展[J]. 科学技术与工程, 2020, 20(24): 9707-9715.

[25] Stranzenbach R, Przybysz P, Mütze-Niewöhner S, et al.Assessment of the teamwork organization in a production plant of a major German automobile manufacturer[C]//2014 IEEE International Conference on Industrial Engineering & Engineering Management, Seoul, 2015.

[26] Shaykamalov R, Gaponov M, Mukhametshin M, et al. Multistage horizontal wells refracturing by means of abrasive jet perforation + frac technology[C]//SPE Symposium: Hydraulic Fracturing in Russia, Experience and Prospects, Virtual, 2020.

[27] 肖佳林, 游园, 朱海燕, 等. 重庆涪陵国家级页岩气示范区开发调整井压裂工艺关键技术[J]. 天然气工业, 2022, 42(11): 64,65.

[28] 刘霜. 涪陵页岩气田加密井井间干扰判别及对邻井的影响[J]. 江汉石油职工大学学报, 2019, 32(3): 34-36.

[29] 陈钊, 王天一, 姜馨淳, 等. 页岩气水平井段内多簇压裂暂堵技术的数值模拟研究及先导实验[J]. 天然气工业, 2021, (S1): 158-163.

[30] Al Mulhim A K, Miskimins J L, Tura A, et al. Hydraulic fracture treatment and landing zone interval optimization: An Eagle Ford case study[C]//SPE International Hydraulic Fracturing Technology Conference & Exhibition, Muscat, 2022.

[31] Sinha S, Ramakrishnan. A novel screening method for selection of horizontal refracturing candidates in shale gas reservoirs[C]//North American Unconventional Gas Conference and Exhibition, The Woodlands, 2011.

[32] 张腾, 高旺斌, 刘洋, 等. 气井泡排药剂性能评价方法及优选应用研究[J]. 石油化工应用, 2018, 37(12): 52-55.

[33] 苏月琦, 汪梅, 汪召华, 等. 气举阀排液采气工艺参数设计与优选技术研究[J]. 天然气工业, 2006, 26(3): 103-106.

[34] 邹顺良. 页岩气微注压降测试方法[J]. 油气井测试, 2018, 27(1): 37-41.

[35] 王成荣, 刘春辉, 张超谟, 等. 分布式光纤产气剖面测井技术研究应用[J]. 地球科学前沿, 2019, 9(10): 1006-1015.

[36] 邸德家, 庞伟, 毛军, 等. 水平井产出剖面测试技术现状及发展建议[J]. 石油钻采工艺, 2022, 44(1): 56-62.

[37] Sookprasong P A, Hurt R S, Gill C C. Downhole monitoring of multicluster, multistage horizontal well fracturing with fiber optic distributed acoustic sensing(DAS)and distributed temperature sensing(DTS)[C]//International Petroleum Technology Conference, Kuala Lumpur, 2014.

[38] Jin G, Roy B. Hydraulic-fracture geometry characterization using low-frequency DAS signal[J]. Leading Edge, 2017, 36(12): 975-980.

[39] 李继庆, 刘曰武, 黄灿, 等. 页岩气水平井试井模型及井间干扰特征[J]. 岩性油气藏, 2018, 30(6): 138-144.

第七章 涪陵页岩气田立体开发实例

涪陵页岩气田作为国内首个实现商业开发的大型页岩气田，建设之初，通过地质-工程一体化结合，全力推进涪陵国家级页岩气示范区建设，高效建成了全球除北美之外最大的页岩气田[1,2]。现有焦石坝、江东、平桥、白马四个产建区，白涛、凤来两个评建区（图 7-0-1），累计探明页岩气地质储量 $6985.6 \times 10^8 m^3$，累计生产页岩气突破 $500 \times 10^8 m^3$。

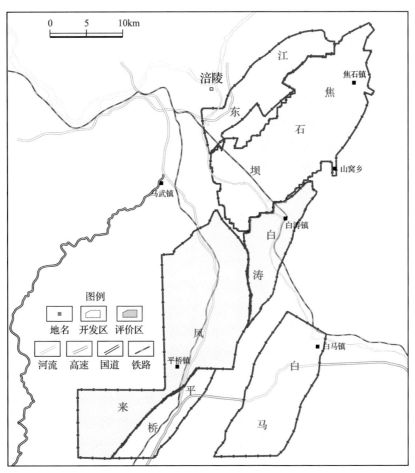

图 7-0-1 涪陵页岩气田开发区块分布图

涪陵页岩气田立体开发主要有两种模式：一种是以焦石坝区块为代表，在一次井网开发基础上，逐步展开两层立体开发、三层立体开发探索；另外一种是以白马区块为代表，按照"整体部署、立体开发、滚动评价、平台接替"的思路，开展效益开发。

本章是以焦石坝区块和白马区块为例,对前面介绍的页岩气"甜点"描述技术、建模数模评价技术、开发技术政策优化技术、立体开发工程工艺技术进行总结与应用。

第一节 焦石坝区块立体开发案例

焦石坝区块 2012 年开始产建,2015 年建成 $50 \times 10^8 m^3$ 产能,2016~2017 年产量稳定保持在 $50 \times 10^8 m^3$ 以上,开发效果较好[3]。焦石坝区块一次井网采用"1500m 水平段、600m 井距、丛式水平井交叉布井,水平井穿行①~③小层"的布井模式,对五峰组—龙马溪组龙一段进行开发,整体采收率 12.6%,具有较大提升空间。但一次井网开发后剩余气如何分布,如何进一步提高采收率亟待深入研究。自 2017 年以来,江汉油田按照"单井评价—井组试验—整体部署—滚动建产"的思路,大胆实践、有序推进焦石坝区块立体开发工作。

一、区块地质特征

焦石坝区块为一断背斜,周缘被大耳山西、石门、吊水岩、天台场等断层夹持。主体构造平缓,地层倾角小于 10°,断层附近地层倾角为 10°~20°,区内断层不发育,五峰组底埋深在 2250~3500m。

根据探井资料,将下志留统龙马溪组下部—上奥陶统五峰组下部的页岩层段定为含气泥页岩段,厚度为 80~100m,结合电性等资料,纵向上进一步划分为 9 个小层,其中①~③小层厚度约 20m,岩性以灰黑色硅质页岩为主,为一次井网开发的主力层系,即下部气层;④~⑤小层,厚度约 20m,岩性以灰黑色硅质页岩为主,为中部气层;⑥~⑨小层厚度为 45~60m,岩性主要为灰黑色黏土质硅质页岩、灰黑色混合页岩和灰黑色黏土质页岩,为上部气层。

以焦页 A 井为例,简要介绍焦石坝地区页岩品质特征。

焦页 A 井①~⑨小层的实测有机碳含量最小为 0.5%,最大为 5.65%,平均为 2.06%(94 块),且具有自下而上有机碳含量逐渐减少趋势。下部气层①~③小层的有机碳含量平均为 3.69%,④~⑤小层的有机碳含量平均为 2.58%,上部气层⑥~⑨小层的有机碳含量平均为 1.33%。

据焦页 A 井①~⑨小层的氦气法实测孔隙度结果,焦石坝区块主体区五峰组—龙马溪组含气页岩段实测孔隙度纵向上具备"两高两低"四分性特征,即下部①~⑤小层和上部⑧小层孔隙度高,⑥~⑦小层和⑨小层略低。统计结果表明,下部气层①~⑤小层平均孔隙度为 5.02%,自下而上呈现递减趋势,其中①~③小层(实测孔隙度普遍大于 5%)明显高于④~⑤小层。

焦页 A 井①~⑨小层的实测含气饱和度最小为 35.93%,最大为 79.15%,平均为 60.53%(22 块),且具有自下而上有机碳含量逐渐降低趋势。总体来看,下部气层①~③小层含气饱和度为 65%~70%,中部气层④~⑤小层含气饱和度为 63%~66%,上部气层⑥~⑨小层含气饱和度为 50%~60%。

焦页 A 井实测压力值计算的压力系数为 1.61。据焦石坝含气页岩段的地层压力系数三维地震平面预测结果，下部气层压力系数为 1.25～1.45，中部气层压力系数为 1.25～1.45，上部气层压力系数为 1.15～1.40，平面上表现为北高南低、西高东低的特征。

整体来看，焦石坝区块构造稳定，断层不发育，埋深小于 3500m，五峰组—龙马溪组龙一段页岩品质好，气藏为中深层、弹性气驱、高压、干气、页岩气藏。

二、立体开发潜力评价

(一)一次井网开发效果评价

页岩气开发主要通过单井可采储量评价和开发技术政策适应性评价水平井开发效果。

1. 单井可采储量评价

在页岩气藏综合渗流微分方程及页岩气多段压裂水平井渗流特征研究基础上，建立了基于产能系数的不稳定线性流产能评价及经验产能预测方法，形成了适合页岩气井不同生产阶段的产能评价和预测方法[4-8]。综合采用以生产动态法为主，以流动物质平衡法、解析模型法、数值模拟法等为辅，开展涪陵页岩气田气井产能预测，获得了较好的应用效果。

1)生产动态法

系统调研国内外常规天然气及页岩气井可采储量评价方法，在此基础上，利用生产动态法评价涪陵页岩气井可采储量。

(1)产降压阶段产能预测。

与常规气井长期处于拟稳态边界流特征不同，焦石坝区块页岩气井生产动态明显表现为不稳定线性流特征，即生产数据图板上呈现明显的–1/2 斜率直线。利用不稳定线性流方程，按照气井给定配产预测至井底流压(p_{wf})达到外输压力时的累计产量(以每口井的实际输压计算)，即为稳产期累计产量(图 7-1-1)。

(2)定压递减阶段产能预测。

统计涪陵页岩气田递减特征明显井的递减类型均符合调和递减，第一年年初对年末递减率为 52.0%～70.8%。定压递减阶段，根据递减趋势预测递减期可采储量，初始递减为调和递减，当递减率到达 6%时，转化为指数递减(图 7-1-2)。

(3)增压开采阶段产能预测。

对增压前后具有明显递减规律的井以增压开采为起始点，对生产数据进行归一化处理，建立增压开采增量递减模型，结合分区单井初始增气量，建立分区增压开采增量预测模型，评价各区块增压可采增量。

(4)压裂受效阶段产能预测。

以压裂受效后气井压力、产量发生明显变化为起始点，受效后的递减规律采用的

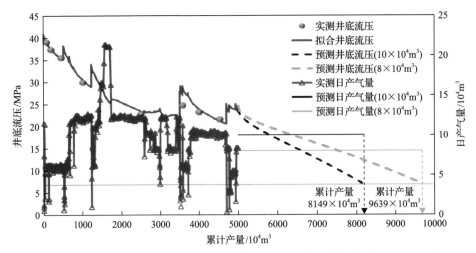

图 7-1-1 焦石坝气井稳产降压阶段可采储量预测图(截至井底流压 p_{wf}=7.07MPa)

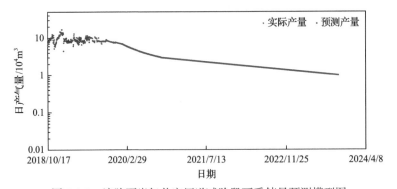

图 7-1-2 涪陵页岩气井定压递减阶段可采储量预测模型图

APRS 递减分析法,基于受效后模型预测相应产量。

采用生产动态法开展了焦页 5A 井产能预测,该井预测稳产期为 650 天,稳产期累计产量为 $4100\times10^4m^3$,预测递减阶段符合调和递减,初始递减率 52.4%,预测增压措施增气量 $806\times10^4m^3$,预测气井 30 年累计产量气量 $1.01\times10^8m^3$。

2) 流动物质平衡法

流动物质平衡法是 Mattar 和 McNeil[9]于 1998 年提出来的,根据渗流力学原理,对于一个有限外边界封闭的油气藏,当地层压力波达到地层外边界一定时间后,地层中的渗流将进入拟稳定流状态,这时,地层中各点压降速度相等并为常数[9-11]。

以焦石坝区块某口典型井为例,该井累计产量为 $8340\times10^4m^3$,以前以 $6\times10^4m^3$/d 稳定生产,之后间开生产。根据实测井底流压评价累计产量为 $1998\times10^4m^3$ 时的动态储量为 $0.876\times10^8m^3$,累计产量为 $6999\times10^4m^3$ 时的动态储量为 $1.508\times10^8m^3$,累计产量为 $9632\times10^4m^3$ 时的动态储量为 $1.570\times10^8m^3$。随着累计产量增加,动态储量也增加。

3) 解析模型法

基于解析模型法建立页岩气多段压裂水平井动态分析流程[12],通过规整化拟压力与时间的平方根曲线拟合线性段,求得斜率 m 及截距 b,确定页岩储层参数,如表皮系数；如果出现边界控制流，利用流动物质平衡曲线截距确定页岩气孔隙体积（HCPV），并计算裂缝半长（x_f）；最后利用解析模型法预测不同配产方案的稳产期及递减期（图 7-1-3）。

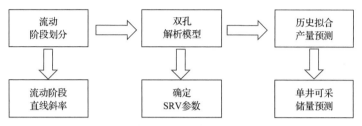

图 7-1-3　页岩气多段压裂水平井动态分析流程

以焦页 5B 井为例，该井为一口定产生产井，定产 $6×10^4 m^3/d$ 生产，初期无阻流量为 $19.3×10^4 m^3/d$，主要穿行第③小层，试气井段长 1588m，射孔簇数 51 簇。通过规整化拟压力与时间平方根曲线，并结合流动物质平衡曲线初步确定裂缝半长、基质渗透率等参数。建立双孔复合解析模型，在压力历史拟合匹配的基础上，确定区内裂缝渗透率为 $0.16×10^{-3} mD$，裂缝半长为 154m，SRV 面积为 $0.49km^2$。废弃压力取脱水站进站压力下限 4.5MPa，对应井口压力 6MPa，折算至井底流压为 7.07MPa。定产 $6×10^4 m^3/d$ 生产的情况下预测至井底流压为 7.07MPa 时进入递减期，当废弃产量为 $1×10^3 m^3/d$ 时，技术可采储量为 $1.36×10^8 m^3$。

4）数值模拟法

数值模拟法根据气藏特征及开发概念设计等，建立气藏模型，并经历史拟合证实模型有效后进行模拟计算，可预测气井产能[13-15]。与常规油气藏数值模拟不同的是，页岩气数值模拟考虑页岩气解吸—扩散—滑脱—渗流等多种流动形式，并且通过建立等效裂缝渗透率模型并进行裂缝加密来简化页岩裂缝复杂性[16]，最后通过数值运算、数据分析，完成产能历史拟合和可采储量评价。

综合使用生产动态法、流动物质平衡法、解析模型法、数值模拟法等多种方法，评价焦石坝区块一次井网平均单井可采储量为 $1.36×10^8 m^3$，优于方案设计。

2. 开发技术政策适应性评价

焦石坝区块一次井网采用水平井大规模水力加砂压裂、衰竭式开发方式，开发技术政策主要是采用"1500m 水平段、水平井方位选择垂直最大主应力方向、600m 井距、山地丛式水平井交叉布井，水平井主要穿行第①~③小层"的布井模式，对五峰组—龙马溪组一套厚 89m 的页岩进行开发。

焦石坝区块一次井网水平井主要在第①~③小层中穿行，其中第①~③小层合计穿行比例为 81.1%，第④~⑤小层穿行比例为 15.1%。

焦石坝区块一次井网实施后，整体储量动用率为 30.2%，采收率为 12.6%，剩余储量较大，一次井网动用不充分。

(二)立体开发潜力分析

为评价焦石坝区块是否具有立体开发提高采收率的潜力,持续技术攻关,积极开展单井评价试验。以页岩储层孔缝双重双渗理论为指导,以压裂缝高评价为核心,结合微地震监测、动态分析、压裂后反演、地模数模一体化技术等手段,完成地质模型离散化处理,构建压后缝网和数值模拟模型,明确了焦石坝区块剩余储量纵横向分布状况。

纵向上,焦石坝区块一次井网水平井穿行第①小层时,第④~⑤小层储量动用不充分,第⑥~⑨小层储量基本未动用;穿行第③小层时,第⑥~⑨小层储量基本未动用,因此剩余气主要分布在中上部气层。平面上,压裂半缝长平均为 150m 左右,各段产气量差异明显,600m 井网的井间储量动用不充分,且在不同分区动用存在差异,呈现出"北高南低"的特征。

优先开展上部气层评价先导试验,重点评价不同地质条件、不同井距、不同水平段长的开发调整潜力,证实了焦石坝区块两层立体开发的可行性。

1. 一次井网井距偏大,井间动用不充分,可实施加密开发

微地震监测结果表明,焦石坝区块一次井网 600m 井距井间储量动用不充分。焦页 48 号平台井中微地震结果显示,每段压裂缝长差异较大,三口井平均单段压裂缝长 246~319m,井间存在储量动用不充分的区域。

加密评价井压力监测结果显示,一次井网老井井间地层压力较高,井间储量动用不充分:焦页 6J 井压裂试气后投产前测试地层静压 30.0MPa,比 4 口邻井投产前平均地层静压低 10.2~12.3MPa,但比同期邻井地层静压高 14.8~18.4MPa。

加密评价井压裂时老井有压力激动反应,投产后对老井生产产生一定的正面影响,老井生产能力有所提高。焦页 6J 井压裂期间,相邻老井均受到压力响应,其中井距为 200m 的焦页 7F-1 井和焦页 7F-2 井口压力响应明显比距 400m 井距的焦页 7F-3 井和焦页 7F-4 井强。焦页 6J 井压裂后邻井焦页 7F-3 井、焦页 7F-1 井日产气量有所增加。井组 5 口加密评价井压裂前后,周围 14 口老井平均单井井口压力上升 0.7MPa,日产气增加 $1.9 \times 10^4 m^3$,日产水增加 $0.9m^3$。

加密评价井投产后试采稳定,与邻井基本无生产干扰,以加密井焦页 6A 井为例,2018 年 6 月 7 日投产,6 月 28 日至 7 月 20 日下调配产,邻井焦页 6M 井产量、压力稳定;7 月 21 日至 8 月 5 日关井,邻井焦页 6M 井产量、压力稳定;后期其中一口井调配产及关井,另一口井产量和压力均无异常波动。

2. 一次井网实施后,纵向动用不充分,具备分层开发潜力

上部气层评价井压力监测结果表明上部气层基本未动用。上部气层评价井焦页 7B-1 井微注测试解释地层压力 33.16MPa,与下部气层已试气邻井焦页 7B-2 井、焦页 7B-3 井投产初期地层压力基本接近,比目前地层压力高约 20MPa,表明上部气层基本未动用。

上部气层评价井钻井、压裂试气及监测结果表明,上部气层开发对下部气层井基

本无影响。上部气层评价井焦页 7C 井钻井无异常，录井岩屑分析未见到下部气层井压裂支撑剂，焦页 7C 井压裂期间，老井压力干扰不明显，微地震监测显示压裂缝网集中在上部气层内，而且周围老井复产后生产效果有变好趋势，表明早期下部气层开发未动用上部气层，上部气层可独立开发。

多口上部气层评价井压裂试气表明，上部气层地层压力高，测试产量高，生产稳定且上下部气层井生产基本无干扰。焦页 6H 井压裂后测试产量为 28.8×10⁴m³/d，地层压力为 28.36MPa，较已试气邻井下部气层投产前地层压力低 8～10MPa，但比已试气邻井目前地层压力高 14～15MPa，表明原 600m 井网两口井之间储量动用程度低。

试采生产动态显示，上部气层井生产对下部气层井生产没有明显影响：焦页 5C 井投产前后，已试气邻井焦页 7D 井每万立方米产气量井底流压下降速度分别为 0.0054MPa/10⁴m³、0.0060MPa/10⁴m³（图 7-1-4），焦页 7E 井每万立方米产气量井底流压下降速度分别为 0.0074MPa/10⁴m³、0.0090MPa/10⁴m³（图 7-1-5），井底流压下降速度总体变化不大。

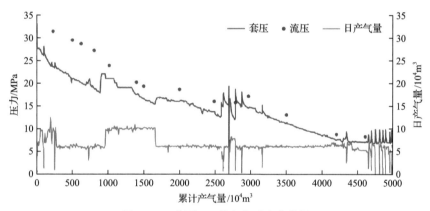

图 7-1-4 焦页 7D 井生产对比曲线图

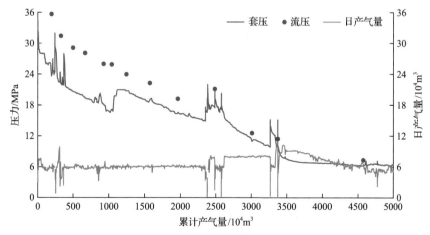

图 7-1-5 焦页 7E 井生产对比曲线图

先导试验结果证实，焦石坝区块具备立体开发可行性。

三、立体开发技术政策研究

(一)地质−工程耦合"甜点"描述

涪陵页岩气田开发实践表明,页岩储层具有一定的非均质性。

地质特征非均质性描述是准确识别立体开发资源分布的基础,包含宏观和微观两个尺度。宏观地质特征描述主要包括岩性、沉积构造、纹层、自生矿物等,微观地质特征描述主要包括矿物、地球化学、物性、孔隙结构、纳米级微裂缝发育特征等方面。通过地质特征非均质性精细描述,明确了①~③小层、⑤小层下部、⑧小层下部为焦石坝区块立体开发地质"甜点"层段。

工程改造非均质性描述是立体开发实现体积改造和精准压裂改造的基础,其中地层应力特征、天然裂缝发育特征是立体开发工程改造描述的核心内容。焦石坝区块纵向应力特征差异明显,北部焦页 A 井⑤小层与⑥小层之间的最小水平主应力差值为6.7MPa,往南该差值逐渐减小,南部焦页 C 井该差值减小为 3MPa。根据人工裂缝扩展模拟结果,当纵向应力差大于 5MPa 时,可形成应力隔挡,压裂缝难以突破;当纵向应力差小于 3MPa 时,纵向应力隔挡效应明显减弱,压裂缝易沿着纵向发生扩展。

焦石坝区块纵向天然裂缝发育程度南北也存在较大差异,岩心观察、成像测井、地震裂缝模型都显示,焦石坝区块整体上往南纵向裂缝发育,压裂缝更易向上延伸。

(二)建模数模储量动用状况评价

在水平井测井解释基础上,形成了以层控筛选方法为核心、相控+地震双约束为主体的三维属性建模技术,建立了焦石坝区块五峰组—龙马溪组龙一段页岩岩相、TOC、矿物含量、孔隙度、饱和度、含气量六类属性模型,平面网格尺寸 20m×20m,纵向网格尺寸为 0.5~3.0m,直观地呈现了小层纵向和平面的非均质性特征。

综合水平井分段的裂缝半长,建立小层的剩余储量分布图。基于焦石坝区块生产井穿行水平段和改造体积,结合单井可采储量预测结果,确定每口井剩余储量分布状况,将每个网格点对应的剩余储量丰度当成属性值,利用克里金插值法,确定①~③、④~⑤、⑥~⑨每小层剩余储量分布图,将每个网格点对应的属性值导出,利用 Petrel 软件精细刻画不同小层的剩余气展布,得到焦石坝区块三层剩余储量丰度叠合图。

结果表明,①~③小层,剩余气整体呈宽 50~80m 的窄条状分布于井间,井间剩余储量丰度为 $0.30×10^8$~$0.58×10^8 m^3$(2000m 水平段长),在当前技术经济条件下,难以实现再次加密效益开发,仅试验井组内,存在井距较大区域(700~1200m),部分块状分布的剩余储量丰度为 $2.0×10^8$~$2.2×10^8 m^3/km^2$ 的高值剩余气,可部署立体开发井。

④~⑤小层,由于老井、调整井穿行层位和纵向裂缝波及,动用储量呈零星非连续条带分布,剩余储量分布整体呈连续块状,具有"蚁穴状"特征,剩余储量丰度呈

现"北高南低"特点,试验井组平均剩余储量丰度最高,为 $2.48 \times 10^8 \mathrm{m}^3/\mathrm{km}^2$。

⑥~⑧小层,在上部气层开发有利区内页岩气储量已基本实现井间连片动用,同层再加密潜力较小,焦石坝区块南部储量基本未动用,剩余储量丰度平均为 $2.72 \times 10^8 \mathrm{m}^3/\mathrm{km}^2$。

基于剩余气平面和纵向上的分布特征,将焦石坝区块中部气层页岩气剩余储量分布划分为连片条带状、平行串珠状及阶梯孤岛状三种模式(图 7-1-6)。为实现剩余储量动用最大化,当剩余气形态为连片条带状时,采用单层连续型的穿行轨迹,水平段穿行④~⑤小层进行均匀改造;当剩余气形态为平行串珠状时,采用单层串联型的穿行轨迹,水平段穿行④~⑤小层进行非均匀改造,针对④~⑤小层已动用区域,可降低压裂规模改造或放弃压裂改造;当剩余气形态为阶梯孤岛状时,采用多层阶梯形的穿行轨迹,水平段主要穿行①~③小层及④~⑤小层,以多层叠拼方式进行串联,立体充分动用剩余储量。

连片条带状　　　　　　平行串珠状　　　　　　阶梯孤岛状

图 7-1-6　焦石坝区块中部气层页岩气剩余储量丰度分布类型

(三)焦石坝区块立体开发模式建立

1. 两层立体开发

在明确焦石坝区块立体开发调整潜力的基础上,开展五个井组先导试验,进一步评价立体开发技术政策,通过积极探索与攻关,建立了国内首个页岩气两层立体开发模式。

2. 三层立体开发

焦石坝区块三层立体开发模式是建模数模一体化剩余气定量雕刻技术突破的结果。为进一步探索焦石坝区块提高采收率方向,2021 年至今,持续强化页岩气建模数模技术攻关,建立页岩气层储量动用评价技术,精细刻画剩余气分布特征。

针对页岩气"压前天然裂缝和应力场复杂、压后人工缝网复杂、多尺度介质耦合流动复杂"的特征,在裂缝精细建模基础上,以数值模拟为核心,考虑不同穿行层位水平井新老井压裂干扰,利用微地震监测、产气剖面等动态监测资料共同约束,基于压裂分段单元的储量动用定量评价方法,精细刻画剩余气分布形态与剩余储量丰度,实现焦石坝区块剩余气分层分区定量化评价。

评价认为,受老井、调整井穿行层位和纵向裂缝波及,焦石坝区块中部气层(④小层和⑤小层)储量部分动用,动用储量呈零星非连续条带分布,剩余储量分布整体呈连续块状，具有"蚁穴状"特征，剩余储量丰度呈现"北高南低"特点。

以剩余气精细分布模式为指导，开展三层立体开发试验，评价井实施情况与剩余气展布特征吻合，证实了焦石坝区块中部气层可分层开发，优化形成了焦石坝区块中部气层开发技术政策：穿行层位以穿行④小层上部及⑤小层下部 9.8m 范围内为主，结合下部老井穿行层位适当调整；水平井方位垂直最大主应力方向，正南北向布井；中部气层同层井距 250～300m，与下部老井平面距离 100m，与上部气层投影井距 50m，纵向上按照 M 型井网模式部署。

四、立体开发工程工艺优化

(一)密织井网丛式井组安全优化设计技术

相比一次井网，页岩气立体开发平台井数增多、井网密度加大，空间井距更小，二次布井受压裂区井间干扰和井眼相碰影响安全风险高，复杂井网条件下轨迹精准控制与穿层难度大。

针对以上难题，提出了页岩压裂区地层压力精细描述方法，形成了焦石坝区块密织井网"三防"钻井工程设计技术。结合数值模拟，明确了压裂改造干扰范围，即横向压裂半缝长大于 80m、纵向大于 50m；通过分析测斜误差影响因素及贡献率，建立了误差分析模型；结合三维可视化轨道设计软件，提出了密织井网轨道防碰设计方法。焦石坝某井组面积 11.2km²，一次井网部署开发井 4 口，经过三层立体开发后增加到 16口，实现了密织井网条件下新老井"零"碰撞。

在水平段的穿行轨迹节点控制与优化方面，采用"宏观把控，节点控制"思路，地质-工程相结合，细化水平井轨迹控制节点，按照"一井一案"原则，进一步细化构造分析，地质导向过程中减少水平段穿行轨迹频繁调整，保证轨迹平滑与"甜点"层的优质钻遇。焦石坝区块焦页 7G 井优质储层钻遇率为 100%，创造了钻井单日进尺新纪录(单日进尺 500m)和三开施工周期最短纪录(11 天)。

(二)与复杂应力场相适应的立体开发井组压裂工艺技术

与一次井网对比，多层立体开发井组层间、井间地应力发生动态变化，导致调整区人工缝网复杂度高，从井组整体改造受效出发，与不同剩余气分布形态及储量丰度相匹配的改造工艺有待优化。

针对这一难题，在焦石坝区块页岩气剩余气精细表征基础上，考虑不同层位地质、工程多参数差异，结合岩心力学及物理模拟试验，建立了耦合"石英含量、泊松比、杨氏模量、应力差、层理发育情况"等多参数的地质-工程一体化可压性评价方法，定量化评估了不同层段页岩可压性。同时，基于三维地质模型附加应力敏感性参数，结合动态孔隙压力预测，建立四维动态地应力模拟方法，揭示了老井开采一定程度后，老井井周应力差值变大、新井地应力基本不变的平面地应力非均匀分布规律。通过岩石力学、物理模拟试验、压力-应力动态耦合数值模拟等动静态综合评价，明确了立体开发井组压裂成缝主控影响因素，上部与中下部的可压性存在一定差异，脆性、层理及天然裂缝是影响不同小层改造效果静态参数主控因素，不同井网、剩余气分布模式下，应力变化、压力系数是制约中下部改造效果动态参数的主控因素。

在此基础上，建立了焦石坝区块井间、层间、段间三种类型剩余气挖掘精准压裂技术，形成了水平井精准压裂工艺及配套技术，解决了新老井协同受效、新井改造效率低等难题，应用后新井获得较高测试产量，且一次井网老井中正面影响井占比 87%，老井平均单井增加可采储量 $2600 \times 10^4 \mathrm{m}^3$。

1. 井间剩余气挖掘

建立了以簇密度及簇改造强度精细设计、强化远端暂堵转向为核心的工艺参数优化方法，配套"响应时间、斜率变化、上升幅度、停泵后压力变化"四参数识别防压裂冲击调控技术，有效应对了未动用区非均匀分布、两向应力差增大、老井亏空诱导影响等难题，累计应用 142 井次，单井测试产量提升 10.8%。

2. 层间剩余气挖掘

基于垂向距离、穿行层位、曲率、老井累采四要素压前评价，创新了匹配不同类型剩余气"充分改造、精细改造、适度改造"分类差异化设计技术，配套缝间缝内双暂堵优化、阶梯变排量控缝高、压力墙保护系列方法，有效应对了中部、上部储层空间关系复杂、储层塑性增强、纵向缝高控制等难题。

3. 缝间剩余气挖掘

创建了"段簇间剩余储量分析评价—套中固套重建井筒—分类差异化改造"一体化重复压裂工艺，形成了"前期控破裂+短/长段塞循环加砂+暂堵转向"降滤促缝参数优化方法，解决了长水平井"老簇再动用+簇间精准挖潜"难题，国内首次在焦页 7H 井成功应用，重复压裂后已累计增产超 $3700 \times 10^4 \mathrm{m}^3$。

同时，针对立体开发后，新老井区应力场平衡打破，差异加剧，极易造成新井缝网向老缝偏转沟通的难题，基于"压力墙"理念，通过老井关井保护、优化压裂顺序，实现了井间压裂缝网立体协同优化。具体做法是：针对下部加密井，压裂前 3~5 天周边相邻老井保护性关井蓄能保压，以降低地层亏空诱导影响；针对立体井组，采取"先下后上"的压裂顺序，先对下部气层井进行压裂施工，在下部建立"压力墙"，抑制上部气层裂缝向下过度延伸。

五、立体开发实施效果

焦石坝区块立体开发调整效果显著。2019~2022 年，焦石坝区块高效推进立体开发产能建设。截至 2022 年底，两层立体开发全面收官，三层立体开发稳步推进，投产 274 口，其中加密井平均测试产量 $20.1 \times 10^4 \mathrm{m}^3/\mathrm{d}$，预测平均单井可采储量 $1.02 \times 10^8 \mathrm{m}^3$；

上部气层井测试产量 $17.0×10^4m^3/d$，预测平均单井可采储量 $0.90×10^8m^3$；中部气层井平均测试产量 $17.5×10^4m^3/d$，预测平均单井可采储量 $0.92×10^8m^3$。单井平均日产 $4.19×10^4m^3$，年产气量 $37.59×10^8m^3$，占整个焦石坝区块的 61.5%。实现了焦石坝上再建焦石坝，区块整体采收率从 12.6%提高到 23.3%，其中立体开发区采收率可达 39.2%（图 7-1-7）。

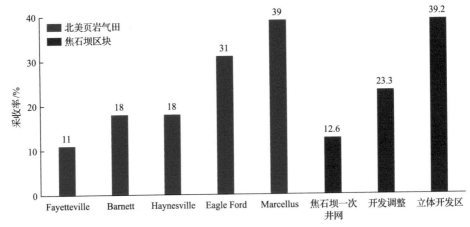

图 7-1-7　焦石坝区块与北美典型页岩气田采收率对比图

第二节　白马区块立体开发案例

一、区块地质特征

作为涪陵页岩气田产建新区，白马区块位于涪陵页岩气田南部，构造上隶属于四川盆地东缘高陡褶皱带万县复向斜南部，紧邻齐岳山断层，属冲断褶皱变形带，变形强烈，平面上呈现"背斜窄陡、向斜宽缓"的北东向隔挡式褶皱构造特征。区块地层压力系数主要为 0.9～1.3，埋深为 2000～4800m。区块开发面临着断裂发育、地层产状变化快、应力方向变化大、裂缝非均质性强、平台选址困难等地表、地下双复杂难题。因此，立体开发模式不能简单照搬焦石坝区块经验。

与焦石坝区块相比，白马区块构造形态多变（隆凹相间）、保存条件差异较大，可划分为以下四种类型（图 7-2-1）：①断背斜构造，包含金坪、石门 1 号和石门 2 号共三个断背斜构造。构造均为表现为窄陡型，构造两翼不对称，东翼地层倾角较大（15°～35°），断裂发育，构造变形强，上伏地层抬升明显，剥蚀较为严重，保存条件较差。②断鼻构造，包含和顺断鼻和白马断鼻。构造形态较为完整，东翼地层产状陡（15°～30°），和顺场断鼻靠近背斜带，断裂较为发育，构造变形较强。③斜坡构造，包含白马南斜坡和山窝斜坡。白马南斜坡构造宽缓，构造中部断裂不发育，构造变形较弱；山窝斜坡为冲断窄陡型斜坡构造，断裂较为发育，挤压应力较大，变形较为强烈。④向斜构造，包含白马向斜和山窝向斜。白马向斜构造整体宽缓，断裂不发育，构造变形弱；山窝向斜为冲断窄陡向斜，断裂发育，挤压应力大，变形较为强烈。

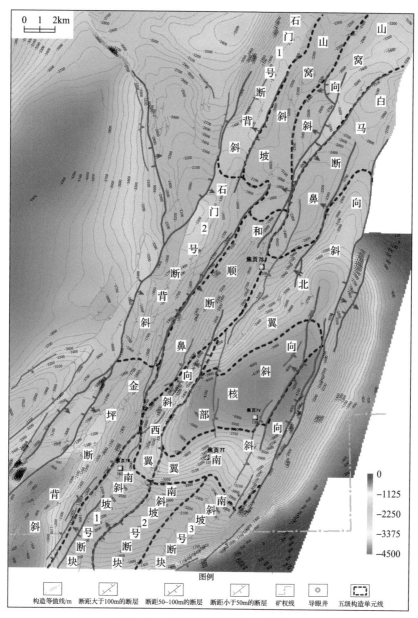

图 7-2-1　白马区块构造单元划分图

基于上述构造特征，明确了白马区块具有"东弱西强、南弱北强"的变形特点。同时根据构造形态和断裂级次，将白马向斜和白马南斜坡两个构造单元进一步细分为七个次级构造单元（表 7-2-1），为立体开发评价奠定基础。

白马区块奥陶系五峰组—志留系龙马溪组一段处于深水陆棚沉积，页岩厚度大、原生品质优，与焦石坝区块基本相当，具备良好的生烃潜力和改造基础。典型井测井解释结果表明（图 7-2-2），①～⑤小层 TOC 含量平均为 3.50%，孔隙度平均为 3.62%，含

表 7-2-1　白马区块构造单元划分表

三级构造单元	四级构造单元	五级构造单元名
白马向斜带	白马向斜	向斜核部
		向斜北翼
		向斜西翼
		向斜南翼
	白马南斜坡	南斜坡 1 号断块
		南斜坡 2 号断块
		南斜坡 3 号断块

气饱和度平均为 72.93%，脆性矿物含量平均为 64.61%，资源丰度达 $6.34 \times 10^8 \mathrm{m}^3/\mathrm{km}^2$，评价为Ⅰ-Ⅱ类气层；⑥～⑨小层 TOC 含量平均为 1.82%，孔隙度平均为 3.22%，含气饱和度平均为 58.07%，脆性矿物含量平均为 50.34%，资源丰度达 $5.94 \times 10^8 \mathrm{m}^3/\mathrm{km}^2$，评价为Ⅱ-Ⅲ类气层，表明白马区块具备分层立体开发的资源基础。

开发细分区是效益开发的基础。实践证实，构造样式及变形强度不同是造成含气性差异的主要因素，直接影响开发效果，有必要在构造变形区划分基础上，结合产能影响因素分析，细化开发分区，为差异化开发技术政策和压裂改造工艺的制定提供支撑，确保开发效益最大化。

针对白马区块"常压—高压、中深层—深层"的地质特征，优选地层压力系数、含气饱和度为含气性评价关键参数，天然裂缝、应力性质为可压性评价关键参数，建立常压页岩气开发地质综合评价参数体系（表 7-2-2）。

将白马向斜—南斜坡—和顺断鼻细化为"东西两大区、南北五小区"，利用权重分析法，评价优选东 3 区为白马区块开发产建第一目标区（图 7-2-3）。

二、立体开发潜力评价

根据焦石坝区块立体开发调整实践经验，针对新区建产，应优先考虑一次性立体开发。

白马区块自 2021 年投入开发以来，启动了该区块产能建设。按照"整体部署、立体开发、滚动建产、平台接替"的思路，稳定推进白马区块立体开发。为落实立体开发潜力与开发技术政策，根据地质条件和实施现状，针对白马向斜南北两翼和南斜坡，分别部署立体开发评价井三口、试验井组一个和开发井组两个。

（一）实施效果证实白马区块具备分层立体开发潜力

白马向斜南翼（东 3 区）部署的首口上部气层井焦页 7N-1 井，采用 10mm 油嘴试气，测试压力 11.90MPa，测试产量 $6.64 \times 10^4 \mathrm{m}^3/\mathrm{d}$，为相邻下部气层井的 82.5%（图 7-2-4），展现出了较好的测试效果，目前该井试采稳定，证实了上部气层具有较好的开发潜力。多方法预测焦页 7N-1 井技术可采储量 $0.65 \times 10^8 \mathrm{m}^3$，累计产气近 $1300 \times 10^4 \mathrm{m}^3$，证实了东区具备分层立体开发的产能基础。

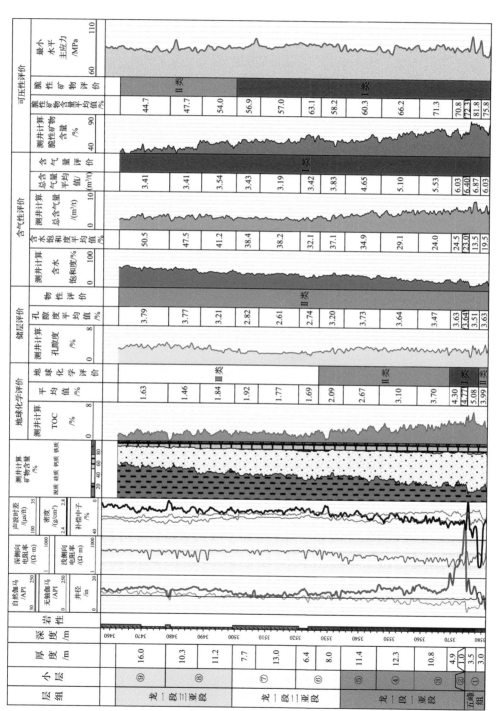

图 7-2-2 白马区块典型井页岩储层综合柱状图

表 7-2-2　白马常压页岩气开发地质综合评价参数体系

分类	概率赋值区间	含气性参数			改造条件		
		含气饱和度/%	压力系数	孔隙度/%	埋深/m	裂缝	应力性质
Ⅰ类	0.75~1.0	≥60	≥1.3	≥4.0	≤3500	斑点状曲率，非均质性弱	中-弱挤压
Ⅱ类	0.5~0.75	50~60	1.1~1.3	3.0~4.0	3500~4000	空白曲率或条带状曲率，非均质性弱	中-弱拉张
Ⅲ类	0.25~0.5	40~50	0.9~1.1	2.0~3.0	4000~4500	单方向高值曲率，非均质性强	中-强挤压
Ⅳ类	0~0.25	<40	<0.9	<2.0	>4500	多方向高值曲率，非均质性强	强挤压

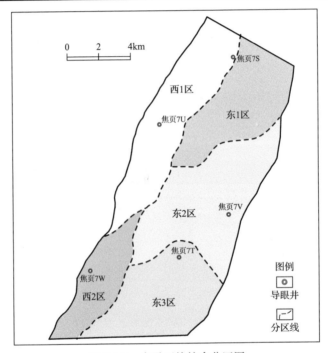

图 7-2-3　白马区块综合分区图

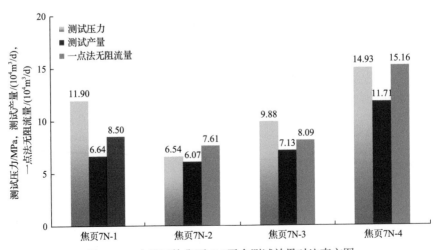

图 7-2-4　白马区块焦页 7N 平台测试效果对比直方图

后续完钻两口上部气层评价井水平段全烃显示分别为 8.8%、12.9%，与同平台下部气层基本相当，进一步证实了东区具备分层开发的资源基础。

同时，下部气层单井测试效果持续提升，测试产量由日产 $6.27\times10^4m^3$ 提升至 $13.04\times10^4m^3$，东 1 区、东 2 区、东 3 区平均单井技术可采储量介于 $0.8\times10^8\sim0.83\times10^8m^3$；西区平均单井技术可采储量约 $0.65\times10^8m^3$，证实了白马区块具备分层开发动用潜力。

(二)动态监测、压模数模数据等综合表明白马区块具备分层立体开发潜力

从焦页 7N 井区(东 3 区)典型井应力纵向分布特征来看，⑥小层存在较高应力隔层，与⑤小层应力差接近 4MPa，证实了分层立体开发的可行性(图 7-2-5)。

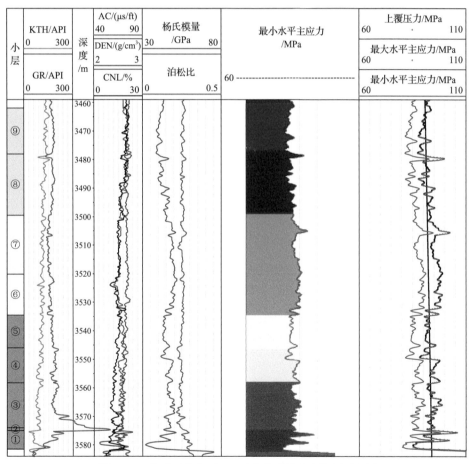

图 7-2-5　白马区块焦页 7N 平台典型井应力特征对比图

微地震监测结果表明，焦页 7N-1 井压裂半缝长为 89～168m(平均为 127m)，缝高为 21～36m(平均为 30m)。其中，第 12～23 段穿行⑦小层上和⑧小层下，压裂缝高在⑦～⑧小层延伸；⑥小层为高应力段，未有效改造(图 7-2-6)。

压后缝网模拟结果表明，焦页 7N-1 井水平段穿行⑦小层、⑧小层界面，人工缝高主要集中在⑦小层和⑧小层，⑥小层为高应力段，未有效改造；焦页 7N-4 水平段穿行

③小层,人工缝高主要集中在①～⑤小层(图 7-2-7)。

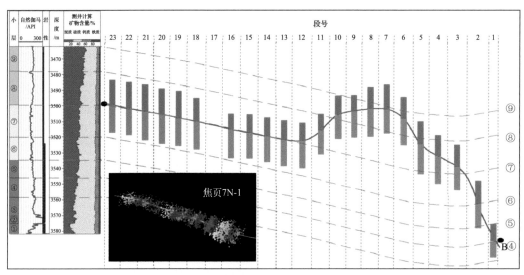

图 7-2-6　焦页 7N-1 井微地震监测缝高

数值模拟分析结果表明,白马南斜坡(东 3 区)焦页 7N-2 井水平段穿行①～③小层,储量主要动用①～⑤小层,其中①～③小层压力保持程度约为55%,⑤小层和⑥小层压力保持度大于 60%,⑦～⑨小层基本未动用(图 7-2-8),进一步证实了白马东区具备立体开发潜力。

三、立体开发技术政策研究

在明确区块立体开发潜力的基础上,以提高单井产量和地面平台最优化、地下资源动用最大化为原则,结合不同分区地质特征,形成了差异化立体开发技术政策。

1. 穿行层位

白马区块最小水平主应力在纵向、平面上均存在一定差异:与裂缝欠发育区相比,裂缝发育区纵向上应力差异小,且⑥小层高应力隔层消失。根据应力隔层和不同分区裂缝特征,结合储层静态参数评价和工程改造性条件,优选①小层上至③小层下、⑥小层上至⑦小层下为裂缝欠发育区(东 2 区、东 3 区、西 2 区)的有利穿行层位;综合考虑储层特征、缝网高度和漏失情况,优选③小层、⑦小层上至⑧小层下为裂缝较发育区(东 1 区、西 1 区)的有利穿行层位。

2. 合理井距

根据压后缝网模拟和数值模拟结果,结合微地震监测、数值模拟和经济极限井距分析(表 7-2-3,图 7-2-9、图 7-2-10),开展不同地质条件、不同井距下人工缝网延伸能力评价。分析认为,和顺断鼻裂缝发育,埋深相对较浅,井距300～350m;向斜北翼裂缝较发育,埋深适中,井距300m;向斜核部裂缝不发育,且埋深大,井距为 250m;向斜南翼裂缝不发育,埋深适中,井距 250～300m(表 7-2-4)。

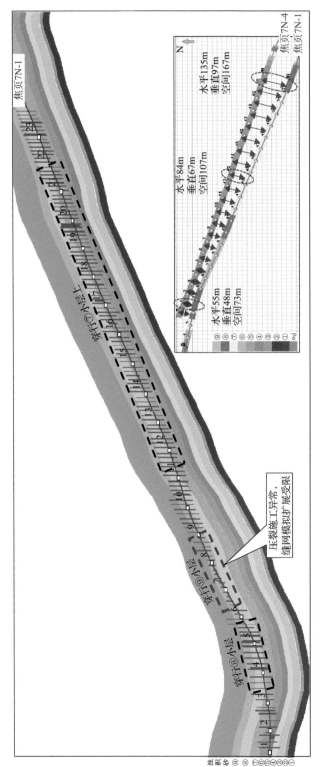

图 7-2-7 焦页7N-1井压裂模拟结果

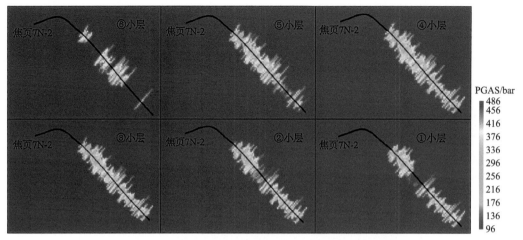

图 7-2-8 焦页 7N-2 井数值模拟各小层地层压力分布图

表 7-2-3 白马区块典型井微地震与缝网模拟结果表

井号	埋深/m	微地震监测缝长/m	缝网模拟缝长/m
典型井 1	3000	150～300/242	160～300/220
典型井 2	4000	200～300/227	—
典型井 3	4400	120～250/176	150～200/173

注: "/" 之前为范围值; "/" 之后为平均值。

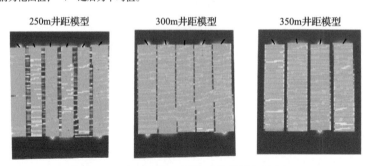

图 7-2-9 白马区块不同井距数值模拟分析图

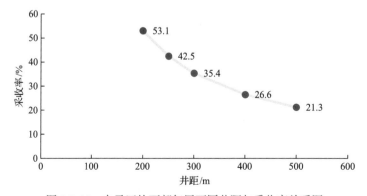

图 7-2-10 白马区块下部气层不同井距与采收率关系图

表 7-2-4　白马区块部署井距统计表

构造单元	井距	井距部署依据
向斜北翼（东 1 区）	以 300m 为主	裂缝较发育，埋深主体分布于 3000～4000m
向斜核部（东 2 区）	以 250m 为主	裂缝不发育，埋深主体分布于 4000～4800m
向斜南翼（东 3 区）	250～300m	裂缝不发育，埋深主体分布于 2800～4000m
和顺断鼻（西 1 区）	300～350m	裂缝发育，埋深主体分布于 2500～3500m
南斜坡（西 2 区、东 3 区）	280～350m	裂缝发育，埋深主体分布于 2800～4000m

3. 水平段方位

白马区块应力方向南北差异明显：北部以北西-南东向为主，南部以北东-南西向为主。根据涪陵页岩气田开发实践经验，水平井方位应与最大主应力方向大于 60°原则进行分区差异化布井（表 7-2-5）。

表 7-2-5　白马区块水平段方位统计表

构造单元	实测最大主应力方向	预测最大主应力方向	布井方位
向斜北翼（东 1 区）	130°～160°	北西向	北东向
向斜核部（东 2 区）	30°～45°	北东向	北西向
向斜南翼（东 3 区）	30°～45°	北东向	北西向
和顺断鼻（西 1 区）	130°～160°	北西向	北东向
南斜坡（西 2 区、东 3 区）	—	北东向	北西向

4. 水平段长度

充分考虑白马区块地面平台、地下断裂、气藏埋深及钻机负载能力，部署井水平段长度一般控制在 1500～2500m 范围：北部可顺构造走向布井，在断裂发育程度较低时，水平段长度可结合经济评价结果适当延长；南部受断裂发育特征（发育程度较高、最大主应力方向与断层走向基本平行）和平台影响，水平段长度受限，普遍在 1300～1800m，较北部略短（表 7-2-6）。

表 7-2-6　白马区块水平段长度统计表

分区	水平段长度
向斜北翼（东 1 区）	1500～3000m，平均 1970m
向斜核部（东 2 区）	1450～2220m，平均 1770m
向斜南翼（东 3 区）	
和顺断鼻（西 1 区）	1500～3000m，平均 1970m
南斜坡（西 2 区、东 3 区）	1250～1650m，平均 1420m

四、立体开发工程工艺优化

在借鉴焦石坝区块立体开发成功经验基础上，结合区块地质分区差异性，不断优化工程工艺技术。

在钻井工程方面，针对白马区块断裂发育、地层倾角变化大，易导致地层漏失，影响钻井工程施工的难题，针对浅表易垮塌、易漏层，推荐采用清水+双壁钻杆、间断稠浆清砂钻井工艺、水泥浆+堵漏浆双液堵漏措施；优化井身结构，雷口坡组中部棕红色泥岩以上井段使用套管封隔；针对下部井段裂缝性漏失，通过优选堵漏剂材料，优化堵漏剂组合，强化随钻堵漏钻井液技术和方案措施，降低漏失风险，及时封堵漏层。根据区块地质特征，开展"双二维"、双圆弧、五点六段制轨道设计，降低定向施工难度，提高复合钻进进尺；针对不同地层，开展钻头、螺杆、工具一体化优选，提高钻头适应性，减少钻头用量，提高钻速和破岩效率。通过试验攻关，基本形成了白马区块全井一体化提速模板，对比前期水平井，平均机械钻速提高 38.4%，钻井周期缩短 32.1 天。

在压裂工程方面，常压储层的基质改造需要多簇密切割，多簇条件下均匀改造可通过暂堵转向/限流射孔来实现，由于常压区压力系数小，气液动力相对较弱，采用细密切割工艺，可减少基质流动距离、高强铺置，改善导流能力。针对中低应力区，采用"多簇密切割+限流/投球暂堵+强化支撑"压裂工艺；针对非均质性强、部分天然裂缝发育、应力差异大的区域，采用限流射孔/投球转向的工艺，实现多簇均匀改造。针对部分深层高应力区，采用"综合降压+细密分簇+缝内转向+分级支撑"压裂工艺，以满足储层改造要求。针对施工压力高、压力窗口小的问题，采用大孔径射孔弹，变排量前置缓蚀酸、前置胶液、阶梯提排量、变黏减阻水，实现降压控缝；针对破裂面平滑、自支撑效应减弱的问题，通过减小簇间距、充分利用诱导应力、利用缝内暂堵剂，促进裂缝转向和复杂化。最终形成了针对不同地质分区条件下的差异化压裂工艺，压裂施工速度提升 2~3 倍，单段压裂费用降至 85 万元，降本提速效果明显。

五、立体开发实施效果

截至 2022 年底，东区已全面推进一次性立体开发，部署井组 3 个，共计 28 口，预计新建产能约 $4.6×10^8m^3$，预计立体开发井组采收率较单层开发提升了 6 个百分点，达到 19%。目前，区块日产气量稳定在 $80×10^4m^3$，2022 年产气量 $2.24×10^8m^3$，有效支撑了涪陵页岩气田持续上产。

参 考 文 献

[1] 郭旭升, 胡东风, 魏志红, 等. 涪陵页岩气田的发现与勘探认识[J]. 中国石油勘探, 2016, 21(3): 24-37.

[2] 郭彤楼. 涪陵页岩气田发现的启示与思考[J]. 地学前缘, 2016, 23(1): 29-43.

[3] 包汉勇, 梁榜, 郑爱维, 等. 地质工程一体化在涪陵页岩气示范区立体勘探开发中的应用[J]. 中国石油勘探, 2022, 27(1): 88-98.

[4] 任俊杰, 郭平, 王德龙, 等. 页岩气藏压裂水平井产能模型及影响因素田[J]. 东北石油大学学报, 2012, 36(6): 76-81.

[5] 徐兵祥, 李相方, Manouchehr H, 等. 页岩气产量数据分析方法及产能预测[J]. 中国石油大学学报(自然科学版), 2013, 37(3): 119-125.

[6] 李继庆, 黄灿, 曾勇, 等. 一种判别页岩气流动状态的新方法[J]. 特种油气藏, 2016, 23(1): 100-103, 156.

[7] 舒志国, 刘莉, 梁榜, 等. 基于物质平衡原理的页岩气井产能评价方法[J]. 天然气地球科学, 2021, 32(2): 262-267.

[8] 何希鹏, 卢比, 何贵松, 等. 渝东南构造复杂区常压页岩气生产特征及开发技术政策[J]. 石油与天然气地质, 2021, 42(1): 224-240.

[9] Mattar L, McNeil R. The "flowing" gas material balance[J]. Journal of Canadian Petroleum Technology, 1998, 37(2): 52-55.

[10] 钟海全, 周俊杰, 李颖川, 等. 流动物质平衡法计算低渗透气藏单井动态储量[J]. 岩性油气藏, 2012, 24(3): 108-111.

[11] 汤亚顽. 应用流动物质平衡法评价页岩气可采储量[J]. 江汉石油职工大学学报, 2018, 31(1): 1-4.

[12] 徐兵祥, 白玉湖, 陈岭, 等. 页岩气解析模型产量预测技术优化方案[J]. 科学技术与工程, 2021, 21(9): 3571-3575.

[13] 王强, 叶梦旎, 李宁, 等. 页岩气藏数值模拟模型研究进展[J]. 中国地质, 2019, 46(6): 1284-1299.

[14] 张卓, 袁晓俊, 饶大骞, 等. 页岩气多尺度渗流数值模拟技术——以昭通国家级页岩气示范区为例[J]. 天然气工业, 2021, 41(S1): 145-151.

[15] 何封, 冯强, 崔宇诗. W页岩气藏气井控压生产制度数值模拟研究[J]. 油气藏评价与开发, 2023, 13(1): 91-99.

[16] 戴城, 胡小虎, 方思冬, 等. 基于微地震数据和嵌入式离散裂缝的页岩气开发渗流数值模拟[J]. 油气藏评价与开发, 2019, 9(5): 70-77, 83.

后　记

涪陵页岩气田的勘探开发实践表明，立体开发是提高页岩气储量动用率、采收率、收益率的重要途径。涪陵页岩气田通过强化地质-工程双"甜点"非均质性精细描述，攻关页岩气建模数模一体化评价技术，实现了页岩剩余气分布定量描述，为立体井网开发与精准压裂优化设计奠定了良好的基础；创新建立页岩气立体开发安全成井、精准改造、配套采气等关键技术，实现了页岩气立体开发工业化应用。通过实施立体开发，涪陵页岩气田焦石坝区块整体采收率从 12.6%提高到 23.3%，基本实现采收率翻番，井组采收率最高达到 44.6%。立体开发井日产气量占涪陵气田总产量 50%以上，支撑了涪陵页岩气田持续稳产和上产。同时，立体开发模式已在涪陵气田复杂构造区、川东南东胜、丁山、威荣、永川等地区推广应用，为同类页岩气田立体开发提供了有益借鉴。

在页岩气立体开发研究中，地质特征非均质性描述是准确识别立体开发资源分布的基础，地层应力特征、裂缝特征是立体开发工程改造描述的核心，建模数模一体化评价是页岩气立体开发的关键。立体开发分层应结合地层纵向应力特征，统筹考虑开发区域天然裂缝发育程度科学制定。地质-工程一体化是实现页岩气 3R(储量动用率、采收率、收益率)最大化的关键手段和途径，推行地质-工程双"甜点"，最优化井位方案设计，确保井位实施成功率，兼顾钻完井工程和压裂改造工艺适应性，确保地质与工程高度适配性，确保井位高效顺利实施，坚持地质与工程实时跟踪、评价、调整，滚动优化轨迹控制，压裂施工参数等，确保各井段高产。

在制定页岩气立体开发经济政策时，开发层系划分、井网井距的优化、黄金靶窗穿行是研究的重点，其中物质基础、应力隔层、纵向裂缝是页岩气立体开发层系划分的关键参数，压裂缝长、缝高是井网井距优化的基础。立体开发要突出设计环节的人工井网与人造缝网协同优化、施工环节的实时感知和精准调控，尤其关注邻井压力响应，最大程度减少立体开发井与老井井间、层间负向干扰，达到"通而不窜"，实现储量动用最大化。地质-工程耦合双"甜点"层是立体开发水平井轨迹穿行的黄金靶窗，既要考虑页岩的含气性，又要兼顾储层可压性，地质"甜点"中找工程"甜点"，实现压裂缝网体积最大化。

涪陵页岩气田立体开发实践证明，在页岩气新区的勘探开发过程中，要注重一次性整体立体开发规划。一方面，立体开发调整增加了钻、压、试、采等方面的工作量，提高了气田投资；另一方面，二次开发调整易受老井采出程度影响，井间、层间应力场和压力场均会下降，水平应力差会上升，造成调整井压后裂缝复杂度下降，降低单井产能。因此，新区应做好一次性整体立体开发规划，避免一次开发二次调整，从而提升单井产能和经济效益，也便于生产组织实施。

　　页岩气高效开发过程中应树立"立体开发"的非常规思维，持续深化立体开发的基础研究，如泥页岩岩性、岩石相、沉积相、层序空间展布特征精细描述；构造、地层产状、天然裂缝、泥页岩岩石力学空间展布特征精细描述；泥页岩储集性、含气性、含气饱和度、流体性质等时空分布与动态变化特征；压裂缝网、压力场、地应力场等时空分布与动态变化特征；页岩气差异化富集分布规律与动态变化特征；注意加强分支井钻完井技术、智能压裂技术、动态监测技术等新技术的持续创新，通过逆向设计、压力过程实时调控、推广应用钻井学习曲线等手段持续推进立体开发中的工程变革；积极探索大数据、人工智能在页岩气立体开发中的应用，不断提高页岩气田开发的智能化、数字化水平。推动页岩气立体开发技术的不断更新、迭代、优化升级，探索出一条适合我国页岩气特点的高质量高效益开发之路。

　　涪陵页岩气田立体开发实践证明，在中国南方海相页岩气中实施立体开发是可行的，在今后更加广阔的陆相页岩油、页岩气开发过程中，还需要持续创新立体开发技术，开发层系划分、井网、井距、水平段长也需要开展针对性研究、试验评价，形成差异化立体开发技术，满足不同页岩油气藏开发需求。面对当前持续加大油气勘探开发力度，大力推动页岩油气成为战略接续领域的历史机遇，希望本书的出版能够起到抛砖引玉的作用，进而推进我国不同类型页岩油气藏的开发。